高等职业学校“十四五”规划口腔医学、口腔医学技术专业实用技能型特色教材

供口腔医学、口腔医学技术专业使用

口腔设备学

KOUQIANG SHEBEIXUE

主　编　蒲小猛　崔俊霞

副主编　张　克　谭　风　张　颖　邢庆昱

编　委（按姓氏笔画排序）

王　凯　上海健康医学院
邢庆昱　辽东学院
闫　悦　安阳职业技术学院
张　克　郑州大学口腔医学院
张　强　三峡大学人民医院
张　颖　赤峰学院附属医院
钱　立　菏泽家政职业学院
崔俊霞　邢台医学高等专科学校
蒋　懿　湖南医药学院
蒲小猛　甘肃卫生职业学院
谭　风　湖南医药学院

華中科技大學出版社
http://www.hustp.com
中国 · 武汉

内 容 简 介

本书是高等职业学校"十四五"规划口腔医学、口腔医学技术专业实用技能型特色教材。

本书共五章，内容包括概论、口腔临床设备、口腔修复工艺设备、数字化口腔设备、口腔设备管理，最后附有实训教程。

本书可供口腔医学、口腔医学技术专业师生使用。

图书在版编目(CIP)数据

口腔设备学/蒲小猛，崔俊霞主编. —武汉：华中科技大学出版社，2021.11
ISBN 978-7-5680-6923-6

Ⅰ.①口… Ⅱ.①蒲… ②崔… Ⅲ.①口腔科学-医疗器械-高等职业教育-教材 Ⅳ.①TH787

中国版本图书馆 CIP 数据核字(2021)第 224833 号

口腔设备学 蒲小猛 崔俊霞 主编

Kouqiang Shebeixue

策划编辑：蔡秀芳
责任编辑：张 琳
封面设计：原色设计
责任校对：阮 敏
责任监印：周治超
出版发行：华中科技大学出版社(中国·武汉) 电话：(027)81321913
武汉市东湖新技术开发区华工科技园 邮编：430223
录 排：华中科技大学惠友文印中心
印 刷：武汉开心印印刷有限公司
开 本：889mm×1194mm 1/16
印 张：11.25
字 数：315 千字
版 次：2021 年 11 月第 1 版第 1 次印刷
定 价：38.00 元

高等职业学校"十四五"规划口腔医学、口腔医学技术专业实用技能型特色教材

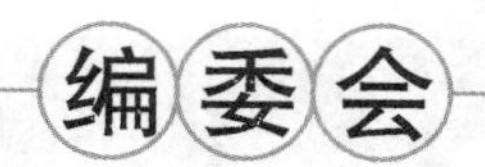

网络增值服务使用说明

欢迎使用华中科技大学出版社医学资源网yixue.hustp.com

1.教师使用流程

（1）登录网址：http://yixue.hustp.com（注册时请选择教师用户）

注册 → 登录 → 完善个人信息 → 等待审核

（2）审核通过后，您可以在网站使用以下功能：

2.学员使用流程

建议学员在PC端完成注册、登录、完善个人信息的操作。

（1） PC端学员操作步骤

①登录网址：http://yixue.hustp.com（注册时请选择普通用户）

注册 → 登录 → 完善个人信息

② 查看课程资源

如有学习码，请在个人中心-学习码验证中先验证，再进行操作。

（2） 手机端扫码操作步骤

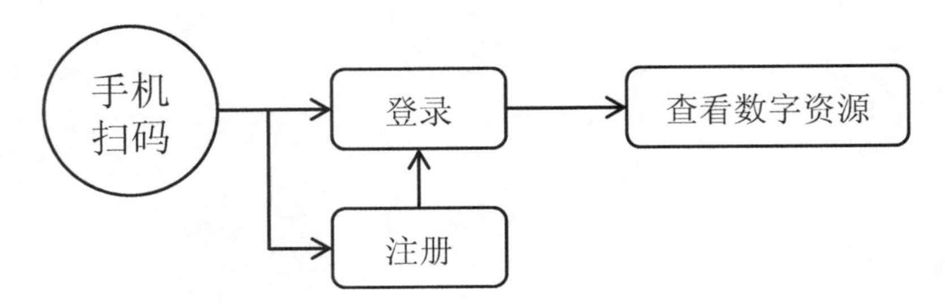

Introduction

总序

长期以来，口腔医学、口腔医学技术专业职业教育基本是本科教育的压缩版，以学科系统化课程模式为主，强调知识的完整性和系统性，各门课程虽各有关联但又都自成体系。职业教育在学制短的情况下，很难达到培养目标的要求，学生往往需要毕业后再教育才能胜任岗位要求。

在国家大力发展职业教育的新形势下，高职教育的指导思想不断成熟，培养目标逐渐明确。

为了在“十四五”期间进一步贯彻落实《国务院关于加快发展现代职业教育的决定》和《教育部关于深化职业教育教学改革全面提高人才培养质量的若干意见》等系列配套文件精神，服务“健康中国”对高素质口腔人才培养的需求，进一步强化高职口腔医学、口腔医学技术专业学生的职业技能培养，我们有必要进行教材建设，使专业教学符合当前高职教育发展的需要，以实现“以服务为宗旨，以就业为导向，以能力为本位”的课程改革目标。

经我社调研后，在教育部高职高专相关医学类专业教学指导委员会专家和部分高职高专示范院校领导的指导下，我们组织了全国近 40 所高职高专医药院校的近 200 位老师编写了这套高等职业学校“十四五”规划口腔医学、口腔医学技术专业实用技能型特色教材。

本套教材积极贯彻教育部《教育信息化“十三五”规划》要求，推进“互联网+”行动，全面实施教育信息化 2.0 行动计划，打造具有时代特色的“立体化教材”。此外，本套教材充分反映了各院校的教学改革成果和研究成果，教材编写体系和内容均有所创新，在编写过程中重点突出以下特点：

(1) 紧跟医学教育改革的发展趋势和“十四五”教材建设工作，具有鲜明的高等卫生职业教育特色。

(2) 以基础知识点作为主体内容，适度增加新进展、新方向，并与劳动部门颁发的职业资格证书或技能鉴定标准和国家口腔执业医师资格考试有效衔接，使知识点、创新点、执业点三点结合。

(3) 突出体现“校企合作”“医教协同”的人才培养体系，以及教育教学改革的最新成果。

(4) 增设技能教材，实验实训内容及相关栏目，适当增加实践教学学时数，增加学生综合运用所学知识的能力和动手能力。

(5) 以纸质教材为载体和服务入口，综合利用数字化技术，打造纸质教材与数字服务相融合的新型立体化教材。

本套教材得到了专家和领导的大力支持与高度关注，我们衷心希望这套教材能在相关课程的教学中发挥积极作用，并得到读者的青睐。我们也相信这套教材在使用过程中，通过教学实践的检验和实际问题的解决，能不断得到改进、完善和提高。

高等职业学校“十四五”规划口腔医学、口腔医学技术专业
实用技能型特色教材编写委员会

Preface 前言

口腔设备学是近年来随着口腔修复学的不断发展和科学技术的进步而产生和发展起来的一门新兴学科。其内容丰富，涉及物理学、机械学、生物医学工程学、口腔材料学、管理学和口腔临床医学等多学科知识。1994 年四川大学华西口腔医学院张志君、沈春主编的我国第一本《口腔设备学》出版以来深受广大读者欢迎。目前，大多数口腔医学院校已将该书作为教材，为口腔医学生开设了口腔设备学课程，这对增强学生的操作技能、提高口腔医学的教学质量起到了积极的作用。

本书的编写团队由相关口腔医学院校的专业骨干教师和具有丰富实践经验的专业管理人员组成。根据国家关于卫生职业教育的相关政策和法律，卫生职业教育的办学指导方针是“以服务为宗旨，以岗位需求为导向”，深化卫生职业教育教学改革，建立以培养职业能力为重点的课程体系，以专业技术应用能力和基本职业素质为主线，对教学内容进行科学的选择和配置，构建科学的知识结构和能力结构。

在本书编写过程中，编者严格按照口腔医学专业和口腔医学技术专业教学计划和教学大纲，遵循理论与实践、基础与应用、理工学与口腔医学相结合的原则，编写内容既保留常用口腔设备的基本特征，又展现了口腔医学和口腔医学技术专业设备的发展，同时反映了信息时代口腔设备发展特征，充分体现了口腔设备在口腔医学、口腔材料学、工程技术、电子科学、社会科学、信息科学及科学技术方法等领域的光辉成就，使本书具有先进性、科学性、系统性和实用性。本书在文字上力求言简意赅，通俗易懂；在内容上定义准确，概念清楚，结构严谨。本书准确地定位了口腔医学和口腔医学技术教育的培养目标，体现了口腔医学教育贴近社会、贴近岗位、贴近学生的指导思想，同时注重培养学生的综合职业能力、良好的职业道德以及创业能力和创新精神。

本书可供全国口腔医学和口腔医学技术专业学生和教师使用，也是广大口腔医师、口腔技师和口腔设备管理、维修、生产、销售人员的参考书。

本书在编写过程中重点参考了张志君主编的《口腔设备学》和相关

口腔医学专著，参加编写的各位老师鼎力合作，为本书的编写付出了大量的精力，在此深表谢意。

由于口腔医学和口腔医学技术发展迅速，我们的水平和编写时间有限，本书不足之处在所难免，敬请读者批评、指正。

蒲小猛

目　录

MULU

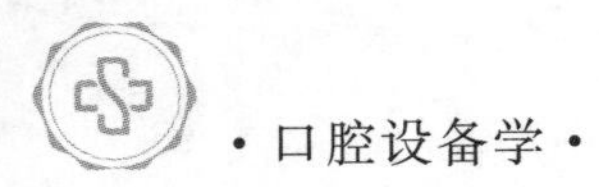

第一章　概　论

学习目标

口腔医学专业及口腔医学技术专业：

1. 掌握：口腔基本设备的类型。
2. 熟悉：口腔设备的种类。
3. 了解：口腔设备的发展过程。

本章 PPT

口腔设备学是在口腔临床实践中逐步发展而形成的一门新的学科，其内容丰富，涉及物理学、机械学、生物医学工程学、管理学、口腔材料学和口腔临床医学等多学科知识，在总结口腔医学设备的生产、使用、保养、维修和管理的基础上，结合当前口腔临床实践，从口腔医学的发展和需求出发，综合运用自然科学和社会科学的理论与方法，研究和探讨我国在新的历史条件下口腔设备运行和发展的基本规律，体现了口腔医疗设备发展的现状和水平，对口腔临床医疗工作起到良好的支持和推动作用。

第一节　口腔设备概况

一、口腔设备的含义、分类和内容

口腔设备是口腔医学装备的组成部分，国际上称为牙科设备，主要是指用于口腔临床和修复领域的具有显著口腔专业技术特征的医疗、教学、科研和预防的仪器设备的总称。

口腔医学设备按口腔医学亚学科分为以下几类。①口腔基本设备：口腔各科共用的设备，如牙科椅、口腔综合治疗台、各型牙钻、牙科手机、光固化机、洁牙机、口腔消毒灭菌设备等。②口腔内科设备：口腔内科牙体、牙髓病等治疗的设备，如根管长度测量仪、全电脑控制根管充填机、银汞合金搅拌机等。③口腔修复设备：口腔修复工艺设备，主要用于牙体缺损、牙列缺损和牙列缺失修复的设备。口腔修复设备按制作修复体的种类及加工工艺过程的不同又可分为成模设备（如琼脂搅拌器、石膏模型修整机、模型灌注机、模型切割机以及平行观测研磨仪等）、胶联聚合设备、金属铸造设备、烤瓷设备、陶瓷修复设备、打磨抛光设备和其他辅助设备、CAD/CAM 计算机辅助设计与制作系统等。④口腔颌面外科设备：用于口腔颌面部疾病以及颞颌关节疾病等的诊断和治疗设备，包括各类手术设备、麻醉管理系统、监护仪、颞颌关节内镜等。⑤口腔影像成像设备：如牙科 X 线机、口腔曲面体层 X 线机、全自动牙片洗片机、口腔 CT、B 超及电子颅颌面定位测量系统、面部形态测量分析系统等。

Note

二、口腔设备的形成与发展

口腔设备是在口腔临床和修复活动中逐步产生和发展起来的系列配套设备。20 世纪 50 年代以来，随着社会经济的不断发展和科技的进步，以及新的口腔材料的研发，口腔设备得到了飞速发展。从其发展过程可以看出，每当口腔设备更新问世，口腔医学的理论与技术就会出现一次变革，充分显示了口腔设备对口腔医学，特别是口腔修复学的推动作用。口腔修复学就是在此基础上逐步形成和发展起来的。1990 年在由国内知名口腔医学专家和口腔设备管理人员参加的口腔设备管理研讨会上，与会代表认真分析了目前我国口腔设备的研发、应用、维修与管理现状，确立了口腔设备在口腔医疗和口腔医学教育中的地位和作用，一致认为有必要开设“口腔设备学”课程，使用统一教材。1994 年由张志君、沈春主编的我国第一本《口腔设备学》教材的出版，极大地促进了口腔设备学的发展，为口腔设备学成为独立的学科奠定了良好的基础。1995 年，四川大学华西口腔医学院(原华西医科大学口腔医学院)率先开设了“口腔设备学”课程，并定为必修课。1996 年以后各口腔医学院校也相继开设该课程。2002 年成立了中华口腔医学会医院管理专业委员会口腔装备管理学组，并就口腔医疗设备的研发及推广使用开展了科技合作与学术交流，举办了国家继续医学教育项目学习班。

《口腔设备学》已成为口腔医学生、口腔医师、口腔技师、口腔设备管理维修销售人员以及口腔医疗器械厂商的教科书和工具书。口腔设备属医学技术装备范畴，它是口腔医学的重要组成部分，属口腔医学的分支学科，其发展与理工学、经济学、口腔修复学、口腔工艺技术学、口腔生物力学、口腔生物工程学、医院管理学、社会学等的发展有着极其密切的关系，具有理、工、医学相互交叉的显著特征。口腔设备学是根据中国国情而设立的，是具有中国特色的一门新兴学科。

三、口腔设备的标准及监督管理

口腔设备的标准包括产品标准、安全标准和技术要求，是评价口腔设备的质量和性能的技术文件。口腔设备的监督管理组织包括：①国际标准化组织(international standards organization，ISO)。下设牙科技术委员会，即 ISO/TC 106-dentistry；②口腔材料和器械设备标准化技术委员会，1987 年成立；③2000 年国家食品药品监督管理局对医疗器械的生产、经营、注册出台了一系列监督管理办法，使得口腔设备的生产、销售更加规范，对提高口腔设备的质量提供了保障。

知识拓展

历史知识

1790 年，John GreenWood 修改了一个纺纱轮，创造出了通过脚提供动力的牙科钻机。

1840 年初，纽约的 John D. Chevalier 开始生产牙科设备，建立了第一个牙科设备供应公司。

1864 年，英国的 George Fellows Harrington 为第一个电动机驱动的牙钻申请专利。

四、口腔设备学的研究内容及学习方法

(一) 研究内容

(1) 口腔设备的研制、应用及发展的规律。

(2) 常用口腔设备的基本功能、组成结构、操作规程等。

(3) 口腔设备的管理(计划管理、装备管理、应用管理、维修管理)及维护方法。

(4) 口腔医疗装备的布局设施与环境要求。

(5) 口腔设备的使用方法及注意事项。

(二) 学习方法

开设本课程将帮助学生熟悉口腔医疗设备的基本知识,正确掌握常用的口腔设备的使用、维护、保养及管理等基础理论和基本技能,对提高学生在临床实践中认识和掌握设备的结构原理、操作与保养的动手能力,提高设备的使用率并发挥其效益具有重要的意义。

本课程安排在口腔医学专业课教学的后期阶段,共 24 学时左右。理论与实践比例为 2∶1。其内容既强调了本学科的基础理论、基本知识和基本技能,在突出重点的同时,也着重介绍现代口腔设备学发展的新知识、新技术和新的科技成果。

本课程在教学中将贯彻理论与实践相结合的原则,采用现代化教学手段,通过课堂讲授、课堂讨论、自学、实习、见习等环节,注意培养学生分析问题和解决问题的实际能力,使学生具有独立进行常规口腔设备的操作使用、维护保养以及筹建口腔诊所设计与装备的能力。

(甘肃卫生职业学院　蒲小猛)

第二节　口腔设备简介

口腔设备种类繁多,按目前临床、企业对口腔设备的使用方向及对口腔设备的分类管理大致可分为口腔临床设备、口腔修复工艺设备、口腔数字化设备三大类。同时,近年口腔修复行业的飞速发展及口腔设备的不断革新,对口腔设备的管理提出了新的要求。口腔设备是一切口腔医学工作的基础,只有合理、科学地对口腔设备开展管理、使用,才能发挥口腔设备的最大效能,从而进一步推动口腔医学的蓬勃发展。

一、口腔临床设备

口腔临床设备是主要用于口腔各科临床诊断、治疗的设备,大致可分为:①口腔临床专业各科共用的口腔基本设备,例如口腔综合治疗台、压力蒸汽灭菌器;②用于牙体牙髓及牙周等疾病诊断和治疗的口腔内科设备,例如牙活力电测仪、根管长度测量仪;③用于口腔颌面外科基本诊断和手术治疗的口腔颌面外科设备,例如超声洁牙机、牙科种植机、超声骨刀,以及口腔医学影像设备,如牙科 X 线机、口腔曲面体层 X 线成像系统等。

1. 口腔综合治疗台　口腔综合治疗台又称牙科综合治疗台,是口腔临床医疗中对口腔疾病患者实施口腔检查、诊断、基础治疗的综合性设备。口腔综合治疗台与牙科手机以及配套的空气压缩机、真空负压泵组成口腔综合治疗系统。

2. 超声洁牙机　超声洁牙机是利用频率为 20 kHz 以上的超声波振动进行龈上洁治,如去除牙结石、菌斑。目前市场上常见的超声洁牙机还可通过选配、更换不同的工作头,进行根管扩大、摘取固定冠桥、口内龈上洁治后喷砂去渍以及抛光等操作。

3. 牙髓电活力仪　牙髓电活力仪是口腔治疗中判断活力的设备,有助于确定牙髓的活力,配合临床指征对牙体牙髓疾病进行辅助诊断。

4. 压力蒸汽灭菌器　压力蒸汽灭菌器通过热力灭菌,是应用早、效果可靠、使用广泛的一

种物理灭菌设备。医源性感染是口腔诊疗活动中院内感染发生的一个重要途径，在口腔操作过程中，因口腔医疗设备与器械造成的口腔医源性感染不容忽视，其转播途径主要有表面污染传播、内部污染传播、空气传播和直接损伤感染。因口腔医学专业特殊性，牙科气动手机及三用枪回吸造成的医源性感染已被实验室细菌学、感染学和 HBV、HIV 感染者进行的临床试验所证实。目前临床医疗常用的灭菌方法有压力蒸汽灭菌法、干热灭菌法、化学灭菌法、低温灭菌法和放射线灭菌法五种，在口腔设备中压力蒸汽灭菌器、清洗消毒机、封口机等设备的正确使用可有效预防和控制院内感染的发生。

5. 牙科种植机 牙科种植机是口腔种植修复过程中用于种植床成型手术的一种专用口腔颌面外科手术设备。合理选择种植机及其配套种植床成型刀具是减少骨损伤、提高种植体与种植床密合度、建立良好骨整合的重要措施。目前临床上，牙科种植机配合 3D 打印成型的种植导板共同使用，对种植体的精密植入与加快植入后的骨愈合有着重要的意义。

6. 牙科 X 线机 牙科 X 线机简称牙片机，是拍摄牙及其周围组织 X 线片的设备，主要用于拍摄根尖片、咬合片和咬翼片。

二、口腔修复工艺设备

口腔修复工艺设备是指用于口腔修复体制作时所涉及的相关设备，根据口腔修复操作工艺不同可划分为口腔修复基本设备、口腔修复成模设备、口腔修复打磨抛光设备、口腔修复烤瓷铸造设备、口腔修复焊接设备等。

（一）口腔修复基本设备

口腔修复基本设备是主要用于各类口腔修复体制作的基础性设备，包括口腔多功能技工操作台、技工振荡器、观测仪等。

（二）口腔修复成模设备

口腔修复成模设备是用于制作各类口腔修复模型、代型的设备，包括琼脂搅拌机、石膏模型修整机、真空搅拌机等。

1. 琼脂搅拌机 口腔修复制作时加热、溶解和搅拌琼脂弹性印模材料，用于复制各种印模，是带模铸造复制铸模的必备设备。

2. 石膏模型修整机 石膏模型修整机又称石膏打磨机，主要用于石膏模型修整打磨。石膏模型修整机根据修整部位不同可分为石膏模型外部修整机和石膏模型内部修整机，根据修整方法不同可分为干性石膏模型修整机和湿性石膏模型修整机。

3. 真空搅拌机 真空搅拌机是口腔修复科专用设备，在真空状态下搅拌模型材料及包埋材料可防止气泡产生，使灌注模型或包埋铸件精确度增高。

（三）口腔修复打磨抛光设备

口腔修复打磨抛光设备是用于义齿修复制作过程中的切割、打磨、抛光和清洗，在义齿修复过程中可提高义齿表面平整度及光洁度，使义齿表面符合口腔内的生理解剖形态及外观要求的设备。

1. 微型电动打磨机 微型电动打磨机又称微电机，是口腔技工室基本设备之一，可用于制作修复体时的切割、打磨、抛光等多项操作，具有体积小、操作及携带方便等优点。

2. 技工打磨抛光机 技工打磨抛光机是传统的打磨抛光设备，现技工室主要用于树脂、金属类修复体的抛光；因其在使用时会产生大量的粉尘，故需配备相应的吸尘设施及操作者要做好个人防护工作。

3. 金属切割机 金属切割机主要用于金属铸件的铸道切割及打磨，具有噪声小、速度快、防震动等优点。

Note

4. 电解抛光机 电解抛光机利用电化学原理，在特定的溶液中进行阳极电解，平整金属表面，降低金属表面的粗糙度，并提高金属表面的光泽度。电解抛光主要用于可摘局部义齿、全口义齿的金属基底的化学抛光。

（四）口腔修复烤瓷铸造设备

口腔修复烤瓷铸造设备是实现口腔修复体精密铸造、修复体饰面瓷恢复的设备，主要包括烤瓷炉、高频离心铸造机、真空加压铸造机、箱型电阻炉等。

1. 烤瓷炉 烤瓷炉主要用于制作烤瓷修复体的设备，用于烧结烤瓷修复体的瓷层。

2. 高频离心铸造机 高频离心铸造机主要用于熔化和铸造各种口腔中、高熔合金，如钴铬合金、镍铬合金，可铸造各类常用中、高熔合金材质（纯钛除外）的修复体及其相关部件。

3. 真空压力铸造机 真空压力铸造机是通过微电脑控制的金属铸造机，可自动或手动完成熔金和铸造的过程，可用于齿科各类低、中、高熔合金的熔解和铸造。

4. 箱式电阻炉 箱式电阻炉又称为预热炉、茂福炉。主要用于口腔修复精密铸造铸圈的烘烤与焙烧，也可用于高温耐火模型蜡浴前的模型干燥。通常箱式电阻炉的温度控制可在室温至 1200 ℃之间自由调节。

（五）口腔修复焊接设备

口腔修复焊接设备主要包括牙科点焊机及激光点焊机。

1. 牙科点焊机 牙科点焊机利用电流通过金属时产生的电阻热来熔焊，属于电阻焊类型，主要用于焊接牙科金属材料焊接，如可摘金属支架、各类正畸矫治器功能部件的焊接。

2. 激光点焊机 激光点焊机由激光发生器产生电脉冲，再通过光学谐振腔谐振后输出激光，该激光以一定的直径聚焦于焊点上，熔融合金完成焊接。激光点焊机目前主要用于修复各类精密部件及各类贵金属修复体的焊接，如精密附着体修复焊接、固定金属长桥基底冠焊接等。

三、口腔数字化设备

口腔数字化设备是指在传统的口腔设备中，引入了信息技术，嵌入了传感器、集成电路、软件和其他信息元器件，从而形成了传统口腔医疗技术、口腔修复制造技术与信息技术、传统口腔设备与电子信息产品深度融合的设备或系统。其中主要包括了口腔修复 CAD/CAM 系统、电脑比色仪等。

1. 口腔修复 CAD/CAM 系统 口腔修复 CAD/CAM 系统是以数字印模采集处理系统（扫描系统）、计算机人机交换设计系统（设计系统）、数据加工单元（切割系统）以及结晶炉（仅用于氧化锆材料）为核心，加上周边辅助设备组成的口腔修复体数字化设计与制作系统。目前市场应用的口腔修复 CAD/CAM 系统主要可加工复合树脂、陶瓷材料和金属材料，用于固定义齿嵌体、贴面、冠桥的制作，也可用于可摘局部义齿支架、种植导板，以及口腔正畸类医疗器械的设计与制作。

2. 电脑比色仪 电脑比色仪又称为计算机辅助比色系统，它成功地替代了传统比色板，通过量化天然牙的色相、色度、明度数值，快速精准地分析牙齿的颜色。目前市场应用的电脑比色仪可对天然牙、烤瓷修复体、树脂人工牙进行精准比色，也可对临床美白技术治疗前后的天然牙进行数据分析，评价治疗效果等。

四、口腔设备管理

口腔设备是从事口腔医疗、教学、科研等工作的物质基础，是保证口腔医学事业发展的基本条件。口腔设备管理从设备选购直至报废，涵盖了设备运动的全过程，以保证医疗教学科研

工作正常进行为宗旨，提供优质的技术装备，加速周转，降低费用，提高设备流通的经济效益和社会效益。

近年来，口腔设备管理工作的地位和作用越来越为行业相关工作者所重视。不断地总结、探索以及研究管理的理论方法，加强口腔设备的科学管理是口腔医学事业发展的物质基础和技术条件，是提高口腔医学专业社会效益和经济效益的重要途径，也是实现现代化医疗管理的重要标志，对促进口腔医学事业的发展有着重要的意义。

(上海健康医学院　王凯)

思 考 题

思考题答案

一、选择题

1. 下列哪项不属于口腔修复烘烤铸造设备？(　　)

A. 茂福炉　　B. 弹簧离心铸造机　　C. 真空搅拌机
D. 钛铸造机　　E. 蒸汽压力铸造机

2. 目前市场上口腔修复 CAD/CAM 系统可切削加工的材料包括(　　)。

A. 金属材料　　B. 陶瓷材料　　C. 树脂材料
D. 蜡型材料　　E. 石膏类模型材料

二、简答题

1. 根据口腔修复操作工艺不同可将口腔修复设备分为哪几类？

Note

第二章　口腔临床设备

学习目标

本章 PPT

口腔医学专业：

1. 掌握：口腔综合治疗台、光固化机、超声波洁牙机、根管治疗设备等的工作原理、操作。
2. 熟悉：冷光美白仪、口腔种植机及口腔激光治疗机等的工作原理、操作。
3. 了解：口腔消毒灭菌设备、口腔医学影像设备的工作原理及操作。

口腔医学技术专业：

1. 掌握：口腔综合治疗台、光固化机、超声波洁牙机、根管治疗设备等的工作原理及故障处理。
2. 熟悉：冷光美白仪、口腔种植机及口腔激光治疗机等的工作原理及故障处理。
3. 了解：口腔消毒灭菌设备、口腔医学影像设备的工作原理及故障处理。

第一节　口腔综合治疗台

口腔综合治疗台是指机、椅分离的综合治疗设备，一般由给排水及供气系统、照明灯、痰盂、三用枪、吸唾器、观片灯、切削器械等几部分组成。按其配备的手机动力不同口腔综合治疗台又可分为两种类型。一种是带电动手机的综合治疗台，该机具有体积小、操作方便、技术性能稳定、故障发生率较低、便于维修等特点，适用于基层单位。另一种是带气动手机（含高速手机和低速气动马达手机）的综合治疗台，此种综合治疗机如配上联动的牙科椅则构成综合治疗台（图 2-1、图 2-2）。

一、结构与工作原理

1. 带电动手机的口腔综合治疗台　主要由机体、电动机及三弯臂、冷光手术灯、器械盘、痰盂及排污管、脚控开关等组成，工作原理与电动牙钻相同。

2. 带气动手机的口腔综合治疗台　除动力源不同外，其基本结构与带电动手机的口腔综合治疗台相同。其动力源主要来自气路和水路。

（1）气路系统：由气源引出压力为 0.5～0.7 MPa 的压缩空气进入地箱，通过气开关进入空气过滤器滤除气体中的水分和杂质后，送至手机的驱动气体控制部分、冷却水雾的气控水阀和负压发生器的气控水阀。手机的驱动气体经控制开关传输至手机压力调节开关，经调定后，气体驱动手机旋转。

口腔综合治疗台基本气路示意图如图 2-3 所示。

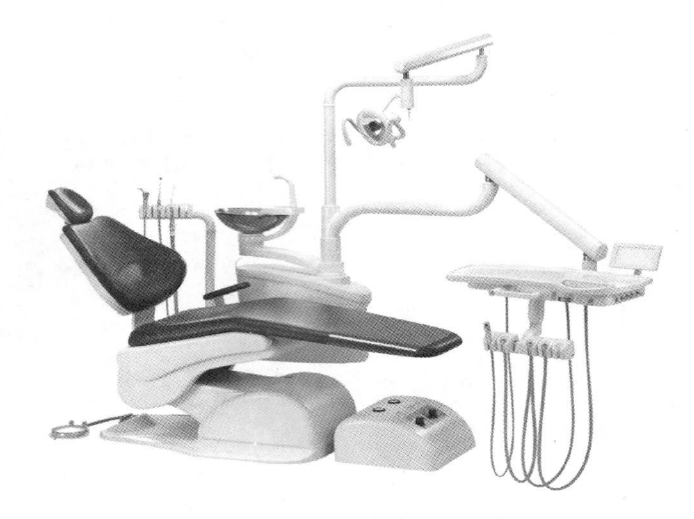

图 2-1　口腔综合治疗台(一)

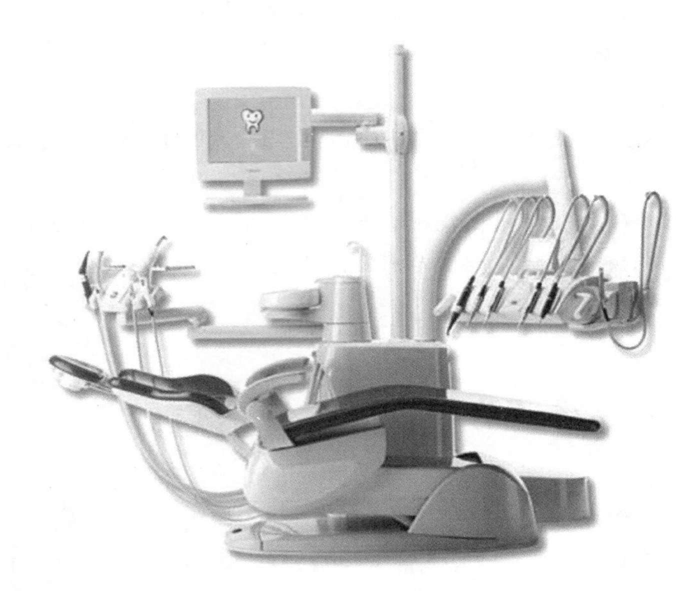

图 2-2　口腔综合治疗台(二)

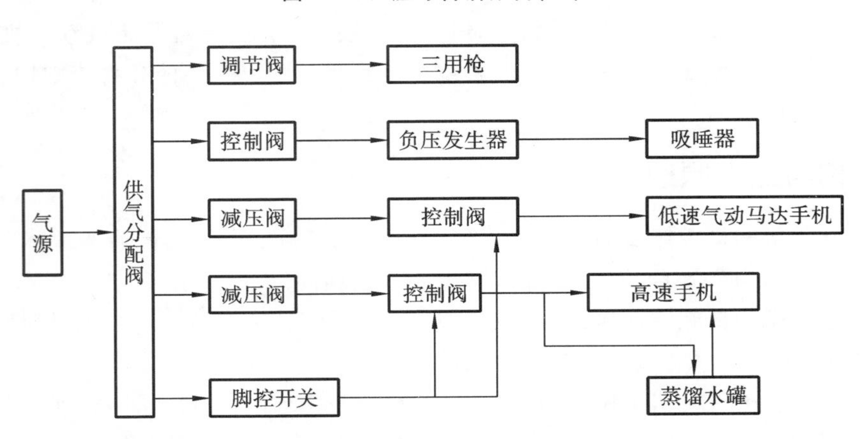

图 2-3　口腔综合治疗台基本气路示意图

①高速手机:工作压力 0.2 MPa,耗氧量 35 L/min,最大转速 350000 r/min。

②低速气动马达手机:工作压力 0.3 MPa,耗氧量 55 L/min,最大转速 15000 r/min。

Note

(2) 水路系统：通常采用压力为0.2 MPa的自来水，经过滤后，进入手机的冷却水雾的气控水阀和负压发生器的气控水阀，再分别进入手机的水雾量调节开关，给手机提供冷却水雾的水源和进入负压发生器形成吸唾器所需的负压。

口腔综合治疗台基本水路示意图如图2-4所示。

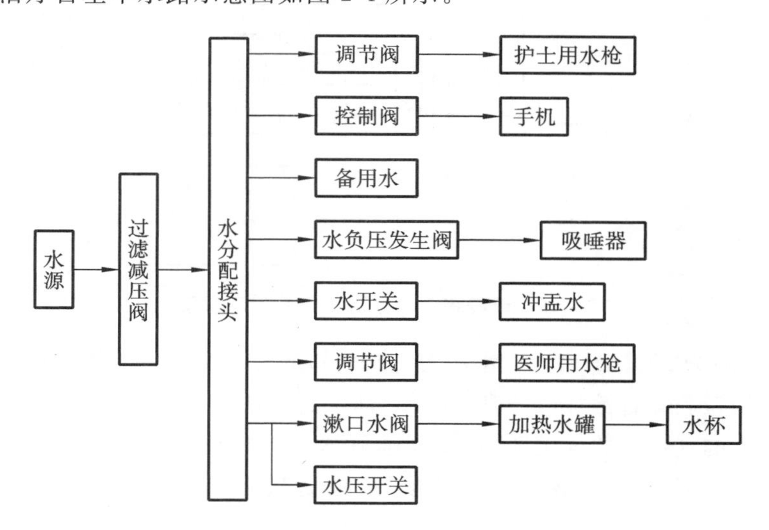

图2-4　口腔综合治疗台基本水路示意图

(3) 电路系统：口腔综合治疗台的工作电压为交流电压220 V，频率50 Hz，控制电路电压一般在36 V以下。

口腔综合治疗台基本电路示意图如图2-5所示。

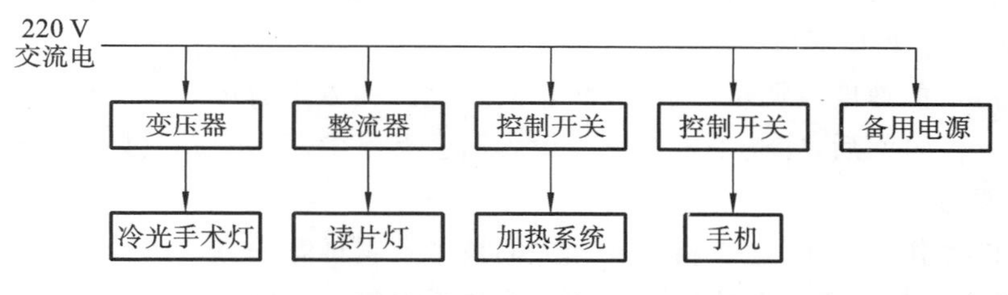

图2-5　口腔综合治疗台基本电路示意图

3. 工作原理　打开空气压缩机电源开关，产生压力为0.45～0.60 MPa的压缩空气，以供机头使用，打开地箱控制开关，水源、气源及电源均接通。打开冷光手术灯电源开关，灯即亮，并分别按动牙科椅升、降、仰、俯按钮。拉动器械台上的三用枪机臂，分别按动水、气按钮，可获得喷水和喷气；若同时按动水、气按钮，可获得雾状水，以满足治疗的不同需要。拉动器械台的高、低速手机机臂，踩下脚控开关，压缩空气和水分别进入气路系统和水路系统的各控制阀并到达机头，驱动涡轮旋转，从而带动车针旋转，达到钻削牙体的目的。车针旋转的同时有洁净的水从机头喷出，以降低钻削牙体时产生的温度。放松脚控开关，机头停止旋转。医师可根据治疗的需要，选择高速或低速手机。口腔综合治疗台工作原理示意图见图2-6。

口腔综合治疗台的主要技术参数如下。供气压力：0.45～0.5 MPa。最大耗气量：100～200 L/min。现场水压：0.2 MPa。

二、操作常规及维护保养

(1) 开诊前，应将空气过滤器上的排气阀开启，释放气体若干分钟，直至排出的气体不含油、水为止。并且对高速涡轮机头加清洗润滑剂一次，低速气动马达手机加润滑油1～2滴。

(2) 应先启动连接线箱上的电源开关，再启动器械台上的水、气开关。供电电源的工作电

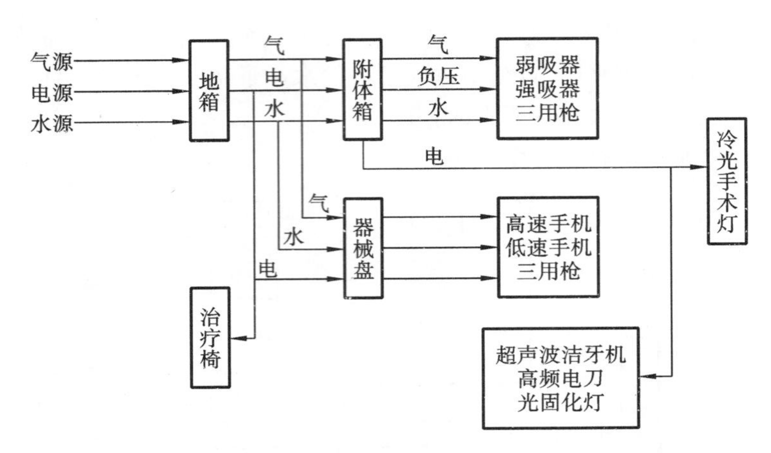

图 2-6　口腔综合治疗台工作原理示意图

压应符合要求，一般为 220V±10%。水压力应符合口腔综合治疗台的技术指标 0.2 MPa。

(3) 正确使用口腔综合治疗台的升、降、俯、仰按钮及自动复位按钮。

(4) 器械台上的气锁开关未关闭时，切勿强行移动器械台。器械台的设计荷载重量一般为 2 kg 左右，切忌在器械台上放置过重的物品，以防破坏其平衡，造成器械台损坏和固位不佳。

(5) 使用涡轮手机前后，应将其对准痰盂，转动并喷雾 10～20 s，以便将手机尾管中回吸的污物排出，防止发生交叉感染。高、低速机头及三用枪、洁牙机头用完后，应及时准确地放回挂架。

(6) 吸唾器和强吸器在每次使用完毕后，吸入一定量的清水，对管路、负压发生器等元件进行清洗，以防其堵塞和损坏。

(7) 水杯注水的速度应调至适当，以防止向外喷溅和溢出而污染治疗环境。

(8) 工作一段时间后，冷光手术灯反光镜表面会有浮尘而影响其效果，应定期用气枪或潮湿的软布将其擦净。

(9) 手机的操作和维护，应严格遵照相关的技术资料推荐的方法进行。

(10) 冷光手术灯在不用时应随时关闭。冷光手术灯灯泡的工作寿命一般为 1000 h，因反光镜有透射热的作用，如长时间连续使用，会导致冷光手术灯后部过热而损坏。

(11) 每日治疗完毕都应使用洗涤剂清洗痰盂，不得使用酸、碱等带有腐蚀性的洗涤剂，以防损坏管道和内部元件。定期清洗痰盂管道的污物收集器。

(12) 每日停诊后，应对设备表面进行擦拭，不允许任何污物附着于上述设备的表面，以保持整机外表美观。应将治疗椅复位到预设位，再关闭电源开关，并放掉空压机系统内的剩余空气。

三、常见故障及其排除方法

口腔综合治疗台的常见故障及其排除方法见表 2-1。

表 2-1　口腔综合治疗台的常见故障及其排除方法

故障现象	产生原因	处　理
手机转速慢，强吸无力	压缩空气压力不足	将气压调至 0.5～0.7 MPa
手机无驱动气体排出	主气路阀门未开启	修复更新主气路阀门
	脚控开关未接通	修复脚控开关阀门

Note

续表

故障现象	产生原因	处理
	气管弯曲和堵塞	重新调整管道位置
手机无冷却水雾	手机喷水口堵塞	用细钢丝清理手机喷水口
	水雾量阀未开启	重新调整或更新水雾量阀
	水管堵塞或压瘪	重新摆放水管
高速手机转速过快并有啸叫声	工作气压偏高	将压力调整到手机额定工作量
	高速手机错装在低速手机的气动马达接口上	重新正确安装
冷光手术灯不亮	灯泡烧坏	更换灯泡
	灯脚接触不良或导线烧断	更换灯脚，焊接导线
	冷光手术灯开关接触不良	更换冷光手术灯开关
吸唾器不吸水	吸唾阀失灵	更换吸唾阀的密封胶垫
	吸唾器过滤网堵塞	清洗吸唾器过滤网
	吸唾器的管道堵塞	疏通吸唾器管道
治疗椅升降时有噪声	椅座、椅背油缸助动筒缺油	在助动筒处抹上少许液压油

（甘肃卫生职业学院　蒲小猛）

第二节　牙科手机

牙科手机是口腔临床治疗台的重要组成部分，本节主要介绍高速手机、低速手机和电动手机的分类、组成、结构、使用、维护等内容。

一、高速手机

（一）滚珠轴承式涡轮手机

滚珠轴承式涡轮手机（图 2-7）具有转速高（300000～450000 r/min）、切削力大、切削形成窝洞时间短、车针转动平稳、使用方便等特点。该手机常与综合治疗台配套使用，完成对牙体的钻、压、切、削，以及修复体的修整等。

1. 结构　滚珠轴承式涡轮手机主要由机头、手柄、接头组成。根据车针装卸方式又可分为扳手式和按压式两种。

1）机头　由机头壳、涡轮转子、后盖组成。

（1）机头壳：固定涡轮转子的壳体。它的前端中心位置有一中通孔，夹轴从此伸出。中通孔旁有水雾孔，光纤手机的水雾孔旁有光纤照明孔。机头壳侧面与手柄相连。机头壳后端固定机头后盖，机头后盖一般为螺旋装卸结构。

（2）涡轮转子：机头的核心部件，由夹持车针的夹轴、风轮和轴承组成。风轮前后各有一个微型轴承紧固在夹轴上，涡轮转子通过卡在轴承外环上的两个 O 形橡胶圈固定在机头壳内。目前大多数气动涡轮手机的封罩、动平衡 O 形圈、涡轮转子及两端的轴承集中于全封闭

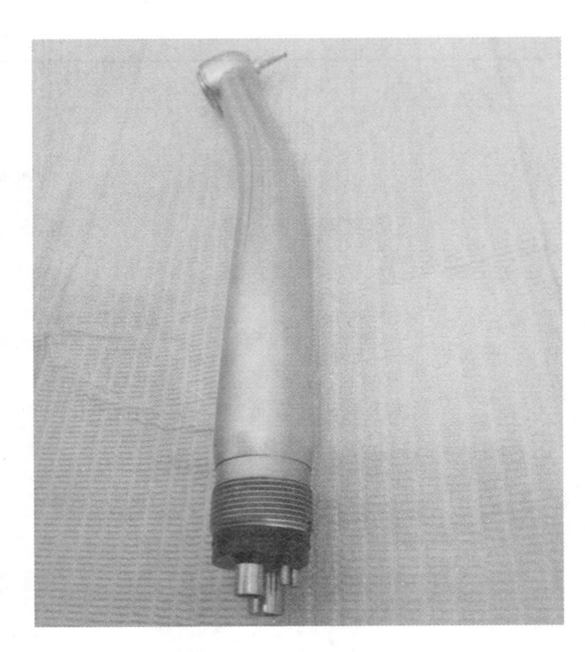

图 2-7　滚珠轴泵式涡轮手机

涡轮轴芯(筒夹)内。

夹轴呈空心圆柱状,外圆与轴承和风轮紧密配合,内孔因夹持车针的方式不同而异。根据夹持车针的方式可将夹轴分为按压式夹轴和螺旋夹针式夹轴两类。按压式夹轴内孔按不同品牌分为三瓣簧(Bein-air)或卡块(NSK),车针柄插入其中,三瓣簧或卡块在锥形套筒和弹簧的作用下夹紧车针;螺旋夹针式夹轴内孔装有三条轴向开槽的锥度夹簧,夹簧在扳手钥匙的作用下沿夹轴内孔中的螺纹前后移动,夹紧或放松车针。

(3) 后盖:内部有 O 形圈以支撑后轴承。螺旋夹针式夹轴手机后盖中心有一通孔,用来插入扳手,装卸车针。按压式夹轴手机后盖为双层结构,中间装有压盖弹簧,平时弹簧处于放松状态,按下机头后盖后,后盖压迫夹轴套筒即可装卸车针。

2) 手柄　手柄是手机的手持部位,为一空心圆管,内部有手机风轮驱动气管、水管和喷雾气管,光纤手机还装有光导纤维管、灯泡、灯座和电线,部分手机还装有回气管、过滤器、气体调压装置。

3) 接头　接头是手机与输水、气软管的连接体,推动手机风轮旋转的主气流和产生雾化水的支气流、水流分别通过管路进入手机接头的主气孔、支气孔及水孔通向手机头部。一般手机接头有螺旋式和快装式两种结构:螺旋式用紧固螺帽旋转连接;快装式插入后自动锁紧。

2. 工作原理　牙科手机以洁净的压缩空气为动力,对风轮片施加推力,使其高速旋转,同时风轮能够带动夹轴及其夹持的车针同步高速旋转,进而完成对牙体组织或修复体的钻、切、削、修整等工作。

3. 操作常规及注意事项

(1) 洁净压缩空气应无油、无杂质,并充分干燥。

(2) 气动涡轮手机的驱动气压应当在 0.2～0.22 MPa。气压过低,手机转动无力;气压过高,加速手机轴承的磨损。

(3) 正确装卸车针。装卸车针必须在夹簧完全打开的状态下进行,以免损坏夹轴;车针必须安装到底,防止使用过程中发生飞针事故。

(4) 手机夹轴对车针直径的要求十分严格,车针直径必须在 1.59～1.60 mm 之间。

(5) 使用前必须使用合格的车针,严禁使用弯曲、有裂纹、变形、上锈及不符合规格的车针。

Note

(6) 未安装车针或标准棒时，严禁空转手机，以免夹簧在松弛的状态下高速旋转受损。

(7) 使用过程中避免手机跌落。

(8) 在临床使用时，严格遵守“一人一机”的使用原则，避免交叉感染。

4. 维护保养

(1) 定期检查综合治疗机供水系统的管道是否老化、生锈，水路管道是否有异物。检查工作气源(压缩空气)是否纯净，压缩空气中不能带有水分和油质。

(2) 装卸车针前用小毛刷清除工作头附近的碎屑，用75%酒精擦净手机头部。

(3) 及时清洗、润滑手机，至少每日两次，每次用气压喷油罐喷射2～3 s。在使用清洗润滑过程中将清洗润滑油罐充分上下摇动，油罐垂直，向手机内喷射2～3 s(对于快插口手机，应根据不同的型号，选用相应的喷油嘴，将喷油嘴插入手机尾部，约喷射2 s；对于四孔手机，应对准第二大孔(最大孔为回气孔，第二大孔为进气孔)；对于两孔手机，应对准最大孔)。

(4) 避免交叉感染，用压力蒸汽灭菌器对手机进行灭菌。灭菌前应先清洗和润滑手机，并用标准消毒灭菌纸袋封好，放入压力蒸汽灭菌器内高温(134 ℃)灭菌3～5 min。灭菌后即取出，不要让手机在灭菌锅内过夜。

5. 常见故障及其排除方法

滚珠轴承式涡轮手机的常见故障及其排除方法详见表2-2。

表2-2 滚珠轴承式涡轮手机的常见故障及其排除方法

故障现象	可能原因	排除方法
手机转动无力	工作气压低于额定值	调节气压到额定值
	排气管有异物堵塞	疏通排气管
	手机密封垫损伤	更换手机密封垫
	轴承故障	更换轴承
车针抖动	车针磨损严重	更换新的车针
	减震O形圈故障	更换减震O形圈
	轴承损坏	更换轴承
	车针弯曲	更换新的车针
不喷水	水压不足	调节水压至额定值
	机头出水孔堵塞	用细钢丝疏通出水孔
	水箱无水	加足够的蒸馏水
夹不住车针	三瓣簧损坏或内有污物	更换三瓣簧或清除污物
卸不下车针	车针和夹持簧锈死	润滑机头
	三瓣簧损坏	更换三瓣簧
	扳手式扳手磨损	更换新的扳手钥匙
噪声大	进、排气管有异物堵塞	疏通进、排气管
	轴承内有异物	清除轴承内异物
	轴承缺油，生锈	润滑机头
	轴承内滚珠损坏破裂	更换新的轴承

Note

（二）空气浮动轴承式涡轮手机

空气浮动轴承式涡轮手机的工作原理、整体结构与滚珠轴承式涡轮手机相似。由于工作时没有了滚珠的机械摩擦，因而转速更快、更平稳，机芯使用寿命更长。

1. 结构与工作原理 空气浮动轴承式涡轮手机的叶轮夹轴前后各有一个空气轴承支撑。空气轴承为精密度和光洁度很高的硬质合金钢套，其上有数个呈圆周分布的微孔。钢套的内孔与夹轴之间有 0.05 mm 的间隙。钢套外环上下各有一条凹槽，凹槽内装有耐油的 O 形圈，具有密封和减振作用。当高压空气进入手机头部时，一部分气体推动风轮转动，另一部分通过微孔，形成气膜，将涡轮轴悬浮在气膜之中。

2. 维护保养

（1）定期检查和清洗空气过滤器，确保进入手机的高压空气不含水分和杂质。

（2）每天使用前，从手机尾部进气孔喷射无油清洁润滑剂 2 s。

（3）每天使用完毕后，用一块干净软布将手机头擦干净，装上车针，将机头浸入清洗剂中，手握车针正、反转动 10 次，取出机头，踩动脚控开关，使手机运转 10 s 左右，然后卸下车针。

3. 常见故障及其排除方法 空气浮动轴承式涡轮手机的常见故障及其排除方法与滚珠轴承式涡轮手机相同，若清洗后转速低并伴有震动，应将涡轮组件全部更换。

二、低速手机

低速手机包括气动马达手机和电动马达手机，下面将介绍气动马达手机。

（一）结构与工作原理

气动马达手机由气动马达和与之相配的直手机和弯手机组成（图 2-8），机头可以更换使用，车针转速可达 5000～20000 r/min，具有正、反转和低速钻、削、修改牙体组织和修复体等功能。

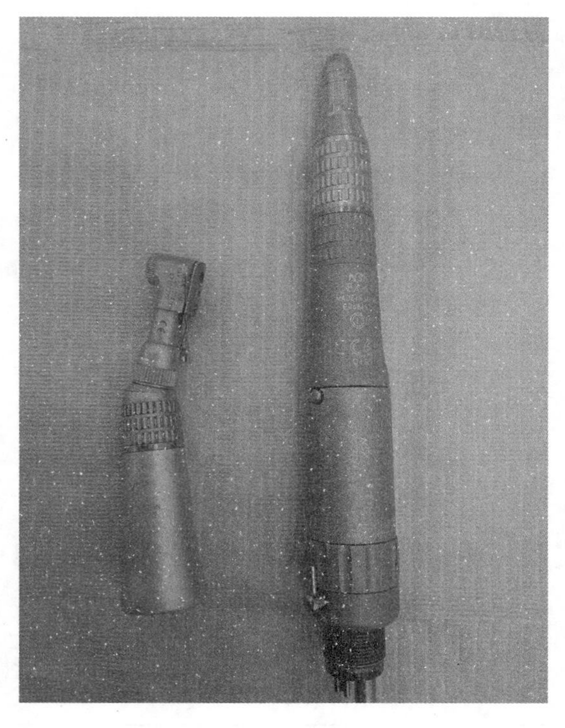

图 2-8　弯手机和直手机

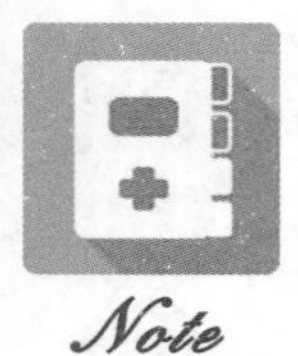

Note

1. 气动马达 气动马达由定子、转子、轴承、滑片、滑片弹簧、输气管、调气阀、消音气阻及空气过滤器组成。其工作原理为高压空气沿马达定子内壁切线方向进入缸体内部，形成旋转气流，借助滑片推动马达转子旋转，转子通过联轴叉带动直、弯手机工作。

2. 弯手机 弯手机由带齿轮和夹簧的夹轴、齿轮杆、轴承、钻扣及机头外头组成。夹持系统是一个钻扣，带有活动卡板，工作时可以卡住车针的槽。马达将动力传动给弯手机后轴，而后轴又通过齿轮驱动中间齿杆旋转中间齿杆又用齿轮驱动夹轴齿轮，夹轴齿轮带动夹轴内的车针旋转。弯手机有多种型号，可以根据不同的治疗需求选用。

3. 直手机 直手机由主轴、轴承、三瓣簧、锁紧螺母及外套组成。主轴由两个轴承夹固在机头壳内，主轴内前端装有锥度三瓣簧，转动锁紧螺母，可使三瓣簧在主轴内前后移动放松或夹紧车针，主轴由气动马达带动旋转。

（二）操作常规及注意事项

(1) 工作气压：0.25～0.3 MPa。

(2) 压缩空气保证无水、无油、无杂质。

(3) 手机在使用时，气动马达连接轴与直手机或弯手机要插接牢靠，而且手机工作时不能按压马达连接卡扣，以免手机脱落。

(4) 选用合格的磨石和车针，车针柄直径过大或过小都会损坏机头。

（三）维护保养

1. 加油润滑 将喷嘴对准马达驱动气孔（进气孔），按压 1～2 s。直机头和弯机头润滑后应装好，轻踏脚控开关，使直机头和弯机头慢慢转动几次，以便于润滑均匀。

2. 消毒灭菌 首先给手机加油，清洁手机外部，用消毒袋封好，再放入压力蒸汽灭菌柜内进行灭菌。严禁采用化学液浸泡或干热灭菌。

（四）常见故障及其排除方法

气动马达手机的常见故障及其排除方法见表 2-3。

表 2-3 气动马达手机的常见故障及其排除方法

故障现象	可能原因	排除方法
马达不转	滑片簧磨损、断裂	更换滑片簧
	滑片簧污物多	清洗、润滑滑片簧
直手机不转	轴承损坏	更换轴承
直手机夹不住车针	三瓣簧生锈、有污物	清洗三瓣簧
	车针柄型号不标准	更换新车针
弯手机卡不住车针	卡扣或扳手磨损	更换卡扣或扳手
弯手机转动无力，抖动	齿轮磨损、故障	更换齿轮

三、电动手机

气动涡轮手机具有高速、轻便、切割力强等优点，但存在着扭矩不足、速度和力量不能控制、噪声大、振动大以及回吸易造成医源性感染等问题。随着科学技术的发展，电动手机以扭矩大、速度和力量可有效控制、低噪声、低振动、低回吸、可变速、高性能、寿命长等优势，有可能取代一部分气动马达手机和气动涡轮手机。电动马达配上 1∶5 增速弯手机，转速达 200000 r/min，可进行牙体硬组织切割及钻磨；减速弯手机可在低转速下完成如根管治疗、种植

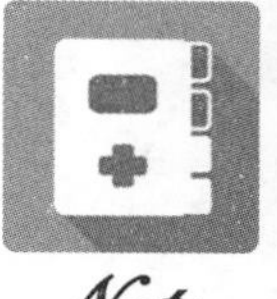

手术等操作；无回吸可避免医源性感染；经久耐用便于维护。

（一）结构与工作原理

电动马达手机由电动马达、直手机或弯手机和控制电路组成（图 2-9）。

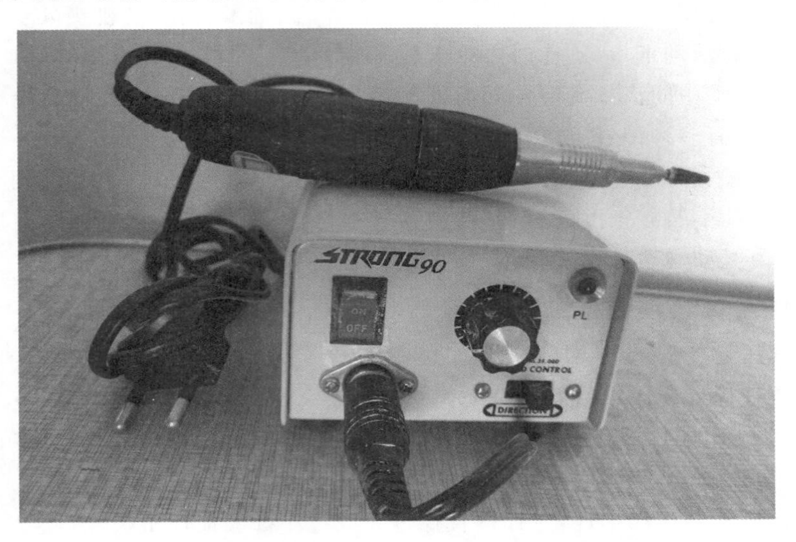

图 2-9　电动马达手机

1. 电动马达　电动马达是电动手机的动力系统，按结构分为有碳刷电动马达和无碳刷电动马达两种。

1）有碳刷电动马达　又分为有铁芯马达和无铁芯马达。

（1）有铁芯马达：由定子（永磁铁）、转子（绕组和磁钢）、碳刷、控制电路板（内置或外置）和联机等组成。有铁芯马达的工作原理是通过电刷将电能输送到转子上，在转子绕组上产生电磁力，此电磁力与定子的水磁力总是保持一个相位差，依磁力的“异性相吸”原理，电磁力与水磁力即可推动转子旋转。此种类型马达容易发热，转子惯性大，不易制动，碳刷易磨损，需定期更换，但价格较低。

（2）无铁芯马达：无铁芯马达的工作原理与有铁芯马达相同，但两种马达的结构有较大的差别。无铁芯马达的转子绕组为直筒状的玻璃杯，在杯底的中间固定有马达主轴。定子磁钢呈圆柱状，中间有一通孔。磁钢的一端与马达的外壳固定，前端和另一端均装有轴承，与转子绕组中间的马达主轴配合，将杯形的转子绕组悬浮在定子磁钢的外面。当碳刷将直流电源传递给转子绕组后，即可产生电磁力，推动转子运转。无铁芯马达由于效率高、发热量低，因此不需要压缩空气冷却，仅靠马达自带的风扇即可完成长时间、大负荷的运转。它适用于临床和技工使用。

2）无碳刷电动马达　为避免有碳刷电动马达的碳刷磨损、碳粉污染、电火花干扰等缺点，其后又研制出无碳刷电动马达。无碳刷电动马达的结构和工作原理与有碳刷电动马达不同。

（1）结构：无碳刷电动马达由转子（永磁铁或磁钢）、定子（绕组）、控制电路板组成。

（2）工作原理：在马达的后端，固定有传感器，用来检测转子的相位，并将相位信号传送给控制主机。主机根据相位信号，决定某组线圈通电、某组线圈断电，从而产生不断变化的电磁力，推动转子磁钢运转。随着精密加工、微电子、微处理技术的发展，直流微型马达的转速也逐渐提高，从 20000～30000 r/min 发展到 40000～50000 r/min；马达的最低转速由 1000 r/min 降低为 100 r/min～200 r/min，并且低速仍能输出足够的转矩。配合各种型号的减速或增速手机，马达的应用范围比以前有了较大的扩展。加上无碳刷电动马达具有磨损小、干扰小、无碳粉污染、能承受压力蒸汽灭菌等优点，近年来，口腔种植机、颌面外科微动力系统均采用了无

Note

碳刷电动马达。

2. 直手机 直手机由主轴、卡簧、轴承及外壳等组成。变速直手机装有变速齿轮盘、齿轮杆。通过连接叉装置与马达连接，马达的动力传导到轴芯，带动卡簧上的钻头旋转。根据不同的使用需要，可以选择不同变速比的直手机。常见的有1∶1常速直手机和1∶2增速直手机。

(1) 1∶1常速直手机：用于椅边治疗和修复操作，一般额定转速为40000 r/min。内水道的直手机为双孔喷雾，水、气分开，更有利于水雾的形成。

(2) 1∶2增速直手机：为外喷水类型，转速为40000～80000 r/min，主要用于拔除第三磨牙、骨移植和根管治疗等。

3. 弯手机 弯手机由带齿轮的夹轴、轴承、连接叉、头壳和外壳等组成，有的还配有光纤。动力由马达通过连接叉传导到轴芯，轴芯带动卡簧上的钻针旋转。变速弯手机加装有变速齿轮盘、齿轮杆。变速比按品牌和用途有所不同，其中常用的有以下几种。

(1) 等速弯手机：等速1∶1弯手机的转速与电动马达转速相同，为1000～40000 r/min，配合相应的电子控制系统，可以进行银汞抛光、大面积去除腐质、去除悬突、固位钉钻孔和合金修复体抛光等操作。

(2) 增速弯手机：增速有1∶2二倍、1∶3三倍、1∶5五倍等多种，转速从40000 r/min增至200000 r/min，4～6点喷雾。使用气动涡轮车针，可切割牙本质和釉质而代替气动涡轮手机，同时还可以应用于固位沟预备、烤瓷修复体打磨、冠桥成型和窝洞精磨，以及边缘成型等操作。有的品牌手机，机头内装有卫生机头系统，可防止回吸，减少交叉感染。

下面以Ti-Max Ti95L NSK为例进行简要介绍。Ti-Max Ti95L NSK是一款1∶5加速手机，具有世界先进的第一代4点喷雾系统。Ti-Max Ti95L NSK同时还具有世界同类手机中的极小机头，在很多治疗中能显示出它的多功能性。Ti-Max Ti95L NSK的前端设计线条纤细，可以提供更强大的直接可见度，Ti-Max Ti95L NSK的纯钛金属机身依据人机工程学原理设计，卫生机头系统可防止回吸，光导泡沫玻璃能承受反复高温高压消毒并能提供比以前高20%的照明度，使用两种型号的标准陶瓷轴承。陶瓷轴承的强度比传统不锈钢轴承高25%，但重量只是传统不锈钢轴承的一半。由于摩擦力降低，因此操作时噪声降低，热量减少，尤其是在高速运转的情况下，延长了涡轮手机的使用寿命。极低的热膨胀率也有助于延长手机的使用寿命。Ti-Max Ti95L NSK的最大转速为200000 r/min，使用FG型车针(∅1.6)。

(3) 减速弯手机：在进行低速操作(如根管扩大、牙种植等)时，需要用减速弯手机。常用的减速弯手机有4∶1、10∶1、16∶1、20∶1、32∶1、64∶1、128∶1、256∶1、1024∶1等减速比。根管治疗可选择减速比为32∶1的减速弯手机，转速为500～600 r/min；镍钛根管针用减速比为64∶1、128∶1的减速弯手机；种植手术可选择减速比为16∶1、20∶1的减速弯手机，这样既可以避免高转速对根管组织及种植创面造成烧伤，同时又有利于增加扭矩；抛光用减速比为4∶1和16∶1的减速弯手机。

(二) 操作常规及注意事项

(1) 将直手机或弯手机装上钻针后与电动马达连接。

(2) 钻针的直径应符合ISO标准。等速和减速弯手机及直手机选用CA型低速车针(直径为2.35 mm)，增速弯手机则选用FG型高速车针(直径为1.6 mm)。

(3) 手机未装钻针或未与马达可靠连接时，严禁启动马达。

(4) 有碳刷电动马达应根据实际情况，定期更换碳刷和清除积碳。

(三) 维护保养

1. 电动马达

(1) 避免摔伤：稀土永磁材料较脆，严重的摔伤可能导致磁钢破碎，无法修复。

(2) 口腔科用的直流微型电动马达，不论是技工用还是临床用，有碳刷还是无碳刷，有铁芯还是无铁芯，其轴承均为免维护的含油轴承，不必为轴承加油。有碳刷电动马达应根据实际使用情况，定期更换碳刷和清除积碳。

(3) 无碳刷电动马达可定期注入润滑油。方法是取下直手机或弯手机，使用喷嘴，从马达前端注入喷雾润滑油。手术用的无碳刷电动马达，可根据说明书进行压力蒸汽灭菌。

(4) 不要将马达浸泡在各种清洗液、消毒液中。手术后，可以用潮湿、洁净的软布将马达表面擦净，再进行灭菌处理。

2. 直手机和弯手机

(1) 用清洗探针清洗喷水、喷气管路，防止堵塞。

(2) 使用清洁剂对准手机尾部，轻压 1～2 s，清洁手机内部。

(3) 及时加注润滑油：配接专用喷嘴，从手机尾部注油。

(4) 慢速旋转车针：加油完毕后，应将钻针装回，以低速旋转 10～15 s，可使润滑油充分、均匀地扩散。

(5) 压力蒸汽灭菌：将注完油后的直手机或弯手机打包，放入压力蒸汽灭菌器中进行灭菌。

(辽东学院　邢庆昱)

第三节　超声波洁牙机

超声波洁牙机是在超声波洁牙过程中所用到的洁牙机器，通过超声波推动洁牙器，将震动的洁牙机工作头伸入口腔，松动菌斑、软垢、牙石，打碎牙齿表面的污物，同时不断用水冲洗，去除牙齿表面的牙石。超声波洁牙与传统的手工洁牙相比，具有效率高、速度快、创伤轻、出血少及舒适感强的优点，可减轻洁牙者的痛苦及降低医务人员的工作量，是目前临床上最常用的一种洁牙机器。

一、结构与工作原理

(一) 结构

超声波洁牙机(图 2-10、图 2-11)主要由发生器(主机)、换能器(手柄)、工作头、脚控开关四个部分组成。

1. 发生器(主机)　发生器包括电子振荡器和水流控制系统。电子振荡器产生工作功率，输出至换能器工作头，水流控制系统调节流向换能器的水流量。发生器的前板上装有电源开关按钮、指示灯、功率输出量调节旋转按钮、水流量调节旋转按钮。根据不同的治疗要求及洁牙者的敏感程度，调整输出频率，使之与换能器工作头的固有频率一致。在发生器后板上装有电源线、脚控开关插座、保险管座、输出线和水管。电源线用于连接电压为 220 V、频率为 50 Hz 的交流电源，脚控开关插座与脚控开关连接，保险管座内装电源保险管，输出线连接换能器手柄，水管连接自来水。

2. 换能器(手柄)　超声波洁牙机的换能器(图 2-12)因材料和工作原理不同，有磁伸缩换能器和电伸缩换能器两种。洁牙机手柄也因所用换能器的不同分为相应两种类型。

(1) 磁伸缩换能器：用金属镍等强磁性材料薄片叠成，通过焊接等方式将变幅杆和工作头

Note

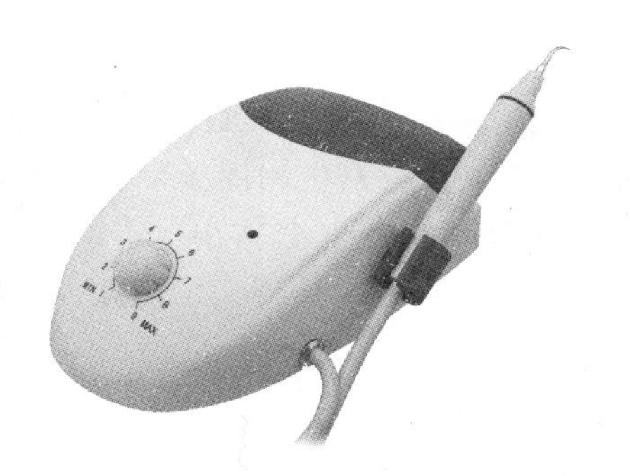

图 2-10　超声波洁牙机

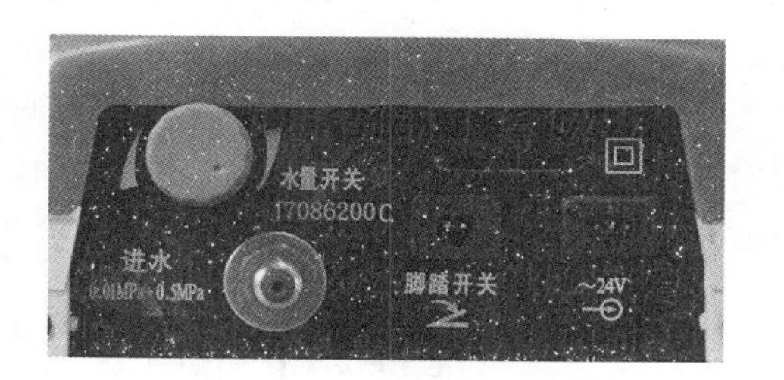

图 2-11　超声波洁牙机(后面观)

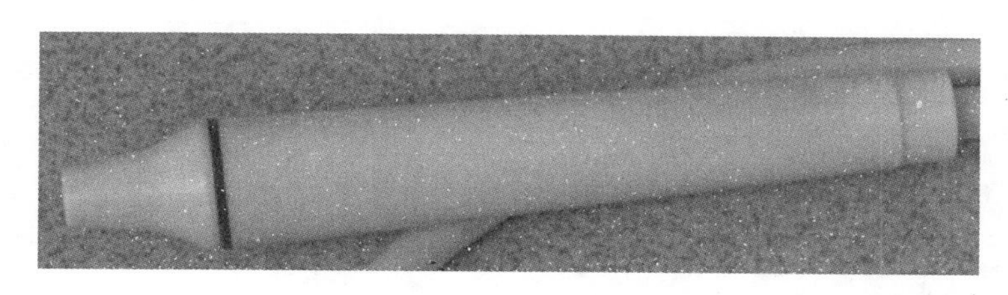

图 2-12　换能器

连接在一起。手柄为一中空塑料管，外绕电磁线圈，冷却水从中间通过。工作时换能器插入线圈内，冷却水冷却换能器后从工作头喷出。镍片等强磁性换能器置于磁场中而被磁化，其长度在磁化方向随磁场变化伸缩，带动工作头做功。

（2）电伸缩换能器：由钛酸钡等晶体做成圆板，其两面绕着银电极，圆板中间为一通孔，用中空的铜螺栓穿过、夹紧。螺栓一端接进水管，另一端固定工作头。换能器固定在手柄内，不能取出。

当换能器两电极间施加电压时，换能器晶体因电场强度和频率发生变化而产生振动，进而通过螺栓带动洁牙工作头完成洁治。当电场强度的变化频率与换能器晶体固有频率一致时，换能器振幅最大。

3. 工作头　工作头由不锈钢和钛合金制造，因要适应不同牙齿及部位的治疗，形状各异，可根据需要进行更换(图 2-13)。

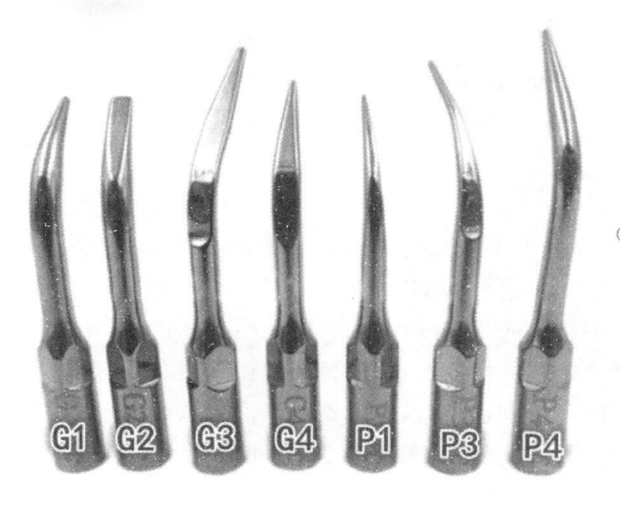

图 2-13　洁牙机工作头

4. 脚控开关　脚控开关主要控制振荡电路工作和冷却水开闭。

（二）工作原理

超声波洁牙机是由集成电路和晶体管组成的电子振荡器，产生 28～32 kHz 的超声频率电脉冲波，经手柄中的换能器转换为微幅机械伸缩振动，激励工作头产生相同频率的超声振动，从手柄中喷出的水，受超声波振动的影响而发生水分子破裂，出现无数气体小空穴，空穴闭合时产生巨大的瞬时压力，迅速击碎牙石，松散牙垢，促进炎症消退，加快牙周病早期愈合。超声波洁牙机工作原理示意图如图 2-14 所示。

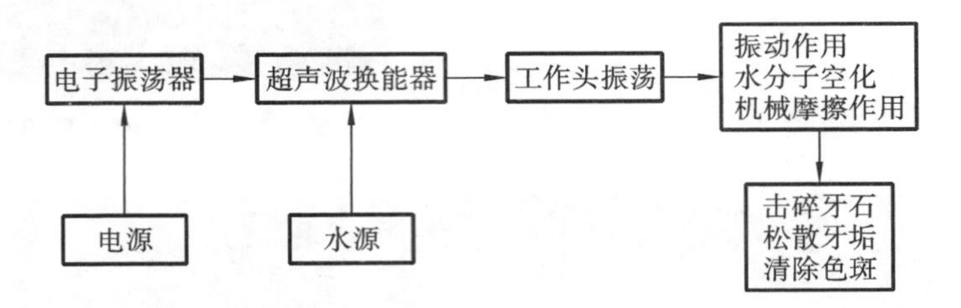

图 2-14　超声波洁牙机工作原理示意图

二、操作常规

（一）操作方法

(1) 将蒸馏水灌入压力桶至容积的 3/4 处，将压力桶出水管连接至洁牙机后面进水接头并扎紧，向压力桶内打气加压至 0.16 MPa。

(2) 将脚控开关插头插入脚控开关插座内。

(3) 将洁牙机工作头的换能器（磁伸缩）插入手柄，或将工作头螺母拧紧在手柄螺栓上（电伸缩）。

(4) 接通电源，打开电源开关，指示灯亮。

(5) 拿起手柄，调节功率旋转按钮，调节调水旋转按钮，使水雾量达到 35 mL/min 左右，工作头喷水温度约为 40 ℃。

（二）注意事项

(1) 电伸缩换能器质地较脆，不能承受过大冲击，手柄使用完应放在支架上。

(2) 工作头应安装可靠，否则影响功率输出。

(3) 治疗时不可对工作头施加过大压力，以免加速工作头的磨损。

(4) 手柄电缆内导线较细，易折断，严禁用力拉电缆和打死结。

(5) 有心脏起搏器的患者慎用。

三、维护保养

(1) 洁治时，输出功率强度不应超过其最大功率的一半，如有特殊需要加大功率时，应缩短操作时间，以免工作刀具和换能器超负荷工作。

(2) 不应在工作头不喷水的状态下操作，否则易损伤牙齿、损坏工作刀具及换能器。

(3) 尽量减少换能器电缆的接插次数，以免磨损微型密封圈，造成接口处漏水。

(4) 机器连续工作时间不宜过长，以免机器发热产生故障。

(5) 机器不用时，电源开关应处于关闭状态，换能器及手柄应放在固定搁架上，不得跌落或碰撞。

(6) 加压水壶盛水不可超过水位线，且压力不可过高，以免发生意外。

(7) 若机器长期不用，应每 1～2 个月通电一次。

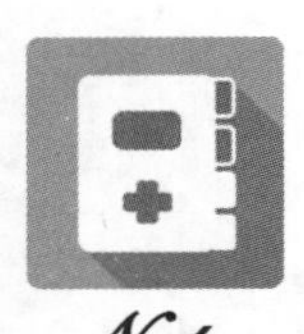
Note

四、常见故障及其排除方法

超声波洁牙机的常见故障及其排除方法详见表 2-4。

表 2-4 超声波洁牙机的常见故障及其排除方法

故障现象	可能原因	排除方法
不工作	电源连接线连接有缺陷	检查电源插座
	手柄和连接线之间存在液体或湿气	充分干燥手柄和连接线并保持干燥
	保险丝熔断	更换保险丝
无喷水	水喷嘴连接有缺陷或无水压	检查供水系统
	过滤器堵塞或电磁阀故障	清洁或更换过滤器,更换电磁阀
工作尖没有水但有振动	工作尖堵塞	清除工作尖阻塞物
	工作尖选择错误	更换工作尖
	水量调节不正确	调整喷嘴水量
功率不足、振动低	工作尖磨损或变形	更换工作尖
	使用不正确,施力角度错误	纠正错误使用方法
	手柄和连接线之间存在液体或湿气	充分干燥
无超声波输出	工作尖紧固不正确	使用扳手紧固工作尖
	连接器触点有缺陷	清洁连接器触点
	手柄和连接线中的金属线断开	请专业维修人员进行处理
手柄与底座之间或手柄与连接线之间的接合处漏水	手柄的密封圈磨损	更换密封圈

（湖南医药学院 谭风）

第四节 光固化机

光固化机又称光固化灯,是修复牙齿的口腔设备,其利用光固化原理,使牙科修补树脂材料在特定波长范围内的光波作用下迅速固化,从而填补牙洞或粘结托槽。根据不同的发光原理,将其分为卤素光固化机和 LED 光固化机两种类型。卤素光固化机在相当长的一段时间内满足了口腔治疗过程的需要,但是随着科学技术的进步,近年来已被采用半导体二极管发光原理制成的新一代 LED 光固化机所取代。LED 光固化机具有使用安全、操作简便、体积小、可移动、光源寿命长、光强度高、不需要冷却、能持续工作等优点。

复合树脂光固化技术用于口腔修复具有固化效率高、操作简单方便、治疗效果好、材料耐磨持久等优点,被广泛用于口腔修复和牙科整形。随着各种光源新技术的应用,光固化机也在不断地更新换代,其在临床上的应用也必将越来越广泛。与此同时,随着人们对牙齿健康和美观的关注,光固化机在口腔科的使用越来越频繁,成为口腔科一种必不可少的设备。

Note

一、卤素光固化机

（一）结构与工作原理

1. 结构　卤素光固化机主要由电子线路主机和集合光源的手机两大部分组成(图 2-15)。

（1）主机：主要由恒压变压器、电源整流器、音乐信号电路、电子开关电路、电源线及手机固定架组成。

（2）手机：主要由卤素灯泡、光导纤维管、干涉滤波器、散热风扇、定时装置、手机触发开关及主机连接线组成。

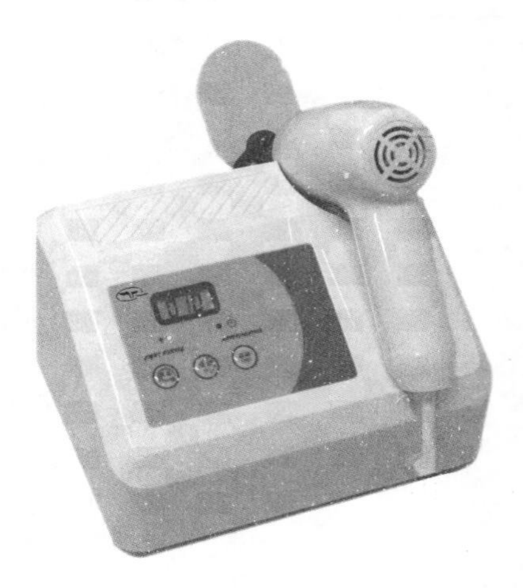

图 2-15　卤素光固化机

2. 工作原理　接通电源，主机进入工作状态，并输出一个控制信号，同时风扇运转，冷却系统散热。按动手机上的触发开关，光照触发，卤素灯泡发光。光波通过干涉滤波器，将不同频率的红外线光和紫外线光完全吸收，再通过光导纤维管输出均匀且波长范围为 380～500 nm 的无闪烁光。定时结束，音乐信号电路报警，卤素灯熄灭，完成一次固化动作。再次按动手机触发开关，重复以上操作。卤素光固化机工作原理示意图如图 2-16 所示。

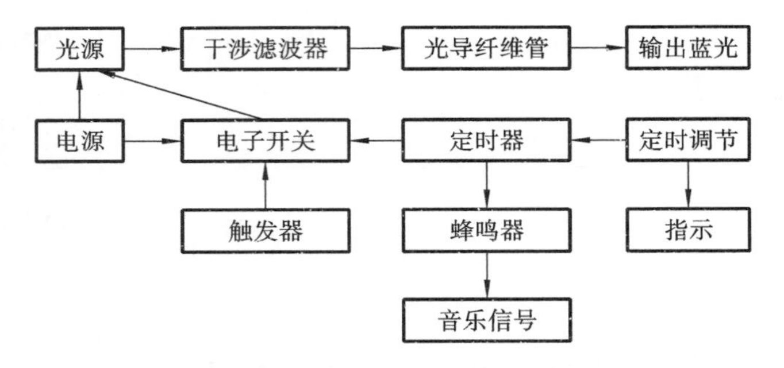

图 2-16　卤素光固化机工作原理示意图

3. 主要技术参数　卤素光固化机的主要技术参数有以下几点。

（1）光谱特性：在可见光范围内，不含紫外线光和红外线光，其光照度大于 60000 lx。

（2）光固化效果：20 s 以上可固化厚度大于 2 mm 的材料。

（3）输入功率：110～170 W。

（4）固化时间：有 20 s、30 s、40 s 三种可供选择。

（5）光波波长范围：380～500 nm。

（6）卤素反射灯泡：交流电，电压为 12 V，功率为 75～100 W。

（7）电源：交流电，电压为 220 V，频率为 50 Hz。

（二）操作常规

（1）接通电源，将光导纤维管插入插口。

（2）选择光照时间，将光照定时开关旋至选定的挡位。

（3）戴上护目镜，将光导纤维管头端靠近被照区，保持 2 mm 距离。按动手机上的触发开关，工作端发出冷光，进行固化。定时结束，音乐信号电路报警，卤素灯熄灭，光照结束，完成一次固化动作。再次按动触发开关，可重复操作。

(4) 结束后，将手机放置在手机固定架上，冷却风扇工作数分钟温度降下后，关闭电源，拔下电源插头。

(5) 固化时间的选择：材料厚度小于 2 mm 时，选择光照时间为 20 s；材料厚度为 2～3 mm 时，选择光照时间为 30 s；材料厚度大于 3 mm 时，可增加光照时间和光照次数。

(三) 维护保养

(1) 机器在运输及使用过程中，避免剧烈震动。

(2) 保持光导纤维管输出端清洁，防止污染，工作时不可接触牙齿及树脂材料。若被污染，应用棉球擦净后再使用，否则将影响光输出效率。

(3) 光导纤维管应避免碰撞或挤压，以防折断。

(4) 为避免灯泡过热，要注意间歇性使用。

(5) 使用各类开关及手机，要注意轻拿轻放，以防损坏。

(6) 机器使用完毕，应擦去水雾，清洗树脂材料的污迹，放置于干燥、通风、无腐蚀性气体的室内。

(7) 常备使用频繁的零件，灯泡组合件应放在干燥瓶内。

(四) 常见故障及其排除方法

卤素光固化机的常见故障及其排除方法详见表 2-5。

表 2-5 卤素光固化机常见故障及其排除方法

故障现象	可能原因	排除方法
整机不工作，指示灯不亮	电源插头与插座接触不良	使电源插头与插座接触好
	保险丝熔断	更换保险丝
	变压器损坏	更换变压器
	三端稳压块损坏	更换稳压块
按动触发开关后，无光发出	触发开关接触不良或已损坏	修理触发开关
	卤素灯泡损坏	更换卤素灯泡
	光导纤维管损坏	更换光导纤维管
灯亮后，聚合硬度不够	卤素灯泡已经老化，光导纤维管折断较多或工作面污染	更换卤素灯泡及光导纤维管，去除污染物，擦拭工作面
	卤素灯电源不正常	查找原因，保证灯泡的额定电压

二、LED 光固化机

(一) 结构与工作原理

1. 结构 LED 光固化机(图 2-17)主要由发光二极管、电子开关电路、音乐信号电路、光导纤维管、定时装置、充电器、锂离子电池、变压器、整流器等组成。

2. 工作原理 发光二极管是一块电子发光的半导体材料，置于一个有引线的架子上，四周用环氧树脂密封，起到保护内部芯线的作用，所以 LED 光固化机的抗震性能好。发光二极管的核心部分是由 p 型半导体和 n 型半导体组成的晶片，在 p 型半导体和 n 型半导体之间有一个过渡层，称为 PN 结。在某些半导体材料的 PN 结中，注入的少数载流子与多数载流子复合时会把多余的能量以光的形式释放出来，从而把电能直接转换为光能。PN 结加反向电压，少数载流子难以注入，故不发光。这种利用注入式电子发光原理制作的二极管称为发光二极管，通称 LED。当它处于正向工作状态(两端加上正向电压)，电流从 LED 正极流向负极，半

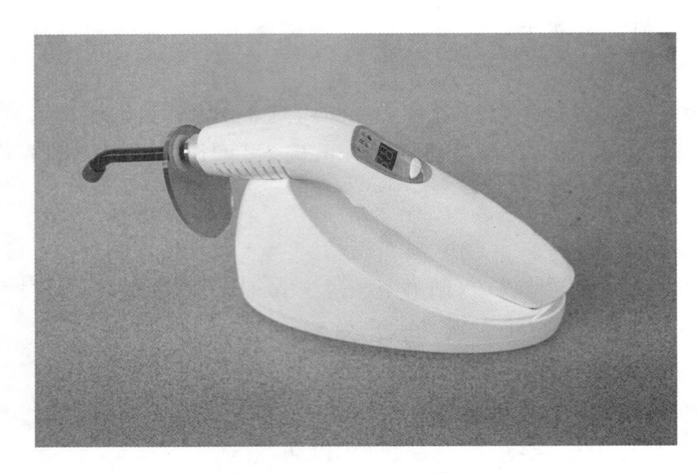

图 2-17　LED 光固化机

导体晶体发出从紫外线到红外线不同颜色的光，光的强弱与电流有关。由于临床上绝大多数复合树脂材料的光敏剂是樟脑醌，对波长为 470 nm 的光最为敏感，而 LED 光固化机波长的峰值为 465 nm，所以其发出的光基本是有效光。

3. 主要技术参数　LED 光固化机的主要技术参数如下。

(1) 机体工作电压：交流电，100～250 V。

(2) 频率：50～60 Hz。

(3) 基座电压：直流电，12 V。

(4) 电池：锂离子电池。

(5) 波长：420～480 nm。

(6) 光强度：500～2000 mW/cm^2。

(7) 固化时间：有 5 s、10 s、20 s、40 s 四种时间可供选择。

(8) 固化模式：快速固化模式、脉冲固化模式、渐进式固化模式。

(二) 操作常规及注意事项

(1) 接通电源，将光导纤维管插入插口。

(2) 根据材料厚度选择固化时间及固化模式。

(3) 操作者须戴护目镜，将光导纤维管头端靠近被照区域，其间距为 1～2 mm。按动触发开关，工作端发出冷光进行光照固化。定时结束后，蜂鸣器发出提示声音，光照结束。再次按动触发开关可重复操作。

(4) 临床上应用的大多数复合树脂材料的光敏剂为樟脑醌。少数复合树脂材料的光敏剂为苯基丙酯，其对波长为 400 nm 以下的光较敏感，此类复合树脂材料不适合使用 LED 光固化机固化。

(三) 维护保养

(1) LED 光固化机在运输及使用过程中，应避免碰撞，否则易造成折断。

(2) 保持光导纤维管输出端清洁。

(3) 对患牙照射前，应将光导纤维管套上一次性透明塑料薄膜，治疗结束后将一次性塑料薄膜取下，避免医源性感染。

(4) LED 光固化机虽然为冷光源，但二极管发光时仍会产生一定热量，连续使用三次以上时应注意保持适当的间歇时间。

(5) 定期对光导纤维管进行动清洁，避免因污染影响光照效果。

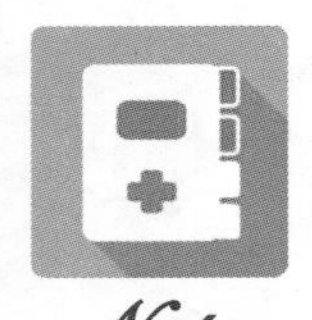
Note

(6) 随着锂电池充电次数的增多,锂电池每次充电后使用时间会缩短,锂电池寿命约为1年。

(四) 常见故障及其排除方法

LED光固化机的常见故障及其排除方法详见表2-6。

表2-6 LED光固化机常见故障及其排除方法

故障现象	可能原因	排除方法
整机不工作,指示灯不亮	电源插头与插座接触不良	使电源插头与插座接触良好
	保险丝熔断	更换保险丝
	变压器损坏	更换变压器
	三端稳压块损坏	更换稳压块
按动触发开关后,无光发出	触发开关接触不良或已损坏	修理触发开关
	光导纤维管损坏	更换光导纤维管
充电后,使用时间缩短	锂离子电池老化	更换电池

(湖南医药学院 谭风)

第五节 牙髓活力电测仪

牙髓活力电测仪是利用机器产生脉冲电流,对牙神经进行电刺激,同时记录牙神经对电刺激的反应值,从而判断牙神经活力的仪器。但是牙髓活力电测法(electric pulp tester)不能作为诊断的唯一依据,医生应该结合临床检查及病史进行全面分析来作出准确的判断。牙活力电测仪可分为数字显示型和手动调节型两种类型。数字显示型只要按下开关,显示的数字便逐步增加,电流强度也随之增大,刺激患者牙髓产生反应;手动调节型是将探头置于待测牙面,旋转旋钮使高频电流逐渐增大,直至患者牙髓对电流产生反应,然后放开探头,读出旋钮读数。

一、结构与工作原理

牙髓活力电测仪的主体为脉冲发生器,其电生理刺激装置能产生电刺激,输出端为方波电压波形。方波中有丰富的高次谐波,对神经的刺激作用比其他波形大。电压高于额定电压值时,指示灯亮;电压低于额定电压值时,指示灯自行熄灭。探头与脉冲发生器之间有一个特殊的电源接触开关,按下探头,电路接通;抬起探头,电路断开。探头可在360°的范围内自由旋转。该仪器产生频率为100 Hz、峰值电压为100 V的可调方波。操作时电流从探头输出,通过导电橡胶头传导,直接加在被测牙上。通过濡湿的釉质和牙本质,脉冲电流刺激牙髓,有活力的牙髓便会出现反应。

牙髓活力电测仪的主要技术参数如下。

(1) 电源:直流电,电压为6 V,SR-44氧化银电池4颗。

(2) 输出电压:0～100 V,可连续调节。

(3) 输出频率:100 Hz。

Note

二、操作常规

（一）操作方法

（1）向被检者说明检查目的，嘱其有麻刺感时示意。将被测牙与唾液严密隔离，吹干牙面，防止刺激电流从牙龈传导而出现假阳性。特别注意邻接点处应保持干燥，防止刺激电流通过邻接点向邻牙传导而出现假阳性。

（2）检查者手持探测棒下端的金属部分（参考电极），并将手腕或手指作为支点接触被检者面部皮肤。在牙面上放少许导电剂或湿润的小纸片，将牙髓活力电测仪的探测棒放于被测牙唇（颊）面的中 1/3 处，此时电路自动接通。探测棒前端指示灯发亮，面板上不断显示自动增长的数据。

（3）当被测牙感到酸、麻、痛时，立即将探测棒离开被测牙，观察此时面板上显示的数值，即为该牙的电刺激阈值。此阈值自动保存 7～10 s，以便记录，此时电路自动关闭。

（4）面板上能显示的最大阈值为 80，在此阈值内被测牙有酸、麻、痛反应者，均可判断为活髓（包括部分牙髓坏死，但根尖部分牙髓是有活力的）。阈值达到 80，被测牙仍无反应者，均可判断为死髓。

（5）面板右侧旋钮可调节电刺激增长速度。沿逆时针方向旋转至终点时，增长速度最慢；沿顺时针方向旋转至终点时，增长速度最快。一般可调至中间位置，以中等增长速度为宜。

（二）注意事项

（1）告知被检者牙髓活力电测法的有关事项。

（2）装有心脏起搏器的患者及严重心律失常患者禁止使用本仪器。

（3）先测对照牙，再测患牙。每颗牙测 2～3 次，结果取平均数。

（4）探头应置于完好的牙面上，如牙髓坏死液化、患牙有大面积银汞充填体或全冠时可能出现假阳性或假阴性结果。

三、维护保养

（1）使用完毕应将仪器保存在干燥防潮处，防止震动、撞击。长期不用应卸下电池。

（2）仪器探头上的橡胶套采用导电橡胶制成，为保证测试结果准确，不能随意拆除导电橡胶。

（3）根据电流量的大小，调节范围共分 4 挡，用以测定牙髓不同的活力反应。每次使用时必须从零位开始，缓慢地逐挡调节。

（4）一般情况下，电池使用 1 年左右应及时更换，并要求安装正确，以免损坏仪器。同时，安装电池时，不要轻易拉下测量仪的金属下盖板，用力过猛可能扭断输出端电线。

（5）由于 SR-44 氧化银电池的正、负极距离较近，所以安装电池时必须小心，不要使电池的正、负极同时接触金属导体，以防止其自动接通而耗电，甚至损坏电池。

（6）探测电极使用后应严格消毒，但不可使探测棒尖端与柄部之间浸湿，否则易短路，更不可浸泡于消毒液内，以防止电路损坏。

（7）若稍用力时指示灯不亮，可轻轻旋转探头的角度，直至指示灯亮。仪器使用时间较长，可能造成弹簧开关接触不良。

四、常见故障及其排除方法

测试仪器工作是否正常，可将探测棒尖端测试电极与柄部参考电极短路，观察指示灯是否发亮，面板上显示的数字是否不断增长。牙髓活力电测仪的常见故障为无信号输出和仪器不

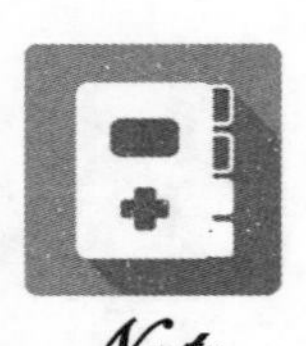

Note

工作。出现这些故障后，主要检查电池、电源开关及其连接线、脉冲发生器等，针对引起故障的原因，更换电池或维修电源开关，焊接连接线；或更换脉冲发生器的损坏零件，使仪器恢复正常工作。

（湖南医药学院 谭风）

第六节 根管治疗设备

根管治疗设备主要包含根管长度测量仪、根管预备动力系统、热牙胶充填器、根管显微镜等。

一、根管长度测量仪

根管长度测量仪（图 2-18），又称根尖定位仪，简称根测仪，是用来测量根管工作长度的一种精密电子仪器。利用根管长度测量仪进行测量的方法比传统的根管长度 X 光照测量方法精准度更高，使医生对根管长度有精准的把握，以做到完美的充填。根管长度测量仪是根据口腔黏膜与根管内插入的器械在到达根尖孔时，无论年龄、性别、牙种，其电阻值均接近 6500 Ω 这一原理制造的。

图 2-18 根管长度测量仪

（一）结构与工作原理

根管长度测量仪主要由主机、唇挂钩和夹持器组成。使用时夹持器与插入根管的器械相连，唇挂钩与口腔黏膜相连。它的工作原理是以普通根管锉为探针来测量在使用两种不同频率时所得到的两个不相同的根管锉尖到口腔黏膜的阻抗值之差（或比值）。该差值在根管锉远离根尖孔时接近于零，当根管锉尖端到达根尖孔时，该差值增至恒定的最大值。不同的型号使用的双频率有所不同，有 1000 Hz 和 5000 Hz、400 Hz 和 8000 Hz、500 Hz 和 1000 Hz 等。在两个测量值中都含有误差，但在分析演算中误差可作为共同项消除。这样即使根管内含有血液、渗出液及药液等导电的溶液，也可以得到正确的结果。此方法不适用于极端干燥、出血、根尖孔呈扩大状态或有隐裂的根管，也不适用于冠部崩裂、金属冠与牙龈接触或正在进行治疗的根管。对有心脏起搏器的患者，使用此仪器前应咨询内科专家。

（二）操作常规

（1）用橡皮障防潮，或吹干待测牙，待测牙表面干燥而形成绝缘状态。将根管吸干后，向内注入适量的电解溶液（如生理盐水等），用棉球吸去多余的电解溶液。

（2）将测量仪一端连接带标记的扩孔钻，另一端装上口角夹子，置于待测牙对侧口角。测定时必须使用 ISO 15～20 号的扩大针，过细或过粗均会影响测量值的准确性。

（3）参照预先拍摄的 X 线片估计根管长度。将连接好的扩孔钻缓缓插入待测牙根管，这时仪器显示屏的指针向根尖孔（Apex）标记处偏移，并同时发出警报声。当指针到达根尖孔时，标记好扩孔钻的长度。所测得的长度即为根管长度。

（三）维护保养

（1）仪器应放置于稳固的台面上，以免仪器遭受强烈撞击或跌落而损坏；同时应避免日光照射、高温、潮湿、灰尘，以及电解质、强磁场的影响。

（2）测量时用蘸有中性洗涤剂的毛巾擦拭，仪器切忌直接接触洗涤剂和水，禁止使用有机溶剂擦拭。

（3）测量时使用的手柄应采用树脂制品，不能使用金属制品。

（4）不能与电子手术刀、牙髓诊断仪同时使用。

（5）长期不使用时，应定期对仪器充电。

（四）常见故障及其排除方法

根管长度测量仪常见故障及其排除方法如表 2-7 所示。

表 2-7　根管长度测量仪常见故障及其排除方法

故障现象	可能原因	排除方法
电源不通	电池未放入主机	装入电池
	电池电量已耗完	更换电池
	附属品夹子损伤	更换夹子
	管线断裂	更换管线
	主机故障	请专业人员维修检查
根尖孔不能正确测定	未进行正确测定根管前的准备	做好测定前准备
	打开电源时指针未指向开始位置	请专业人员维修检查
电子音不响	音量开关设置过小	调节音量开关
	主机集成电板故障	请专业人员维修检查

二、根管预备动力系统

根管预备动力系统（图 2-19）又称根管扩大仪，是用于口腔根管治疗手术中根管扩大成形的一种电子机械设备。它大大降低了医生的工作强度，节省了工作时间，提高了工作效率，在临床上应用广泛。根管预备动力系统具有稳定的速度和扭矩预设功能，因此可以大大降低镍钛锉针在根管中折断的概率，使治疗变得更加安全。

（一）结构与工作原理

1. 结构　根管预备动力系统主要由控制器、根管治疗手机和脚控开关三部分组成。

（1）控制器：主要由电源开关、手机减速比选择键、马达转速增减键、扭矩大小增减键、保护模式选择键、马达正反转选择键和液晶显示屏等部分组成。

（2）根管治疗手机：由电动马达和减速手机组成。电动马达分为有碳刷马达和无碳刷马

Note

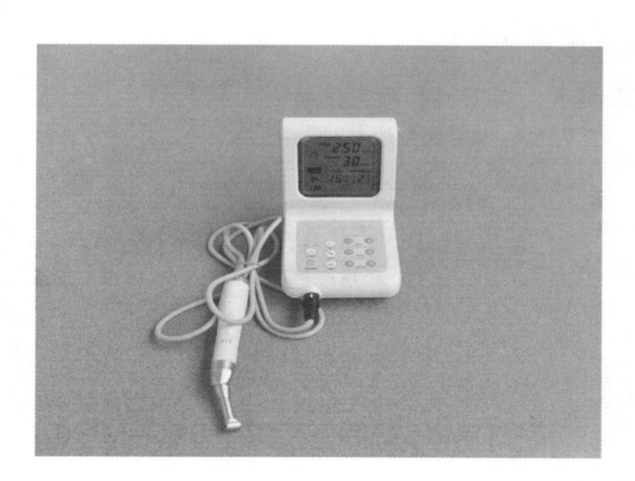

图 2-19 根管预备动力系统

达两种，转速范围一般在 1200～16000 r/min，速度可调。减速手机由齿轮、变速齿轮盘、齿轮杆、连接叉、头壳和外壳组成。手机转速可根据治疗需要进行调节，常见的减速比为 1∶1、4∶1、8∶1、16∶1、20∶1、32∶1、64∶1 等，可按需求选择。

（3）脚控开关：主要由微动开关及电路构成。整机的开关可通过脚控开关来控制，当脚控开关不能工作时可通过主机控制面板的开关来控制。脚控开关只控制输出电源的通断，不能调节速度。

2．工作原理 根管预备动力系统主要通过变速齿轮盘将马达的高转速变成根管预备手术所需的低转速，同时获得较大的切削扭矩，再进一步通过调速电路在此范围内增加或减小转速及扭矩，使根管预备高效、安全地进行。速度和最大扭矩可选择，并一直由扭矩传感器控制；同时带有自动保护模式，以防止车针折断。

（二）操作常规

1．操作方法

（1）打开电源开关，显示屏显示目前的转速和所选择的扭矩。

（2）在主机的控制面板上设定需要的相关运行参数。

（3）根据不同的机用镍钛旋转根管扩大系统的要求，设定适合的扭矩和转速，踩下脚控开关开始工作。

2．注意事项

（1）在设定运行参数时要根据不同的品牌镍钛扩锉要求设定最大的转速及扭矩，防止出现卡针及断针的现象。

（2）根管预备动力系统具有自我保护功能，当手机转速或扭矩达到最大值时将停止运行或自动反转，使用之前应该认真阅读说明书。

（3）连接各部位时，应确认其连接标志一致。

（4）镍钛扩挫应在旋转的状态下进出根管，不可将锉针放入根管后再启动马达。

（三）维护及保养

（1）仪器使用后，必须清洗和消毒，用 75%酒精擦拭主机及马达部分，不宜使用溶剂，清洁和保养前应拔掉电源插头。

（2）手机使用后，必须清洗、上油，再用压力蒸汽灭菌器消毒，防止交叉感染。

（3）镍钛扩锉针应与手机相匹配。

（4）长期不使用时，应定期对仪器进行充电。

（四）常见故障及其排除方法

根管预备动力系统常见故障及其排除方法如表 2-8 所示。

表 2-8　根管预备动力系统常见故障及其排除方法

故障现象	可能原因	排除方法
仪器不工作	电源故障	检查电源情况
脚控开关不工作	连接线故障	检查连接线插头
	脚控开关故障	请专业人员维修检查
马达不工作	连接线故障	检查连接线插头
	马达故障	请专业人员维修检查

三、热牙胶充填器

热牙胶充填器是根管治疗设备之一，主要用于根管充填。与传统的冷挤压充填技术相比，热牙胶充填技术具有充填严密的优点，不但能充填主根管，而且能充填侧、副根管和根尖部位的分支、分叉以及管间交通支等根管附属结构，也适合不规则根管的充填，真正达到了三维致密的充填效果。

用于根管充填的热牙胶充填设备种类较多，包括注射式热牙胶充填设备、垂直加热加压充填设备以及固体载荷插入充填设备等。由于热牙胶充填器是一系列产品，现有厂家为方便医生临床操作，推出了三维热牙胶根管充填系统，将垂直加热加压充填技术和热牙胶根充式注射技术整合，同时提供根尖热牙胶封闭功能和根管上部的回填功能，大大提高了工作效率，降低了成本。

（一）垂直加热加压充填器

1. 结构与工作原理

垂直加热加压充填器（System B 系统）由主机、电源、连接线、加热手柄、加热笔尖等部分组成。主机可使用电压为 12 V 的直流电和电压为 100～240 V 的交流电，同时配备一个可再充电的锂电池以备在没有电源连接时使用。主机内安装有微电路板，可以通过主机面板温度按钮控制加热笔尖的温度。温度可以在 100～600 ℃之间设定，常用温度为 200～250 ℃。用连接线把加热手柄和主机相连，安装好加热笔尖，按下加热手柄前端的弹簧，电路接通，笔尖在数秒内达到设定温度。笔尖由中空的不锈钢制成，内有一根加热丝，通电后从笔尖开始加热（图 2-20）。

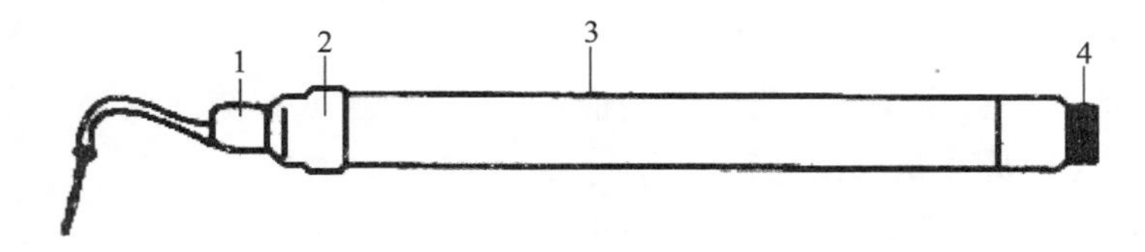

图 2-20　加热手柄示意图

1. 笔尖固定螺母；2. 启动弹簧；3. LED 灯；4. 导线连接头

2. 操作常规

（1）将加热手柄与主机用导线连接，把电源充电器与主机连接。根据患者情况选择合适的笔尖，将其安装在加热手柄前端的固定螺母上，适当调整角度。

（2）打开背面的电源开关，按下待用按钮启动加热手柄。检查显示屏上的温度和笔尖模式，根据工作状况用温度控制按钮和笔尖模式选择按钮进行调整。

Note

(3) 按下弹簧开关后，手柄发出“嘟嘟”声，LED灯亮。先边加热边加压，在根管内将加热手柄笔尖向根管根尖移动，一般在距根尖5～7 mm处时停止加热，保持加压状态。

(4) 继续加热1 s，将笔尖从根管内取出。

(5) 使用完毕后，将工作模式切换到待机模式或者关机模式。

3. 注意事项

(1) 笔尖在使用前必须消毒，避免交叉感染。

(2) 设备不使用时需要将电源开关关闭。

(3) 使用操作中避免接触到笔尖，以免烫伤。

(4) 如在使用过程中要擦拭笔尖应使用干纱布，不要用酒精棉球或湿布擦拭。

(二) 热牙胶注射式充填器

1. 结构与工作原理 热牙胶注射式充填器(Obtura Ⅱ)又称热牙胶注射枪(以下简称根充器)，由主机、电源、连接线、加热枪、枪头、枪针以及牙胶棒和热保护罩等组成。主机使用电压为220 V的交流电源，内安装控制电路板，可以通过主机控制面板温度按钮控制根充器的加热温度，温度可调范围为140～250 ℃，常用温度为160～200 ℃。加热枪具有加热功能，使加在枪膛内的牙胶受热熔化，然后通过枪针注入根管。枪针有三个型号，分别为20号、23号和24号。为确保枪针具有良好的导电性，针头部分为纯银制造(图2-21)。

(1) 针头：枪针与枪头的连接部分，多用螺纹固定。

(2) 热保护罩：使用时枪头会产热，热保护罩可以避免烫伤患者唇部。

(3) 扳机：用于推动活塞、注射牙胶。由于热熔的牙胶有轻微缓冲作用，建议扣动一次扳机后稍等片刻，过度用力扣动扳机将会损害活塞槽。

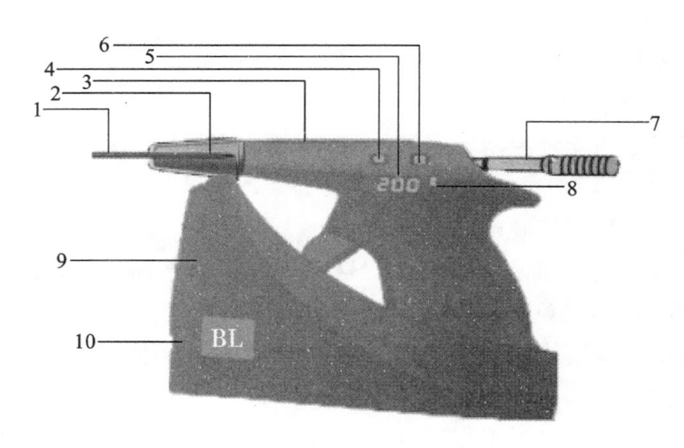

图2-21 热牙胶注射式充填器结构示意图

1. 针头；2. 热保护罩；3. 微粒加载槽；4. 电源开关；5. 指示温度的数字显示屏；6. 温度控制开关；7. 活塞；8. LED电池指示灯；9. 充电器基座；10. 电源适配器插座

2. 操作常规 根充器可将热熔牙胶直接注入根管，但在充填根尖部时，应先用垂直加压技术封闭根尖，以免超充或欠充，然后用根充器将根管剩余的部分填满。

(1) 选择合适的枪针与根充器连接。

(2) 必须先把热保护罩安装好，然后根据待治疗牙的情况，适当弯曲枪针。

(3) 用导线连接根充器和主机，根据操作条件调节操作温度。由于此特殊牙胶棒的热熔温度有适当的范围，不要将操作温度调得太高。

(4) 装入牙胶棒，按下活塞释放按钮，拉出活塞，不必将活塞全部拉出，用镊子将牙胶棒放入根充器内，推动活塞至感觉到牙胶棒时为止。

(5) 牙胶棒完全热熔大概需要 2 min,然后缓慢扣动扳机。

(6) 使用完毕,将剩余牙胶从根充器内取出,并将根充器恢复到待机状态。注意应在牙胶冷却前取下枪针。

3. 注意事项

(1) 使用完毕时,扣动扳机清除所有的剩余牙胶,关闭电源开关或按下待机按钮转为待机模式。枪头应在牙胶仍然温热时取下,如果已经冷却应等下次牙胶加热后再取下。

(2) 启动根充器前必须先放入牙胶棒,以避免加热枪烧坏。

(3) 一次只放入一根牙胶棒。在牙胶尚未完全热熔前,过度用力扣动扳机将会损坏活塞槽,造成牙胶从针头漏出。

(4) 应在每次使用时更换新的枪针和热保护罩,避免交叉感染。

4. 常见故障及其排除方法 出现故障需联系专业维修人员检测和修理。

四、根管显微镜

根管显微镜主要用于牙髓、根管的检查和治疗。使用根管显微镜,医生可以清晰地观察到根管口的位置、根管内壁形态、根管内牙髓清除情况,进行根管预备、充填、取出根管内折断器械以及根尖周手术等操作。根管显微镜可以给医生提供较好的检查和治疗帮助,能提高诊断水平和治疗精度;能提高治疗效率和质量,使患者获得最好的治疗效果;能改善医生诊断治疗时的不良姿态,降低医生的劳动强度。

(一) 结构与工作原理

1. 结构 根管显微镜由底座、支架、控制箱、悬臂、镜头支架和镜头组成。

(1) 底座:用于支撑和移动整个根管显微镜系统。底座上有配重铁、移动轮和制动装置。配重铁加强根管显微镜的稳定性以防止翻倒,移动轮便于显微镜位置的调整,位置固定后可使用制动装置防止根管显微镜移动。

(2) 支架:用于固定和安装控制箱、悬臂及镜头等。支架有三种安装形式,即悬吊式、壁挂式和落地式。

(3) 控制箱:用于安装和控制电源、光源。

(4) 悬臂:用于镜头支架和镜头的安装。悬臂可以在水平面旋转,在垂直面上下移动,用于调整镜头的宏观位置。悬臂中有锁定装置,可防止位置改变。

(5) 镜头支架:用于安装镜头。镜头支架可以使镜头在 x 轴、y 轴和 z 轴三个方向旋转,调整镜头的位置和方向。

(6) 镜头:手术显微镜的主要工作部分,包括物镜、目镜、助手镜(图像采集接口)和调整旋钮等。镜头的性能和功能因品牌不同而不同。

①放大倍率:放大倍率为 1∶6,通过手柄调节。放大倍率的调节形式有两种:一种是有级变倍,即放大倍数是按挡调节,呈跳跃式变倍;另一种是无级变倍,放大倍数可连续平滑地改变,其视野和景深也连续平滑地变化。一般在清晰可见的情况下,使用较小的放大倍率较好。

②聚焦系统:通过多焦点透镜电动连续调焦或手动调节。

③物镜:物镜的参数一般为 200 mm 或 250 mm,物镜分为固定工作距离物镜和可变工作距离物镜。可变工作距离为 200～415 mm 或 207～470 mm,通过单一物镜实现。

④目镜:广角 0°～180°倾角可调,双目镜筒为 12.5 倍或 10 倍广角目镜,可调节观察角度和调节瞳孔,配可调眼罩。

⑤照明系统:电压为 12 V、功率为 100 W 的卤素灯泡或氙灯,有灯泡自动转换器和备用灯泡的冷光源光纤照明系统,通过手柄调节灯光的亮度和光斑。

⑥助手镜：又称第二观察镜，便于观摩学习和四手操作。助手镜由双筒目镜和分光器组成。分光器分两种，按50%与50%或70%与30%分光。

⑦摄像系统：分为内置式和外置式，内置式体积小，不影响医生的操作，外置式体积大，但可以自主选配清晰度更高、更满意的摄像系统。

⑧主镜座：用于安装主镜、助手镜等，主镜座应可大范围倾斜。大范围倾斜的主镜座可以保证医生在治疗时保持舒适的体位。

⑨镜头的灵活性：在治疗中患者的体位会改变，因此显微镜的镜头位置也要随患者的体位改变而调整。

⑩滤光片：无红滤光片适合在大量出血时使用。

2. 工作原理 应用光学原理，卤素灯发出的冷光源通过光导纤维管到达物镜和被观察物体，而被观察物体的光束经物镜通过分光镜送到目镜和助手镜或摄像系统，通过调节焦距和放大倍数看清被观察物体，锁定镜头，即可开始检查和治疗。

（二）操作常规

（1）取下防尘罩，接通电源，打开光源。

（2）将镜头移向被观察物体，调整焦距、放大倍数、光强度及光斑。

（3）被观察物体成像清晰后，锁定镜头，可进行检查和治疗。

（4）使用完后，关闭光源，盖上防尘罩，待散热风扇停止工作后关闭总电源。

（三）维护保养

（1）根管显微镜是光学设备，应按光学设备的要求进行维护保养。注意保持根管显微镜的清洁和镜头的干燥，镜头应使用专用镜头纸或清洗液擦拭，使用完后及时盖上防尘罩。

（2）开机后先检查光源，如灯不亮，可检查灯泡和保险丝，若在使用过程中灯泡出现损坏，手术完毕应及时更换灯泡。

（3）关机前将亮度调到最小，关闭光源，待充分散热后关闭总电源。

（四）常见故障及其排除方法

（1）灯不亮，检查灯泡和保险丝并按规格要求更换。

（2）其他故障应请专业技术人员维修。

（湖南医药学院 谭风）

第七节 冷光美白仪

冷光美白仪（图2-22）是随着新兴的牙齿美白技术发展而产生的设备，它不仅可以去除牙齿表面的色素沉积，同时可进入牙齿深层达到脱色的效果。

一、主要结构

冷光美白仪的主要结构包括恒压变压器、电源整流器、电子开关电路、声音信号提示电路、电源线、LED灯、光导纤维管、干涉滤波器、定时装置、手动触发开关等。

二、工作原理

接通电源后，冷光美白仪主机电子开关进入工作状态，并输出一个控制信号，按动触发开

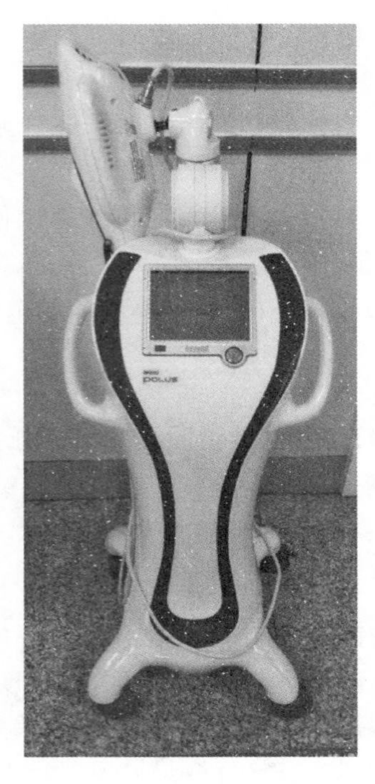

图 2-22 冷光美白仪

关，光照触发，LED灯发光。光波经过干涉滤波器隔除一切有害的紫外线和红外线，再通过光导纤维管传导波长为 480～520 nm 的高强度蓝光，激活以过氧化氢和二氧化硅（直径为 20 nm）等为主体的美白剂，快速产生氧化还原作用。透过牙小管，去除牙齿表面及深层附着的色素，从而达到美白的效果。使用冷光美白仪进行美白操作时仅需 30 min，无副作用，美白效果通常可维持两年以上。冷光美白仪采用低温冷光，完全避免了对牙神经的刺激。

（赤峰学院附属医院　张颖）

第八节　口腔种植机

口腔种植机（图 2-23）也称为牙种植机，是口腔种植修复中形成种植窝时使用的一种专用口腔种植设备，此设备能准确测量牙槽骨的厚度、牙槽窝的深度、骨密度，并配有多种功能的工作头。合理选择种植机及其配件可以减少骨损伤，提高种植体与种植窝的密合度，对提高种植成功率有重要意义。

一、结构及工作原理

（一）结构

口腔种植机有电动型及气动型两大类型，但由于电动型口腔种植机使用较为方便，目前市场上已很难见到气动型口腔种植机，所以本节仅介绍电动型口腔种植机。电动型口腔种植机通常由控制系统（主机）、动力系统（马达手机）、灭菌冷却系统（水泵）及脚控装置组成。

1. 控制系统（主机） 控制系统主要由微电脑控制，包括马达转速、变速手机选择键及转速、转量、流量、时间选择键和电源开关、指示灯、加速键、减速键等几部分。

Note

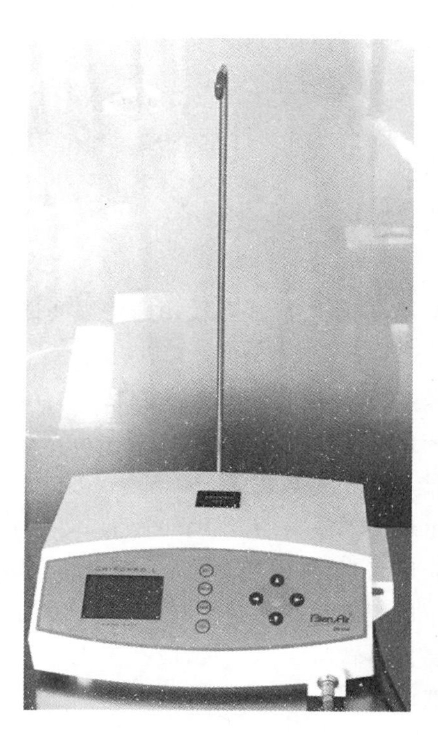

图 2-23 口腔种植机

2. 动力系统(马达手机) 马达通过连接线与主机相连并由后者供电，转速一般可从 0 调节到 50000 r/min，常用的高速度设计为 20000 r/min，30000 r/min、40000 r/min。在临床上需根据转速及扭力需求配备不同减速比的手机。能将马达速度降低的手机称为减速手机，使马达转速增加的手机称为增速手机，增速或减速手机较普通手机贵，增减速比例越大，价格越昂贵。一般临床上多选择 20∶1 或 16∶1 的马达手机。

3. 灭菌冷却系统(水泵) 口腔种植手术中，要求尽量不产生热量，避免对骨组织造成热灼伤，所以口腔种植机皆配有水泵。水泵由灭菌冷却水、蠕动泵、供水管道组成。

(1) 灭菌冷却水：在临床上，多采用 500 mL 的生理盐水，方便快捷，所以口腔种植机一般设有吊挂生理盐水瓶的挂架。

(2) 蠕动泵：通过三角棘轮对冷却水单项推出加压，使灭菌冷却水加压至手机头部，降低手机头部切削工具的温度，减少骨灼伤。

(3) 供水管道：术区供水方式分为两种，分别是外冷式和内冷式。外冷式是焊接在手机头部的冷却水管将水直接滴淋在切削工具的表面进行冷却；内冷式是通过内部中空的切削工具将冷却水送达钻头尖端进行冷却。

4. 脚控装置 脚控装置目前已经成为口腔种植机的基本配置，通常有两种类型：一种仅具备开关功能，另一种具有变阻器调节功能，可根据脚踏力量的大小，控制马达速度。

(二) 工作原理

口腔种植机通过变速手机将马达的高转速变为口腔植入手术所需的转速，再进一步通过调速电路在此范围内增加或减少转速，使种植窝骨面损伤减至最小，种植窝精确成形。

二、操作方法及注意事项

(一) 操作方法

(1) 接通电源，打开电源开关，电源指示灯亮。

(2) 按马达速度选择键，选择所需的转速。

(3) 按手机转速选择键，选择所需的变速比。

(4) 调节灭菌冷却水达到所需状态。

(5) 选择相应种植体的切削工具。

(6) 根据需要增加或减低转速。

(二) 注意事项

(1) 口腔种植机为精密仪器，应小心轻放。使用前仔细阅读说明书，确认其工作环境及使用禁忌。

(2) 钻骨时通常速度下降，下降的幅度与施加于内钻上的压力、骨钻的直径及钻针的锋利程度有关，此速度下降幅度少于初速的 1/3 时，不会对手机产生损害。但当超过此下降幅度时，说明钻入阻力过大，有可能对手机造成损害。

(3) 钻骨时手机或钻针出现摆动或振动，说明转速低，动力不足。

(4) 钻针钻入骨内前应先启动，使其提速，达到手机的最佳转速动力状态后再钻入骨内。

(5) 弯机头应在每次使用后用清水冲净并用气枪吹干，注油。

(6) 应禁止电动马达在高速运转时突然反转，应在停机状态下改变方向。

(7) 应避免液体流入机器内。

三、维护保养

(1) 清洁与保养前应断开电源。

(2) 保持机体清洁，经常用干燥的布擦拭口腔种植机。

(3) 马达和手机应定期清洁和消毒。

(4) 切削道具应与手机相匹配，无偏心、尺寸超差、粗钝现象出现。

(5) 不同功能的工作头应正确选配，及时消毒；工作头变钝时，应及时更换。

(6) 正确选定微电脑控制的程序。

四、常见故障与处理

口腔种植机的常见故障及处理方法详见表 2-9。

表 2-9　口腔种植机的常见故障及处理方法

故障现象	可能原因	排除方法
手机马达不工作	无电源(电网无电、保险丝熔断、插头插接不良)	检查电源系统，排除故障
	力矩设定太小	重新设定输出力矩
	机械嵌顿(马达手机连接不良、钻具卡死、吃刀太大)	检查马达、手机、钻具的连接并调整，切削减少吃刀量或增大力矩
马达过热	马达绕组老化、润滑不良、输出力矩过大	加注润滑油，减少输出力矩，维修不能纠正时应报废
	水源无水、输水管反向接入蠕动泵，蠕动泵不工作、管道堵塞、管道破裂	换水、正确接入输水管、检查蠕动泵、排堵或更换输水管道

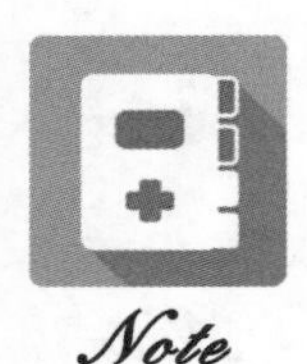
Note

续表

故障现象	可能原因	排除方法
转速不稳	参数设定错误 手机故障 手机马达故障 手机马达连接不良	重新设定参数 检修或更换手机 检修或更换手机马达 重新连接或更换连接件

（赤峰学院附属医院　张颖）

第九节　口腔消毒灭菌设备

口腔器械的消毒灭菌对防止医源性感染有着极其重要的意义。整个消毒灭菌流程包括清洗、保养、包装、消毒或灭菌等，主要采用的设备有清洗设备、养护设备、包装设备和灭菌设备。

一、清洗消毒机

清洗消毒机又称全自动机械热力清洗消毒机，采用的是机械化清洗方式。清洗消毒机可以去除污垢、组织碎片、血渍，去除95%以上的细菌、真菌等微生物，有效的清洗可以防止器械生锈，确保设备、器械等的安全有效运转。机械化、标准化的清洗流程与手工刷洗相比，降低了医务人员意外受伤的概率，同时确保了清洗效果，是消毒灭菌质量的保证。

目前清洗消毒机分为立式和台式两种类型，立式清洗消毒机由于容积和体积偏大，多用于专科口腔医院、综合性医院中心供应室等。台式清洗消毒机多用于清洗牙科手机。

（一）结构与工作原理

1. 结构　清洗消毒机由内水循环系统、框架喷淋系统、进排水系统、多重过滤系统、清洗剂供给系统以及微处理控制系统等构成。口腔用清洗消毒机内设置有牙科手机专用附件。

2. 工作原理　清洗消毒机通过水、化学试剂、机械力、清洗温度和时间之间的作用达到清洗消毒的目的，包括凉水预洗、加洗涤剂升温清洗、清水冲洗（去洗涤剂残留）、高温消毒（上油）、热风干燥等程序。

（二）操作常规

（1）检查水电连接是否正常。

（2）打开电源开关。清洗消毒机有电子门锁，打开电源开关才能开门。在断电或程序运行过程中，电子门锁是锁住的，以确保安全。

（3）清洗消毒的器械和物品，按设备要求放置。

（4）关闭电子门锁，选择相应的程序，按开始键后，程序全自动运行。运行结束后程序发出提示音，清洗消毒完成。

（5）打开电子门锁取出清洗消毒后的器械和物品，开门时应注意防止蒸汽烫伤。

（三）维护保养

（1）清洗消毒机不应安装在有爆炸危险的环境中，也不应安装在极冷的环境中。

（2）清洗消毒机供电需接地线，遇到损坏时要立即关掉电源。

（3）清洗消毒机需使用软化水进行清洗消毒，并定期检验，水的硬度在4 mmol/L以下。

Note

（4）有明显污垢、组织碎片、血渍的器械应先预清洗和消毒后再放入清洗消毒机。

（5）清洗消毒机应每日检查并清理，清理时应戴手套，注意安全。

（6）牙科手机及其他器械的放置应符合要求，具有关节的器械要打开关节。

（7）每天使用清洗消毒机前应用预洗程序对其空载预洗一次，定期检查及时添加专用清洗剂。

（四）常见故障及其排除方法

清洗消毒机的常见故障及其排除方法详见表 2-10。

表 2-10　清洗消毒机的常见故障及其排除方法

故障现象	可能原因	排除方法
上下水报警	水龙头关闭	关掉机器，打开水龙头
	水输入软管处过滤器太脏	关掉机器，清洁过滤器
	上水管扭曲、弯折	摆正上水管
	下水不畅	使下水畅通
	上水水压低	使上水增压
程序完成太早	排水软管扭曲弯折	弄直软管，将水泵出并再次运行程序
清洗舱中的水不热且运行程序时间太长	加热部件被大量的物品覆盖或清洗舱中的过滤器阻塞	调整物品装载，清洗过滤器

二、注油养护机

注油养护机是对牙科手机进行注油养护的设备。注油对牙科手机维护保养十分重要，目前全自动注油养护机已经广泛使用。

（一）结构与工作原理

注油养护机由储油罐、活塞泵、定时器、油污过滤器、喷嘴及转接口等组成。其工作原理如下。

（1）吹屑：在高速手机腔内形成负压真空并吹去管道及风轮轴承表面颗粒。

（2）清洗液冲洗：清洗液随气流进入负压空隙对污垢进行清洗。

（3）吹气：吹干手机内腔的残留清洗液。

（4）注油：润滑油进入负压间隙实现对轴承的全方位润滑。

（5）吹气：吹去多余润滑油，使油膜均匀地覆在轴承滚珠和风轮转轮处，完成养护过程。

（二）操作常规

（1）打开空气压缩机或中心供气阀门。

（2）注油前吹干牙科手机内腔管路水分。

（3）选择适配的变换插头，将牙科手机与转接口连接，插在喷嘴上。

（4）盖上保护盖，按下开始按钮。

（5）注油养护机停止，注油完成。

（三）维护保养

（1）定期查看清洗液和润滑油的量，需添加时注意清洗液和润滑油的标识。

（2）注油养护机需正压、无油、干燥压缩空气带动，气源压力为 0.3～0.6 MPa。

（3）插拔牙科手机时，不要左右旋转，注意保护插座上的 O 形密封圈。

(4) 定期更换排气过滤器。

(5) 经常检查进气管过滤器有无堵塞，一般一年更换一次，如有堵塞应及时更换。

(四) 常见故障及其排除方法

注油养护机的常见故障及其排除方法详见表 2-11。

表 2-11 注油养护机的常见故障及其排除方法

故障现象	可能原因	排除方法
指示小球无动作	管脱落	把管重新接好
注油时间过长	注油喷嘴堵塞或损坏	清洗或更换注油喷嘴
	压缩空气中的杂质堵塞定时器放气孔	清理定时器

三、封口机

封口机是口腔诊疗器械进行封装时使用的设备(图 2-24)。

图 2-24 封口机

(一) 结构与工作原理

封口机主要由热导轨、按压手柄或传动带、滑动刀片等组成，可将装有注油养护后器械的专用纸塑包装袋进行封装。用于封装的纸塑包装袋一面是医用纸，另一面是塑料，封装时加热熔化包装袋的塑料面，加压，使塑料面和纸面粘贴且有一定强度，达到密闭封装的目的。

(二) 操作常规

(1) 接通电源，打开电源开关。

(2) 根据袋子厚度，选择热封温度，达到设定温度后，将已装入器械的纸塑包装袋放到热导轨上，塑料面朝上，按下手柄并保持 2～4 s，抬开手柄封口即完成。若使用全自动封口机，则纸塑包装袋随着封口纸袋传动带的移动，自动完成封口。

(3) 封口结束后，降低封口机设定温度，温度降低后再关闭电源。

Note

（三）维护保养

（1）每日擦拭，始终保持封口机清洁。

（2）封口温度按要求严格设定，不可过高或过低，否则影响封口机性能和安全。

（3）封口距离应调整适当，封口处到包装器械的距离应大于 30 mm，避免错误操作而损坏被封装器械及封口机。

（4）封口结束后，温度降低再关电源。

（5）正确操作，避免卡带影响封口机运行，避免异物掉入封口机。

（四）常见故障及其排除方法

封口机的常见故障及其排除方法详见表 2-12。

表 2-12　封口机的常见故障及其排除方法

故障现象	可能原因	排除方法
封口不严密	设定温度过低	调整设定温度
有焦煳味	设定温度过高或有脏物	调整温度，清除脏物
封口时封装袋不移动	传动带按钮开关未开	按下传动带按钮
封口时有异常响动	掉入异物	检查处理

四、压力蒸汽灭菌器

压力蒸汽灭菌是安全、有效、经济的灭菌方法，耐高温、耐湿热的物品应首选压力蒸汽灭菌法进行灭菌处理。口腔诊疗器械包括带管腔的器械，所以多选用预真空压力蒸汽灭菌器或卡式压力蒸汽灭菌器。

（一）结构和工作原理

压力蒸汽灭菌器包括加热系统、抽真空系统、显示系统、微电子控制系统、自动安全保护系统、消毒舱及消毒盘等。其工作原理是应用温度、压力和容积的波-马定律，利用机械抽真空的方法，使灭菌舱内形成负压（最高真空度达 92 Pa），高温高压的蒸汽得以迅速穿透到器械的各个部位，尤其是中空器械（如牙科手机），同时也将热量传递到器械的各个部位，杀灭病原微生物（芽孢和病毒等），达到消毒灭菌的目的。

（二）操作常规

（1）先向蒸馏水桶中加入足够的蒸馏水，检查电源是否正常。

（2）打开设备电源开关，设备进入预备状态。

（3）打开门开关，将需消毒灭菌的物品装入消毒舱。

（4）关闭门开关，根据灭菌物品及灭菌器设定的应用程序选择合适的消毒程序，按下相应的程序按钮，程序即被选定，指示灯亮。

（5）消毒结束，指示灯亮，表示达到了理想的消毒效果。

（6）消毒灭菌结束，开门取出消毒物品。

（三）维护保养

（1）每天使用前冲洗排气口，检查排气是否通畅，清洁排气滤网以确保无杂物等。

（2）定期对外部件进行清洁。

（3）灭菌过程结束后，应擦干清洁内层，以利于设备保养。

（4）经常查看自来水进水口处的过滤网，清除水管中异物以免造成堵塞。

（5）定期给各润滑点加油，保持其良好性能。

Note

(6) 每三个月清理一次疏水阀，半年清理一次进气与进水管路的过滤器。
(7) 每半年更换一次密封圈、空气过滤器。
(8) 停止使用 3 天以上时，下一次使用前应重新清洗一次。
(9) 定期对灭菌器及灭菌效果进行监测。

(四) 常见故障及其排除方法

压力蒸汽灭菌器的常见故障及其排除方法详见表 2-13。

表 2-13 压力蒸汽灭菌器的常见故障及其排除方法

故障现象	可能原因	排除方法
灭菌器无反应	电源不通	接通电源
	电源保险丝熔断	更换同规格的保险丝
新消毒周期不能启动	内部温度高于 80 ℃	数字温度计显示低于 80°
抽真空时间过长	阀门漏气	更换阀门
	柜门漏气	更换老化密封橡胶圈
	排水孔堵塞	清洗排水孔及滤网
	真空泵本身故障	维修真空泵
温度上升慢	汽源压力不足	调整汽源压力
	汽源含水过多	放掉一些冷凝水
	假低温	放掉一些蒸汽和冷凝水
压力上升慢	汽源压力不足	调整汽源压力
	减压阀堵塞或漏气	更换或维修减压阀
	止回阀、疏水阀损坏	更换或维修止回阀、疏水阀
打开舱门舱内有水	灭菌器过滤器堵塞	维修过滤器
	灭菌器未放置在水平位上	检查并保持灭菌器放置于水平位
	真空泵堵塞	维修真空泵
器械变黑	程序选择错误	选择正确的程序
消毒物品氧化或出现色斑	去离子水中混有化学物品	使用蒸馏水
	消毒物品未清洗干净	彻底清洗消毒物品
	不同类型材料接触污染	不同材料分开消毒

(赤峰学院附属医院　张颖)

第十节　口腔医学影像设备

口腔医学影像设备是利用 X 射线照射患者口腔疾病部位来获取相关的图像资料的设备，这些图像资料可作为临床辅助诊断依据。口腔医学影像设备主要包含牙科 X 线机、口腔曲面体层 X 线机及 Cone beam(锥形束)CT。

一、牙科 X 线机

牙科 X 线机简称牙片机，是拍摄牙及其周围组织 X 线片的设备。牙科 X 线机主要用于拍摄牙片、根尖片、咬合片及翼片等，可用于牙体病、根尖病、牙周病、颌骨病及口底软组织疾病的

摄影检查。

牙科 X 线机分为四种类型，分别是壁挂式、座式、便携式和附设与综合治疗式。壁挂式常固定在墙壁上或悬吊在顶棚上；座式又分为可移动型和不可移动型；便携式体积小，便于携带，适用于野外口腔临床诊疗。通常牙科 X 线机可分为普通牙科 X 线机和数字化牙科 X 线机。

（一）普通牙科 X 线机

1. 结构 由机头、活动臂、控制系统和座椅组成。

（1）机头：也称为 X 线发生器，包括 X 线管、变压器（高压变压器和灯丝加热变压器）、冷却油（也称为变压器油，是组合机头内的主要散热绝缘物质）。

（2）活动臂：由数个关节和底座组成。

（3）控制系统：对 X 线管的 X 线产生量进行调节的控制系统。包括自耦变压器、继电器、保险丝、电源开关、毫安表、电压调节器和指示灯等。

（4）座椅：有固定在机架上的组合式座椅，也有添加的独立座椅。这种座椅结构简单，但要求有头架，供拍摄 X 线片时支撑患者头部用。

2. 主要技术参数

（1）管电压：60～70 kV。

（2）管电流：10 mA＋0.5 mA。

（3）焦点：0.8 mm×0.8 mm/0.3 mm×0.3 mm。

3. 工作原理 普通牙科 X 线机控制台内装有控制系统，有电源电路、控制电路以及高压初级电路的自耦变压器、继电器、电阻等部件及电脑控制系统，按牙位键可自动选择曝光时间。

4. 操作步骤

（1）接通电源。

（2）打开普通牙科 X 线机电源开关，绿色指示灯亮，调节电源电压到所需数值。

（3）根据拍摄部位，在面板上选择曝光时间。

（4）按要求放好胶片，X 线管对准投照部位后，开始曝光，口内摄影时焦点至胶片距离为 15～20 cm。

（5）曝光完毕，将机头复位，冲洗胶片。

（6）下班前关闭普通牙科 X 线机电源开关和外电源。

5. 注意事项

（1）X 线管在连续使用时应有一定的间歇冷却时间，通常为 2～5 min，管头表面温度应低于 50 ℃，防止过热而烧坏阳极靶面。

（2）普通牙科 X 线机应放置平稳，使用机器时，应避免碰撞和震动。

（3）发现异常时，立即停止工作，停机检查。

（4）普通牙科 X 线机需放在干燥的环境中，避免触电。

（5）应用前应保证有接地装置。

（6）出现故障时应由专业人员维修。

（7）X 线摄影室都应设铅防护板，医务人员要注意自我防护。

6. 维护保养

（1）在使用设备前，要了解设备性能，正确掌握操作方法。

（2）保持机器清洁和干燥。

（3）定期检查接地装置、摩擦部位导线的绝缘层，防止破损漏电。

（4）定期给活动开关部位加润滑油。

（5）定期校准管电流和管电压数值，调整各仪表的准确度。

Note

7. 常见故障及其排除方法

普通牙科X线机的常见故障及其排除方法见表2-14。

表2-14 普通牙科X线机的常见故障及其排除方法

故障现象	可能原因	排除方法
摄影时保险丝熔断	电路短路	检查各接线端及机头与主体的旋转部分有无短路
毫安表无示数，无X线产生	自耦变压器故障	检查器输入和输出线
	机头部分故障	维修机头
摄片时，胶片不感光	接插元件接触不良	检查接插元件，使其接触良好
	接触器故障	维修接触器
	接点有污物	清除接点上的污物
	簧片变形	更换簧片
	可控硅及控制部分故障	维修可控硅及控制部分
曝光时，机头内有异常响声	机头漏油，有气泡产生	加油后排气，密封漏油部位
	机头内有异物	清除异物
	冷却油被污染	更换冷却油
	高压变压器故障	维修高压变压器

（二）数字化牙科X线机

数字化牙科X线机由牙科X线机、射线传感器和计算机图像处理系统组成，可分为有线连接和无线连接两种。该设备具有全数字化控制、射线量低、操作简单、诊断准确、便于应用等优点，数字图像技术的应用极大地扩展了牙科X线检查的诊断领域，提高了口腔临床诊断和治疗水平。

1. 结构与工作原理

（1）有线连接采用的是RVG数字图像处理系统，由传感器、光导纤维束、CCD摄像头、图像处理板、计算机及打印系统等构成。

（2）无线连接采用的是DIGORA数字图像处理系统，由图像板、扫描仪等构成。

2. 操作步骤

（1）接通外电源。

（2）打开数字图像处理系统和牙科X线机开关，使电压稳定在所需数值。

（3）将传感器或图像板放入配置的小塑料袋内，然后放在患者口腔所需拍摄的部位，选择相应的曝光时间。RVG的图像直接在监视器上显示；DIGORA则将图像板放入扫描机。

（4）在计算机上设定患者的资料，并及时储存。

（5）拍摄完毕，关闭机器开关及外电源。

3. 注意事项及维护保养

（1）每位患者都需要更换套在传感器或图像板上的塑料袋，防止医源性感染。

（2）患者图像资料要及时存盘，以防丢失。

（3）操作时应轻柔，避免连接线或图像板断裂或损坏。

（4）出现故障时，应及时停机检查或请专业人员维修。

（5）保持机器的清洁和干燥，定期检查。

（6）数字化牙科X线机需放置在干燥的环境中，避免触电。

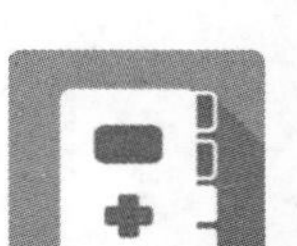
Note

4. 常见故障及其排除方法

数字化牙科X线机的常见故障及其排除方法见表2-15。

表2-15 数字化牙科X线机的常见故障及其排除方法

故障现象	可能原因	排除方法
RVG开启图标不能点击成功	RVG板无电源	打开RVG板外接电源
	传感器未接入	插好传感器
扫描图像为白色	RVG与CCD未连接	连接RVG系统
	传感器受光面反向	改变传感器方向
	无X线或未设置RVG方式	检查X线机或重新设置RVG方式
	未用RVG采集图像	重新操作
	传感器损坏	更换传感器
扫描图像全黑	X线机未设置RVG方式	设置X线机为RVG方式
	无受检组织	重新放置传感器
图像模糊	患者晃动	让患者保持固定体位
	RVG未在X线发射时正常采集	重新拍摄
	传感器老化	更换传感器
	X线球管老化	更换X线球管
图像不能完全显示	球管没有正对传感器	调整球管或传感器位置
打印机不工作	打印机连接线损坏	更换打印机连接线
	未安装打印机驱动程序	安装打印机驱动程序

二、口腔曲面体层X线机

口腔曲面体层X线机(图2-25)又称为全景曲面体层X线机、全景X线机、曲面断层X线机,主要用于拍摄上下颌骨及牙列、颞下颌关节、上颌窦等。增设头颅固定仪,可做头影测量X线摄影,观察矫治前后头颅和颌面部形态变化及其疗效。口腔曲面体层X线机根据原理可分为普通口腔曲面体层X线机和数字化口腔曲面体层X线机两种。

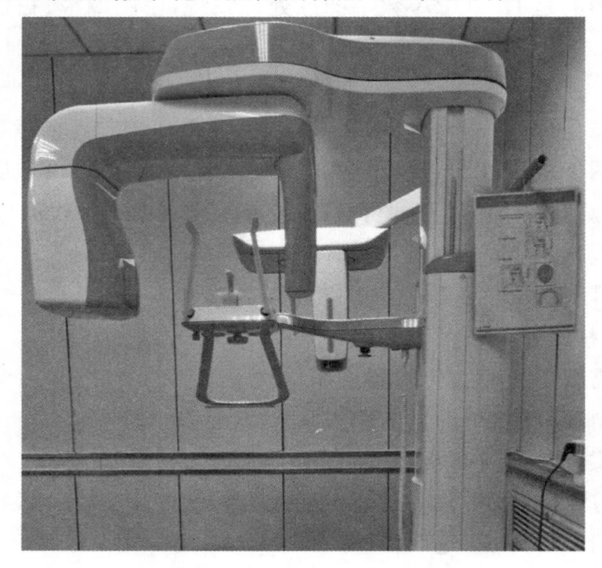

图2-25 口腔曲面体层X线机

Note

（一）普通口腔曲面体层 X 线机

普通口腔曲面体层 X 线机主要用于拍摄上下颌骨、上下颌牙列、颞下颌关节、上颌窦等。近年来，普通口腔曲面体层 X 线机增设了头颅固定仪，可做头影测量 X 线摄影。

1. 结构 普通口腔曲面体层 X 线机由机头、电路系统、控制台、机械部分组成。

（1）机头：内装有 X 线管、高低压变压器、冷却油。

（2）电路系统：包括电源电路、控制电路、高压初级电路、灯丝变压器初级电路、高压次级电路、管电流测量电路、曝光量自动控制电路。

（3）控制台：为电路控制和操作部分，其面板上有电源电压表、时间/电压调节器、程序调节、机器复位以及曝光开关键等。

（4）机械部分：包括头颅固定架、底盘、立柱、升降系统和头颅定位仪等。

2. 工作原理 普通口腔曲面体层 X 线机根据口腔颌面部下颌骨呈马蹄形的解剖特点，利用体层摄影和狭缝摄影原理设计的固定三轴连续转换，从而进行曲面体层摄影。

3. 操作常规

（1）接通电源，调整电源电压至所需数值。

（2）拍摄口腔曲面体层 X 线片时，首先应将主机上的曲面体层 X 线片与定位拍片选择钉卡到曲面体层 X 线片摄影位置上，然后将 X 线管窗口限域板换成条缝挡板。

（3）拍摄头颅定位 X 线片时，将主机上的曲面体层 X 线片盒打开，按复位键使机头与头颅定位片位置一致，选择方形窗口。调整高度，将耳塞放到患者外耳道内，眶点指针放到眶下缘最低点或鼻根点。

（4）在控制台上调整管电压和曝光时间或选择自动挡。

（5）曝光结束，关闭电源。

4. 注意事项

（1）使用时应预热，连续使用应有一定的间隔时间。

（2）避免碰撞 X 线管。

（3）患者的手应扶住扶手杆，防止夹手。

（4）普通口腔曲面体层 X 线机需在干燥的环境中工作。

（5）普通口腔曲面体层 X 线机应放置平稳，避免震动。

（6）出现故障时请专业人员检查修理。

5. 维护保养

（1）保持机器表面清洁。

（2）经常检查活动部件，加油或固定等。

（3）进行安全检查，主要检查接地装置。

（4）保证机器处于水平位置，使其运行平稳。

（5）保证双耳塞对位良好，发现错位应及时调整。

6. 常见故障及其处理 如发生故障，及时请专业维修人员检修。

（二）数字化曲面体层 X 线机

数字化曲面体层 X 线机用射线传感器替代传统的胶片，射线传感器将收集到的数据传输到计算机，通过专用的图像处理软件处理数据，图像可直接显示在计算机屏幕上并可经网络将图像数据传输至医师工作站，如需胶片资料，可将图像数据传输至专用干式胶片打印机上打印，无须化学药水冲洗，成像快捷方便，扩大了诊断范围并提高了诊断能力。

1. 结构 数字化曲面体层 X 线机由曲面体层 X 线机、传感器和计算机系统组成。

Note

2. 操作步骤

(1) 接通电源,打开机器开关。

(2) 调整电源电压至所需位置,根据患者情况选择曝光时间。

(3) 调整体位,根据需要选择不同的界面框。

(4) 将图像储存在计算机内。

(5) 操作完毕,关闭机器电源。

3. 维护保养

(1) 保持机器的清洁和干燥。

(2) 定期检查机器的各部件。

(3) 严格按照操作规程操作。

(4) 图像资料及时存盘,防止丢失。

(5) 数字化曲面体层 X 线机需在干燥的环境中工作。

(6) 数字化曲面体层 X 线机应放置平稳,避免震动。

4. 常见故障及其处理 如发生故障,及时请专业维修人员检修。

三、Cone beam(锥形束)CT

Come beam(锥形束)CT(CBCT)(图 2-26),即锥形射线束计算机/立体体层摄影机,又称为口腔颌面部 CT 或口腔 CT,是 X 线成像技术在口腔医学领域的应用。该设备与数字化曲面体层 X 线机相比,在放射剂量相近的同时能提供更多的图像信息,它的出现将促进口腔医学的进一步发展。由口腔 X 线计算机体层摄影设备输出的影像数据可满足诊断中对目标空间定位的需求。

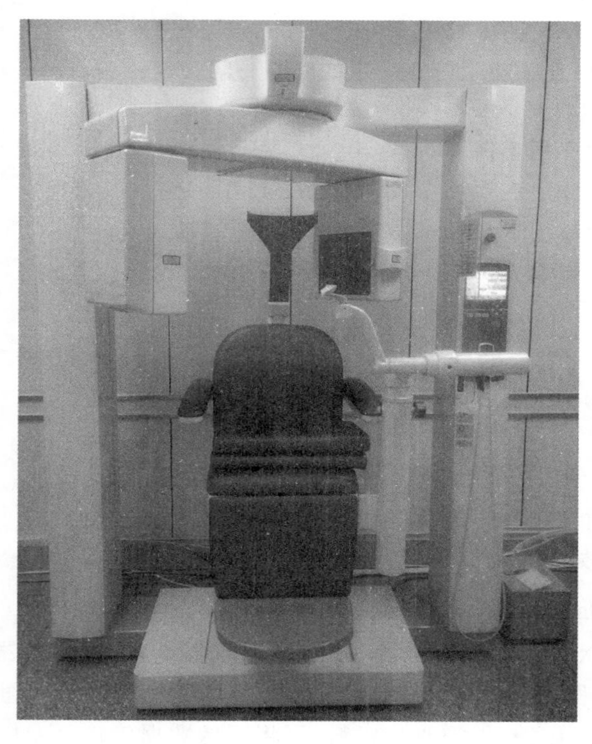

图 2-26 CBCT

(一) 结构

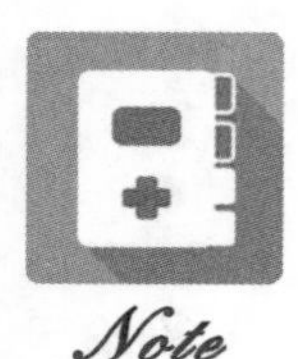
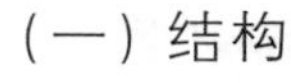

CBCT 由数字化曲面体层 X 线机、数字化传感器和计算机系统组成。

(1) 数字化曲面体层 X 线机：其结构与普通口腔曲面体层 X 线机相同，包括球管、机械部分、电路系统、控制部分。由于数字化曲面体层 X 线机是完全数字化系统，所以不包括胶片夹。

(2) 数字化传感器：当系统进行 X 线曝光时，数字化传感器接收 X 线信号，通过计算机储存；曝光结束后，通过计算机重建三维影像。

(3) 计算机系统：口腔 X 线计算机体层摄影设备配套的计算机系统，包括影像重建工作站及影像数据存储服务器。

(二) 工作原理

CBCT 球管发射的 X 线为锥形体射线，传感器使用平面传感器，接收一个面的 X 线信号。经过一个圆周或半周扫描即可以重建整个目标体积的影像。它只需 180°～360°(视不同机型而定)扫描即可完成重建信息的收集。扫描时间一般少于 20 s，依靠特殊的反投影算法重建三维影像。

(三) 操作常规

(1) 接通外部电源，打开口腔颌面部 CT 机器电源，启动影像重建工作站和影像数据存储服务器。

(2) 启动影像数据存储服务器中的对应程序，输入患者信息。

(3) 设定相应投照程序，调整曝光参数(电压、电流)。

(4) 患者入位，根据不同机型有站立位、坐位、卧位三种拍照方式。患者入位后，根据激光束进行患者定位。

(5) 可选预拍程序，预先拍摄正位及侧位二维投影片各一张，然后通过电脑端点击准确的目标区域对患者位置进行微调。

(6) 曝光。

(7) 电脑操作，重建三维影像，调整对比度和亮度，寻找目标区域并重新切片，随后可进行测量及标注工作。

(8) 导出 DCOM 影像至本地硬盘、CD 或 PACS 网络，启动种植计划或外科修复计划软件(模块)进行三维图像的进一步应用。

(9) 操作结束，保存影像。关闭所有机器电源及外部电源。

(四) 维护保养

(1) 保持设备的清洁和干燥。

(2) 定期检查机器各部件。

(3) 定期进行校准，影像增强器机型为每月校准一次，平板探测器机型为每年校准一次。

(4) 严格按照操作规程操作，禁止违章操作，以防设备损坏。

(5) 影像资料定期备份，防止计算机系统问题导致数据的丢失。

(6) 如发生故障，应及时请专业维修人员维修。

(五) 常见故障及其处理

CBCT 的常见故障及其处理与数字化曲面体层 X 线机基本相同。

(赤峰学院附属医院　张颖)

Note

第十一节 口腔激光治疗机

激光是利用光能、热能、电能、化学能或核能等外部能量来激励物质、使其发生受激辐射而产生的一种特殊的光。激光的特性如下：定向发光，发散度极小；量度极高；颜色极纯；能量极大，即具有单色性、相干性、方向性和高亮度等特点。激光的生物效应有热效应、光学效应、光力学效应、电磁场效应、生物刺激效应。

随着激光技术的发展，一门崭新的应用学科——激光医学逐步形成。激光技术解决了传统医学在基础研究和临床应用中的许多难题，引起国内外医学界的重视。

激光治疗机的主要部分为激光器(图 2-27)，现在的激光器有数百种之多。激光器主要由五部分组成，分别为激光物质、泵浦灯、聚光腔、光学谐振腔以及冷却系统。激光器的分类有以下几种：按照工作物质(激光物质即为受激发光的物质，例如受激发光的是氩离子就称为氩离子激光器)可以分为固体激光器(红宝石激光器和钕玻璃激光器)、液体激光器(有机燃料激光器)、气体激光器(氦氖激光器、二氧化碳激光器)、半导体激光器(砷化镓激光器)和自由电子激光器等；按照输出方式不同(由于激光器采用的工作物质、激励方式以及应用目的不同)，可以分为连续激光器(连续输出激光)、单次脉冲激光器(以脉冲方式输出激光)、重复脉冲激光器、调 Q 激光器和可调谐激光器等几种主要类型；按照输出波段分类，可分为远红外激光器、中红外激光器(二氧化碳激光器)、近红外激光器(掺钕固体激光器)、可见光激光器(红宝石激光器、氦氖激光器、氩离子激光器、氪离子激光器)、近紫外激光器(如氮分子激光器)、真空紫外激光器(氙准分子激光器)和 X 线激光器等；按照激励方式可分为光泵式激光器、电激励式激光器、化学激光器、核泵浦激光器。

图 2-27 激光器

常用的医用激光器按照治疗方式大体可分为强激光治疗、弱激光治疗和激光光敏治疗三类。

口腔激光治疗机是一种利用激光治疗口腔疾病的设备，主要用于去除龋坏牙体组织、牙体脱敏治疗、牙体漂白治疗、牙体倒凹的修整、牙周手术、口腔软组织的切除、口腔颌面部美容修复和炎症的治疗等，口腔激光治疗与传统的口腔治疗相比，具有操作方便、精确度高、易于消毒、对牙髓和牙龈组织及口腔颌面部软组织的损伤较轻等特点。目前，口腔激光治疗机的类型很多，包括氦氖口腔激光治疗机、二氧化碳口腔激光治疗机、脉冲 Nd：YAG(掺钕钇铝石榴石)

Note

口腔激光治疗机、Er:YAG(掺铒钇铝石榴石)口腔激光治疗机以及半导体口腔激光治疗机等。本节以常用的脉冲 Nd:YAG 口腔激光治疗机和 Er:YAG 口腔激光治疗机为例,介绍其结构以及工作原理。

一、脉冲 Nd:YAG 口腔激光治疗机

(一) 结构

脉冲 Nd:YAG 口腔激光治疗机(图 2-28)主要由脉冲激光电源、激光发生器、指示光源、导光系统、电脑控制与显示系统构成。

1. 脉冲激光电源 脉冲激光电源由储能电容器以及配套电路组成,主要为电容器充电,为泵浦灯供电。

2. 激光发生器 激光发生器包括 Nd:YAG 晶体、泵浦灯、聚光腔、光学谐振腔及冷却系统等。

(1) Nd:YAG 晶体:Nd:YAG 晶体是激光工作物质,俗称激光棒,为掺钕钇铝石榴石晶体,淡紫色,硬度高,机械性能好,导热性及化学稳定性高。

(2) 泵浦灯:脉冲 Nd:YAG 口腔激光治疗机通常采用脉冲氙灯作为泵浦灯。氙灯放电时,大部分电能转化为光能,其余部分转化为热能,会使氙灯和激光晶体的温度升高。

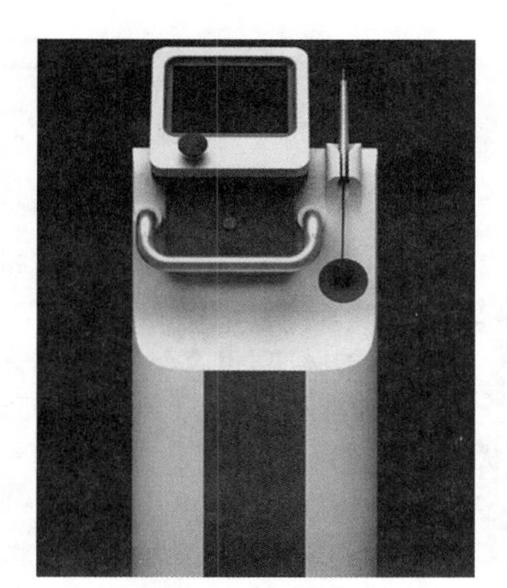

图 2-28 脉冲 Nd:YAG 口腔激光治疗机

(3) 聚光腔:脉冲 Nd:YAG 口腔激光治疗机的聚光腔通常为椭圆形聚光腔。由泵浦灯发出的光经过聚光腔反射后聚集于 Nd:YAG 晶体上,可以提高转换效率。

(4) 光学谐振腔:由两个反射镜组成简单的光学谐振腔。一个为全反射镜,反射率为 100%;另一个为部分反射镜,即输出镜。光学谐振腔能够直接对输出激光的模式和转换效率产生影响。

(5) 冷却系统:脉冲 Nd:YAG 口腔激光治疗机主要通过水冷系统冷却温度较高的氙灯管壁、激光晶体以及聚光腔等。

3. 指示光源 脉冲 Nd:YAG 口腔激光治疗机产生的激光为波长 1064 nm 的红外光,人眼不可见,因此通常采用氦氖激光或红色半导体作为指示光源,来确定 Nd:YAG 激光的位置和范围。

4. 导光系统 导光系统可以将激光束导向需要治疗的部位。脉冲 Nd:YAG 口腔激光治疗机一般用石英光纤作为导光系统,原因是其损耗小、能承受非常高的激光功率。

5. 电脑控制与显示系统 由控制键或旋钮、表头以及相关电路组成,用于控制和显示激光治疗机的工作状态。

除此之外,还有计算机程序控制的脉冲 Nd:YAG 口腔激光治疗机。该类治疗机除了包含上述激光治疗机的部件之外,还有能量闭环检测系统、故障诊断系统、安全互锁及报警系统等。相比传统的脉冲 Nd:YAG 口腔激光治疗机,计算机程序控制的脉冲 Nd:YAG 口腔激光治疗机在显示值的真实性和激光功率的稳定性上都有了保证,并且可以实现计算机实时监控,发现故障及时进入故障程序进行处理,发现安全问题时自动停机并发出警报。

(二) 工作原理

脉冲 Nd:YAG 口腔激光治疗机接通电源后,储能电容充电,其充电电压达到预置值后,使

脉冲氙灯放电，氙灯产生的光能通过聚光腔反射，汇聚到激光晶体上，激光晶体吸收光能，产生粒子数反转，激光上能级的原子向激光下能级跃迁，产生激光信号。激光信号经过光学谐振腔的多次反射，通过激光晶体时产生受激辐射，光能迅速放大，从输出镜输出激光。该激光通过聚焦透镜，汇聚耦合到光纤内，通过光纤内的全反射，传输到光纤末端输出激光。激光对被照射的组织产生热效应、压强效应、光化学效应和电磁效应，从而达到治疗的目的。

脉冲 Nd:YAG 口腔激光治疗机工作原理如图 2-29 所示。

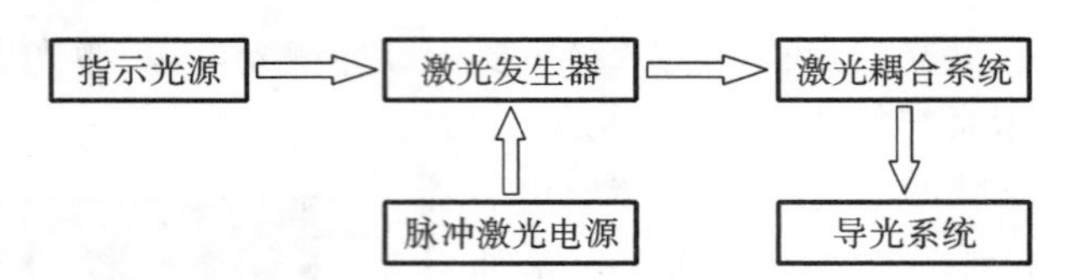

图 2-29　脉冲 Nd:YAG 口腔激光治疗机工作原理

（三）操作常规

使用之前，操作人员必须先经过相关操作及临床培训，必须认真阅读使用说明书，严格按照说明书的操作步骤操作。

1. 传统的脉冲 Nd:YAG 口腔激光治疗机操作程序

（1）接通电源，开启开关，旋钮旋至“开启”状态，冷却系统启动；启动预燃，氙灯处于预电离状态，相应指示灯亮。

（2）根据需要，旋转电压调节旋钮和频率调节旋钮至所需值。

（3）按下“激光”键，指示灯亮。此时脚控开关处于有效状态，踏下时会有激光输出。

（4）踏下脚控开关，检测有无激光输出。

（5）治疗时，医生和患者都应该戴激光防护镜，患者闭眼。有任何意外发生时立即按下急停按键。

（6）每治疗一位患者，都应将光纤末端受污染部分用光纤刀去掉，并进行清洁及消毒处理，防止交叉感染。

2. 计算机程序控制的脉冲 Nd:YAG 口腔激光治疗机操作程序

（1）接通电源，开启开关，冷却系统启动，自动预燃。治疗机自动检测，确认正常后，进入待机状态。

（2）设置脉冲频率和激光功率。确认无误后按下指示光（AIMING）键，将有红色指示光输出。

（3）按下 READY 键，治疗机进入激光准备发射状态。

（4）将光纤末端对准患者待治疗的部位，用脚控开关控制激光输出，进行照射治疗。

（5）治疗完成后，按下待机键（STANDBY），治疗机进入待机状态，相应指示灯亮。再次使用时，重复以上步骤。

（6）关机前，先按下待机键，然后将开关旋至断开状态，切断电源。取下光纤，将光纤插头套上防尘套，将激光窗口的防护盖拧上，将仪器罩套在治疗机上。

（四）注意事项

（1）检查光纤，确认无破损，中间无断裂。

（2）治疗机的工作区以及防护包装的入口处，应挂上相应的警告标志。

（3）注意防止意外的镜面反射。

（4）使用过程中若突发异常情况，应立即按下急停开关并关机，待查明原因后再开机。

（5）操作者和患者必须戴防护镜，患者闭眼，禁止他人旁观。

(6) 工作人员身上不宜存留金属物，如钢笔等。

(7) 严禁误踏脚控开关。

(8) 若治疗间隔较长，可将治疗机置于待机状态或者关机。

(9) 严格按照规定数据设置功率以及频率，控制剂量。

(10) 提高自我保护意识和保护患者的意识。

(11) 光纤末端工作时严禁指向人(治疗部位例外)；不工作时，出口光路低于人眼，避免误伤。

(五) 维护保养

(1) 保持室内清洁，按时清洁治疗机，平时注意遮盖治疗机罩。

(2) 光纤端保持干净，不用时套上防尘帽。有污染时应用分析纯级无水酒精按照使用手册进行清洁，严禁用嘴吹。

(3) 光纤使用时注意轻拿轻放，以免折断。

(4) 定期检查冷却系统，一旦发现漏水渗水，及时维修。冷却水应按时更换。

(5) 注意保护电源线等各种连接线，严禁碾压。

(6) 治疗机为精密仪器，应注意防潮防震。

(7) 长期不用时，每隔 15 天开机一次，在待机状态下通电 15 min。

(8) 每年全面检修一次。

(六) 常见故障及其排除方法

(1) 传统的脉冲 Nd:YAG 口腔激光治疗机的常见故障及其排除方法见表 2-16。

表 2-16 传统的脉冲 Nd:YAG 口腔激光治疗机的常见故障及其排除方法

故障现象	可能原因	排除方法
打开电源开关，治疗机不工作	急停开关处于断开状态	旋转磁开关，使其处于接通状态
	氙灯不预燃	关机并重启
	保险丝熔断	更换保险丝
	门开关处于断开	关紧门
冷却水路漏水	水泵漏水	更换水泵
	水管老化	更换水管
光纤末端激光输出功率下降	光纤激光输入端面污染	清洁输入端面
	激光与光纤耦合的焦点偏移	调整光路
	端面被破坏	更换光纤
	氙灯老化	更换氙灯
	激光晶体内形成色心	更换激光晶体
	激光谐振腔失谐	调整谐振腔
激光发生器有激光输出，光纤末端无输出	光纤折断或激光耦合端面烧毁	更换光纤
	激光耦合的焦点完全偏离	调整电路
氙灯已经预燃，但无弧光放电	激光电源或控制电路有故障	检修相应电路
	脚控开关未接好	重新接好

(2) 计算机控制的脉冲 Nd:YAG 口腔激光治疗机的常见故障及处理参考各厂家的工作

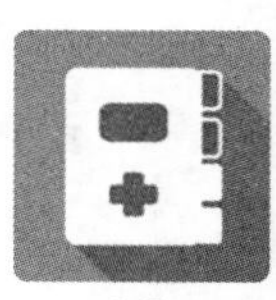

手册，按照错误代码进行故障排除。

（七）设备特点

（1）定位准确：口腔结构复杂，采用安全反衬比高的指示光导向。

（2）方便快捷：治疗用激光通过较大直径的光纤可灵活地到达任何治疗部位。

（3）安全性能优异：针对口腔黏膜娇嫩及各类炎症特征设计能量范围，治疗安全，疗效确切，患者无痛苦，无须麻醉；即便在不可控的情况下，也不会造成组织伤害。

（4）操作简单：采用单片机控制，高度集成，操作简单，易掌握。

（5）易于消毒：特别设计的治疗头，易装易拆。

（6）非接触式：本仪器治疗为非接触式，减少了交叉感染的可能。

（7）易于临床使用：产品整机轻巧，可随意移动。

二、Er:YAG 口腔激光治疗机

Er:YAG 口腔激光治疗机（图 2-30）所用的激光波长为 2940 nm，同样属于不可见的红外光，适用于牙周、种植、根管等区域的口腔软、硬组织相关疾病的治疗。

图 2-30　Er:YAG 口腔激光治疗机

（一）结构

Er:YAG 口腔激光治疗机与脉冲 Nd:YAG 口腔激光治疗机一样，属于固体激光治疗机，两者结构类似，包括脉冲激光电源、激光发生器、指示光源、导光系统以及电脑控制和显示系统组成。而两者的不同之处在于下面两个方面。

（1）激光发生器不同。首先，两者的激光物质分别为 Er:YAG 和 Nd:YAG，发射的激光波长分别为 2940 nm 和 1064 nm。其次，针对不同波长的激光，其光学谐振腔的设计也就不同。

（2）导光系统不同。Er:YAG 口腔激光治疗机中与激光发生器连接的是中空波导管，激光先通过中空波导管，然后经过末端的光导纤维输出到治疗区域。而脉冲 Nd:YAG 口腔激光治疗机的激光输出完全由光纤完成。

（二）工作原理

Er:YAG 口腔激光治疗机与脉冲 Nd:YAG 口腔激光治疗机的工作原理相同。Er:YAG 激光通过激光发生器输出后，先通过中空波导管，在其内部管壁进行内反射，在末端通过聚焦耦合到输出光纤内，在光纤内进行全反射，传输到光纤末端，输出激光。波长为 2940 nm 的激光位于水的吸收峰（极易被水吸收），对软组织的作用深度浅，对健康组织损伤小，但凝血效果较差。因为水的强烈吸收，会形成微爆破效应，产生机械力，从而实现对硬组织的剥离。

（三）操作常规

（1）接通电源。

（2）注意观察盛水装置，保证水量充足。

（3）正确安装治疗手机。

（4）开启激光治疗机。

（5）校正手机。

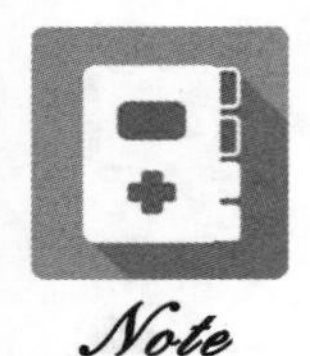

（6）选择治疗项目，设定所需能量、脉冲频率、治疗模式。

（7）患者和医生佩戴防护镜。

（8）手机对准治疗部位，踏下脚控开关进行治疗。

（四）注意事项

（1）治疗间歇时，必须将手机放置于手机支架上。

（2）对设备进行清洁保养时设备必须处于关机状态。

（3）仪器表面的残留物可以使用中性、非研磨性的清洁剂清除。

（4）设备运输过程中应保持竖立向上，防碰撞，防尘防潮。

（5）地板表面质量须符合 DIN 1055 Sheet 3 对结构承载能力的要求，耐压强度须符合 DIN 18560 T1 的要求。

（五）常见故障及其排除方法

操作时若出现紧急情况，立刻按下急停按钮。Er:YAG 口腔激光治疗机常见故障及其排除方法见表 2-17。

表 2-17　Er:YAG 口腔激光治疗机常见故障及其排除方法

故障现象	可能原因	排除方法
触摸屏显示故障信息时，设备在 30 s 后自动关闭	治疗机自动诊断出故障	重启设备
设备不运行	未连接电源电缆	连接电缆
	未开启电源开关	开启电源开关
	急停按钮按下	释放急停操作
激光治疗效果不理想	手机激光出射口处有污物	清洁出射口
	手机出射口光纤强度弱	更换光纤
	设备故障	联系专业维修人员维修
手机水泄露	激光管接头上的 O 形圈损坏	更换 O 形圈
手机不喷水或水量低	水量低	加水
	喷水管路阻塞	使用喷油针疏通，清洁管路喷嘴

三、应用实例

泓博口腔激光治疗仪如图 2-31 所示。

（1）产品标准：YZB/国 1857—2011 口腔激光治疗仪。

（2）产品组成及性能：由外壳、激光电源、激光光学系统、控制系统、指示光系统、冷却系统及光导纤维系统组成。激光波长为 1064 nm；多模；脉冲能量为 100 mJ、150 mJ、200 mJ、230 mJ、250 mJ 五挡；脉冲宽度为 100～300 μs；重复频率为 1～10 Hz；步进为 1 Hz。

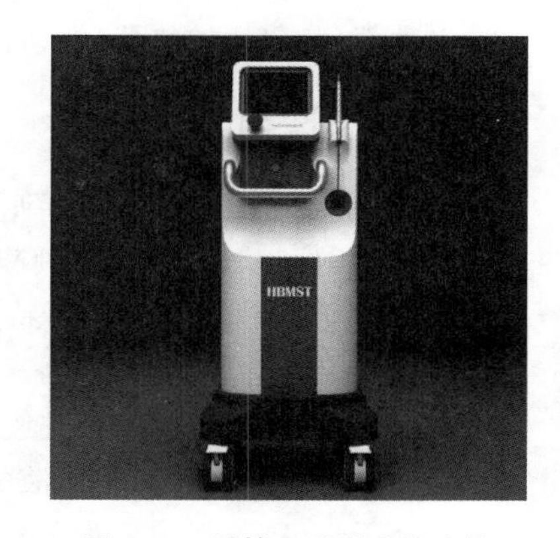

图 2-31　泓博口腔激光治疗仪

（3）设备特点：①定位准确：口腔结构复杂，采用安全反衬比高的指示光向导。②方便快捷：治疗用激光通过较大直径的光纤可灵活地到达任何治疗部位。

Note

③安全性能优异：针对娇嫩的口腔黏膜及各类炎症特征设计能量范围，治疗安全，疗效确切，患者无痛苦，无须麻醉；即便在不可控的情况下也不会造成组织伤害。④操作简单：采用单片机控制，高度集成，操作简单，易掌握。⑤易于消毒：特别设计的治疗头，易装易拆。⑥非接触式：减少交叉感染。⑦易于临床使用：整机轻巧，可随意移动。

（安阳职业技术学院　闫悦）

第十二节　口腔X光片自动洗片机

口腔X光片自动洗片机简称牙片洗片机，是冲洗口腔X光片的专用设备(图2-32)。

图2-32　口腔X光片自动洗片机

口腔X光片自动洗片机主要包括两种类型：一种为牙片专用的洗片机；另一种为混合型洗片机，既可以冲洗牙片，又可以冲洗体层片和头颅定位片，且可以通过使用遮光罩在明室内进行洗片。

一、结构

口腔X光片自动洗片机主要包括两部分：机械部分和电动部分。

(1) 机械部分：包括齿轮、传送杆和显影定影槽。

(2) 电动部分：包括加热器、电动机和控制系统。

二、工作原理与特点

口腔X光片自动洗片机的工作原理是靠两个传动杆夹着胶片向前运行，经过显影、定影、水洗、干燥四个程序，从输出口获得胶片。

口腔X光片自动洗片机有以下特点。

(1) 节省人力，可以减少人为因素对胶片冲洗过程的影响。

(2) 自动恒温，减少温度对冲洗胶片的影响。

(3) 自动补液，防止显影、定影液的量影响冲洗质量。

(4) 自动干燥，胶片洗出后为干燥胶片。

(5) 冲洗速度快，一般情况下从冲洗胶片到烘干胶片需要1.5～7 min。

Note

三、操作常规

（1）接通电源，加温药液，加温后会自动保持恒温，一般情况下需要10～15 min。

（2）打开自来水开关，形成循环水，这样有利于胶片保存。机器内的水源会在冲洗时自动打开，不冲洗时自动关闭。

（3）使用前将干燥温度、驱动时间、补液时间和显影温度等固定在一定数值上。干燥温度一般为中挡，驱动时间一般为4 min，补液时间一般为10～15 s，显影温度一般为29 ℃左右。

（4）在明室内，工作人员将手伸入遮光罩，在罩内拆去牙片包装，取出胶片，放入输入口，此时传动系统自动启动，指示灯亮，此时不可再放入胶片，直至指示灯灭后再放入第二张胶片。胶片在传动杆带动下进入机内，可连续放入8张胶片，注意避免胶片重叠。

（5）胶片最终在经过显影、定影、水洗、干燥四个程序后从输出口传出，此时传动系统自动停止工作。

四、注意事项

（1）要定期更换显影液、定影液，一般1～2周更换一次。

（2）定期检查管道，保证管道通畅，避免溢液而损坏电子元件。

（3）定期清除风机和电阻丝周围的灰尘。

（4）更换药液时，不能将定影液溅入显影液，以免发生化学反应。

（5）检查接地装置，防止机器漏电。

五、维护保养

（1）定期清洁：定期清洁包括显影及定影槽内的沉淀物、传动系统中的沉积物以及风机上的灰尘，可以借助刷子、清洁剂等，并每隔一周更换一次显影液和定影液。长时间使用机器时，风机和电阻丝上会存在许多灰尘，要及时清除。

（2）管道畅通：口腔X光片自动洗片机为自动补液，管道一旦发生堵塞，容易引起溢液而损坏电子元件。

（3）防止漏电：要定期检查接地装置，预防机器漏电。

（4）配制药液：显影液与定影液在更换时，应先予以过滤，防止其堵塞管道。

六、常见故障及其排除方法

口腔X光片自动洗片机的常见故障及其排除方法见表2-18。

表2-18 口腔X光片自动洗片机的常见故障及其排除方法

故障现象	可能原因	排除方法
胶片影像发灰，有时出现脱膜现象，或胶片影像变浅，似感光不足	显影温控器故障，胶片发灰是温度过高所致，胶片影像变浅是温度过低所致	更换损坏的温控器和加热管或电子温控元件
胶片影像部分呈黑色或全部呈黑色	遮光罩漏光	修理或更换遮光罩
	干燥部件漏光	重新安装挡板
	红玻璃老化	更换红玻璃
	机器上盖漏光	修理机器上盖漏光处

Note

续表

故障现象	可能原因	排除方法
胶片上污物较多且有划痕	显影及定影槽和水洗槽沉积物较多，胶片传动杆上污物较多；传动杆不光滑	清洁各槽，同时清洁传动杆上的污物，保持传动杆光滑
胶片不运行	供电不足，致驱动电动机不转	检查供电电压
	驱动电动机绕组烧坏	修理或更换驱动电动机
	控制系统故障	检查控制系统，更换损坏零件
有药膜脱落	干燥温度过高，传动杆过热，药膜在传动杆上	调整干燥温度
	药液温度不匀，循环泵失灵	检修循环泵及其线路
卡片、重叠、丢失	传动杆变形、输入口粘片、传动杆漏片、干燥温度过高	更换传动杆、检修运行通道、调整干燥温度
胶片未显影定影	药液限位杆未安装好，药液流失	重新安装药液限位杆

七、应用实例

口腔X光片自动洗片机(型号ZXY-XP)的主要技术参数和产品技术优势如下。

1. 主要技术参数

(1) 电源电压：220/110 V。

(2) 电源频率：50/60 Hz。

(3) 输入功率：4 W(加热型30 W)。

(4) 环境温度：18～30 ℃(加热型小于18 ℃)。

(5) 相对湿度：不超过70%。

(6) 大气压力：700～1060 hPa。

(7) 胶片通过时间：2～8 min，时间可调。

(8) 保护等级：Ⅱ级。

(9) 防护类别：IP21。

(10) 整机质量：7.5 kg(不带化学药液)。

(11) 尺寸：42 cm×19 cm×45(53) cm。

2. 产品技术优势

(1) 该产品是口腔门诊不可缺少的设备，协助医生准确诊断病因。

(2) 尺寸大小适当。

(3) 重量：整机重量小于7.5 kg。

(4) 安装方便：可以采用以下两种方式安装。

①墙壁安装：墙壁安装牢固稳定，运行更加平稳，不占用空间。

②桌面安装：桌面使用灵活可移动，方便多个房间使用。

(5) 本机可完成现牙科门诊多种胶片的冲洗。

(安阳职业技术学院　闫悦)

第十三节 颞下颌关节内窥镜

颞下颌关节内窥镜又称颌关节内镜、颞颌关节内窥镜、颞颌关节镜，是利用光导纤维及多透镜光路系统成像的装置。颞下颌关节内窥镜检查法是一种新的检查颞颌关节病的方法，可直视关节内软硬组织非常微小的变化(图 2-33)。颞下颌关节内窥镜治疗通过切开皮肤 2 个筷子横截面大小或更小的孔(5～10 mm)，将摄像头、手术器具伸入颞下颌关节上腔内，在监视器下，由医生操作，诊断和治疗各种关节紊乱病。通过关节内窥镜，可在直视下进行关节腔灌洗、关节前隐窝粘连松解、关节盘复位、关节囊紧缩及关节内滑膜软骨瘤切除等手术操作。对颞下颌关节内紊乱和关节盘移位、骨膜炎症、纤维粘连、关节盘穿孔以及骨关节病的关节结构退行性病变均有特殊的诊断价值。颞下颌关节内窥镜检查法是安全的，检查后未见严重并发症。

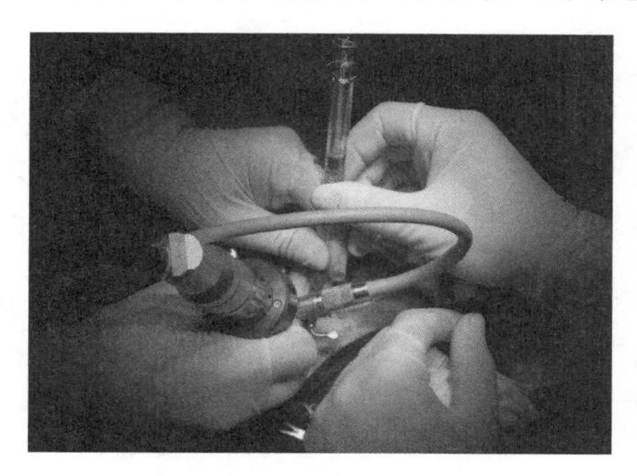

图 2-33 颞下颌关节内窥镜检查

与传统开放手术相比，关节镜微创手术切口小、对周围组织损伤小、手术时间短(1 h 左右)、出血少、瘢痕隐蔽、并发症少，且又可在全麻无痛下实施，较易被患者所接受，并在一定程度上取代了传统的开放性关节手术。内窥镜技术现已可为颞下颌关节手术、植牙、根尖切除术和根管内镜治疗提供微创技术支持。常见颞下颌关节内窥镜如图 2-34 所示。

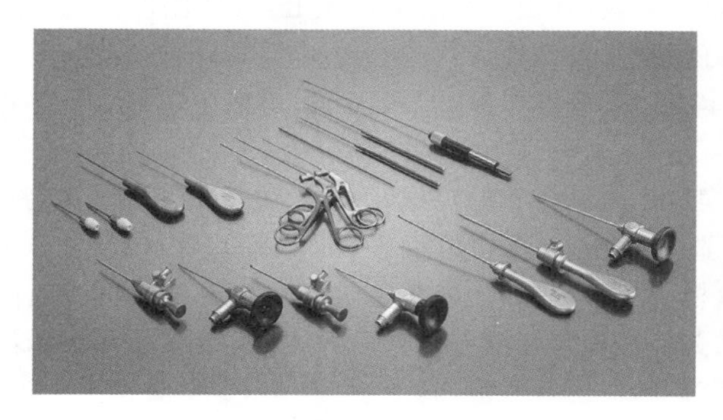

图 2-34 颞下颌关节内窥镜

一、结构

颞下颌关节内窥镜由关节镜、光源系统、摄录像及监视系统，以及操作系统组成。内窥镜检查系统如图 2-35 所示。

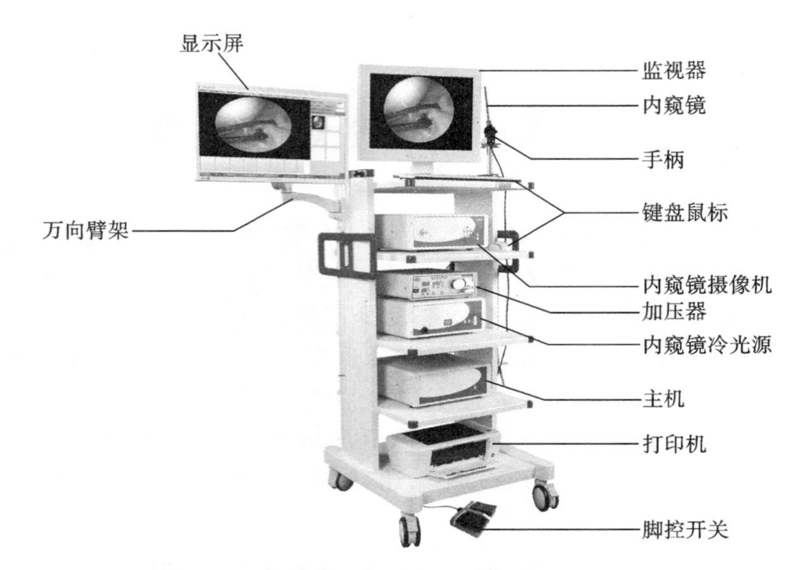

图 2-35　内窥镜检查系统

(1) 关节镜:包括硬质金属穿刺套管、传导图像的透镜系统、目镜和摄像头等。

(2) 光源系统:现代光源系统采用冷光源,通过光导纤维与关节镜连接。可以自动调节亮度、色彩。光学系统管包括光镜系统和光导纤维,光学系统管近端为目镜,远端为物镜。

(3) 摄录像及监视系统:现代内镜具有摄像、录像及监视系统。一方面可以避免术者直视目镜造成手术区域污染,另一方面从监视器上观看画面有利于助手的配合和培训。录像系统可记录病变及手术情况。

二、工作原理

光源通过穿刺导管内的纤维镜,照射到颞下颌关节手术区进行检查和手术操作,摄像机可同时将信号传导至监视器,观察手术过程。

三、操作常规

(1) 术前准备:

①准备关节镜仪器设备,合理摆放在内镜台车上,包括监视器、摄像主机、光源系统、高频电刀、冲洗泵等,并做好清洁工作。

②准备灭菌关节镜镜头、手术器械、超声刀头、单极电凝线、导光束及刨削刀、镜头线等附件。

③根据手术要求摆放好内镜台车的位置,一般放置于健侧肢体床旁。

(2) 关节腔穿刺:选择穿刺点,将尖头穿刺针插入套管后,根据关节上、下腔选择相应穿刺方向。穿入关节腔后,换钝头穿刺针,使外套管进入适当深度。再接通液体灌流回路,用玻璃接管连接输液管,接在关节镜外套管侧方管开口处,并连接三通开关和注射器,加压灌洗。灌入液体经穿刺进入关节腔的注射针头流出。

(3) 置入关节镜检查、治疗:先取出钝头穿刺针,再置入关节镜。关节镜末端和冷光源连接。可以直接进行观察,或者对病变关节组织面进行刨削、打磨,钳取活体组织等操作。

(4) 通过专用摄像头将图像同步至监视器,还可以用录像机记录保存,同时根据需要进行图像的打印输出。

(5) 检查后处理:术毕关闭监视器、光源系统、摄录像系统、刨削系统的电源开关,拔除总电源插头。清洁、整理设备。按规范要求对关节镜手术特殊器械、关节镜镜头、导光束及刨削

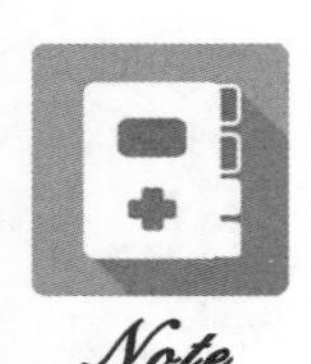

Note

刀等进行清洗消毒灭菌。在取出内窥镜之前可以用抗生素生理盐水冲洗关节腔，并且用灌洗针注入少量醋酸可的松等来减少术后炎症的发生。最后将内窥镜及其外套管取出，对关节镜穿刺点进行缝合（一针或者不缝合）。穿刺区外侧加压包扎5～7天即可完全愈合。

四、注意事项

（1）随时观察吸引囊，如囊内冲洗液已满，应及时更换，以免吸入中心装置而造成堵塞。

（2）镜头轻拿轻放，以免碰坏。

（3）手术器械在使用前后都应消毒（采用气体熏蒸法或用消毒液浸泡）。

（4）使用时注意设备之间的连接是否正确，关节镜镜头不能在套管外接触其他物体，在用后及时放入设备盘内。

（5）手术器械放入消毒柜内消毒，定期进行全面检查，保证机器正常工作。

五、常见故障及其排除方法

颞下颌关节内窥镜的常见故障及其排除方法见表2-19。

表2-19 颞下颌关节内窥镜的常见故障及其排除方法

故障现象	可能原因	排除方法
无图像	电源不通	检查或更换电源插座，插好插头
	监视器故障	修理或更换监视器
	接头及传输线电缆接触不良或损坏	更换接头或传输线电缆
	摄录像系统故障	修理或更换摄录像系统
图像模糊	关节镜与摄录像系统连接处起雾	除雾
	白平衡开关未调好	按白平衡键直至灯不闪（与白色物体距5 cm进行调节）

（安阳职业技术学院　闫悦）

第十四节　超声骨切割系统

超声骨切割系统又称为压电骨刀，是新出现的骨切割设备。超声骨切割技术实现了安全有效的骨切割，应用范围不断扩大，很快被应用于口腔科的其他切骨术以及手外科、颅脑外科、骨外科和脊柱外科等手术中。随着相关研究的深入和设备的更新，其应用前景十分广阔。

1. 超声骨切割系统的技术优势　超声骨切割系统作为一种微动力装置，工作刀头的摆动幅度小，肉眼无法观察出变化，刀头与骨组织接触面积均匀、精确、稳定，同时快速地把磨削下来的骨组织和骨粉带离术区。与传统切割技术相比，其优点如下。

（1）不损伤软组织和特殊解剖结构：超声骨切割系统的特殊频率使切割作用只对骨组织有效，对软组织无效，对神经血管等重要结构（如下牙槽神经血管束、颏神经、上颌窦黏膜和邻近术区的软组织等）的损伤微乎其微，即使不小心切割到上颌窦黏膜、下牙槽神经等软组织，也不会造成明显的损伤。

（2）冷切割模式避免术区温度过度上升：超声骨切割系统具有独特的高聚焦超声技术，在切割骨组织时，本身产生的热量较少，再加上切割时有冷却水在刀头和术区准确地喷洒形成水

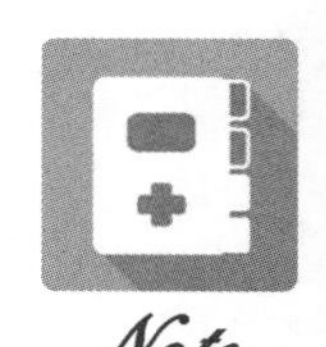

雾，辅助降温，可保证切割时创口温度在 42 ℃以下，避免因高温而损坏骨组织。

(3) 对骨质破坏程度小，微创切割骨组织：研究表明，术中使用超声骨切割系统去骨对骨质的损伤相对较小。Von see 将超声骨切割系统和涡轮机的使用进行对比，发现超声骨切割系统所制备的骨块的坏死范围低于涡轮机，所制备的骨块的体积大于涡轮机，并原代培养两周后，超声骨切割系统组出现大量成骨样细胞，涡轮机组只有少量的成骨样细胞；Preti 在对比试验中发现，超声骨切割组 BMP-4 表达更早更强，TGF-β2 表达量远高于涡轮组；Scarano 发现，涡轮机组所制备的骨块存在微裂缝、骨质分离或撕裂，超声骨切割系统组不存在这种情况。以上研究表明超声骨切割系统对骨质的损伤更小，骨质更容易愈合，特别是有利于移植后的骨愈合。

(4) 手术切割精度高，可原位切割：超声骨切割系统工作频率为 25～38 kHz，刀头摆动幅度水平向 40～200 μm，垂直向 20～660 μm，工作精度为微米级，最小手术切口可小至长 3.5 mm、宽 0.5 mm，切割轨迹易于控制，既可点状垂直切割，又可任意方向曲线切割。切割线轨迹平滑，可减少术中骨丢失量，减少术区出血，使手术的精准度及安全性得以保证。

(5) 刀头设计独特、操作灵活：超声骨切割系统采用振动传导方式，可设计多种用途、多种形状、多种角度的工作头进行复杂形状的切割，可在深部狭窄区域内进行组织切割。

(6) 患者不适感减轻：超声骨切割时振动小，噪声小，患者几乎不会因此产生不适。

(7) 易于操作：超声骨切割系统工作头振幅小于球钻和摆动锯，因此只需要施加很小的力就可以稳定地控制器械，有利于精细操作。

(8) 改变了涡轮机气道、管路不能消毒的弊端：超声骨切割系统超声功率输出通道及冷却喷雾系统，可以高温高压消毒灭菌，能够减轻术后不良反应，降低术后感染概率。

(9) 杜绝皮下气肿发生的可能：涡轮机将压缩空气过滤后喷至手机涡轮使其高速转动，如果出现故障或手术中操作不当，可能造成皮下气肿。超声骨切割系统则不会出现这种情况。

(10) 可闭合式去骨：超声骨切割系统不损伤软组织，不切开或不翻瓣就可切割骨组织，如拔出复杂牙或阻生牙、进行加速移动正畸手术(PAOO)等。

2. 超声骨切割系统在口腔领域的临床应用

(1) 牙槽外科：

①埋伏牙、阻生牙的拔除：准确定位埋伏牙后，常规选择涡轮机开窗去骨，由于埋伏位置较深需要去除骨组织较多，损伤较大，术后反应重，易造成患者的痛苦，而且一旦紧邻正常牙还有可能伤及正常牙。使用超声骨刀可以将去骨造成的损伤降到最低，去除最小骨量的同时不会对邻牙造成严重伤害。

②牙槽嵴修整、囊肿切除：使用超声骨刀可避免牙槽神经血管、邻牙根尖等的损伤，减少骨量的损失，同时开窗的骨块还可回植原位。

主要涉及：残根残冠拔除术、复杂牙拔除术、阻生第三磨牙拔除术、埋伏额外牙拔除术、接近颏神经或下牙槽神经阻生牙的拔除、接近上颌窦牙齿的拔除、接近鼻底阻生牙及埋伏牙开窗牵引助萌术、牙槽骨修整术、根尖外科手术、经口内局部取骨术、颌骨囊肿刮治术、颌骨良性病变切除术、牙槽骨皮质切开术。

(2) 种植外科：

①自体骨收集：超声骨刀特殊设计的刀头可轻松刮取自体骨屑，且因使用超声骨刀无骨坏死的特性，刮取的自体骨屑活性非常好。

②自体骨移植：骨切取灵活、方便、精确性高，避免损伤下牙槽神经等重要解剖结构，最大限度地保护骨块活性，方便进行骨块修整，术野清晰。

③牙槽嵴劈开：采用超声骨切割系统可完全达到骨劈开的深度要求，并避免骨块的折断，

Note

大大提高了手术的成功率。

④下牙槽神经位移：有效缩小翻瓣的面积，降低骨窗垂直高度（从 10～12 mm 减少为 5～6 mm），术后恢复快（两周恢复）。

⑤上颌窦外提升：有效保护上颌窦黏膜，减少上颌窦黏膜穿孔的并发症；便于骨窗制备，减少骨量损失；显著缩短了手术时间。

⑥上颌窦内提升（OSC 技术）：用内提升的办法达到外提升的效果。降低了手术复杂程度，减轻手术创伤，减轻患者的恐惧心理。

（3）牙周外科：相应的刀头能有效地对牙根面进行各种处理，方便处理肉芽组织病变，同时不损伤牙龈及牙槽黏膜，提高同期引导组织骨再生的效果。

主要涉及：牙槽骨修整、冠延长术。

（4）正颌外科：精确的骨切割，可任意设计骨切割线，避免伤及重要的解剖结构，减少对黏膜的损伤，降低骨块血供障碍；最大限度地保护骨块的活性；易于骨块修整。

一、结构

超声骨切割系统（图 2-36）由主机、配置压电陶瓷片的操作手柄、工作头、脚控开关、冷却系统、冷却液支架、手柄支架等组成。

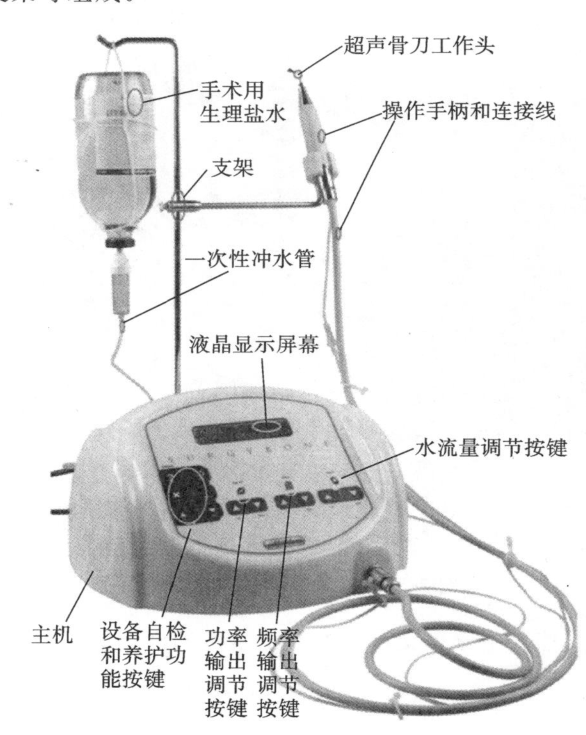

图 2-36　超声骨切割系统结构示意图

（1）主机：包括电子变频系统和冷却液控制系统。电子变频系统产生可控功率及频率的中频率交流电，输出至超声发生器再至工作头；冷却液控制系统调节流向超声发生系统的水流量。在主机主控面板上装有液晶显示屏幕及功率输出调节、频率输出调节、水流量调节、设备自检和养护功能等按键。根据不同手术要求，调整输出功率、频率、水流量。在主机后板上装有电源线、脚控开关插座、保险管座、支架等。电源线用于连接电压为 220 V、频率为 50～60 Hz 的交流电源；脚控开关插座与脚控开关连接；保险管座内装电源保险管，以及控制冷却液流

Note

量的蠕动泵。在主机前端安装配置有压电陶瓷片的操作手柄。

(2) 配置压电陶瓷片的操作手柄：一体化设计的操作手柄，内置能够产生超声震荡的压电陶瓷片及连接主机的连接线。整体可高温高压灭菌：灭菌温度为 134 ℃时，时间不少于 20 min；或灭菌温度为 121 ℃时，时间不少于 40 min(图 2-37)。

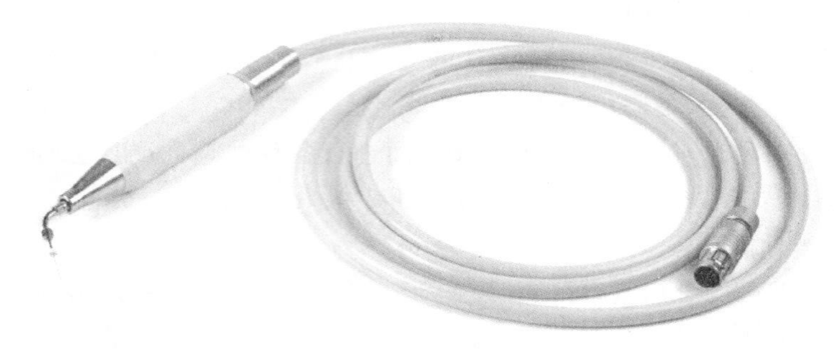

图 2-37　超声骨切割系统手柄及连接线

(3) 工作头：用医用不锈钢喷涂镁钛合金涂层制造。为适应不同手术需求，工作头有不同的形状，可根据需要进行更换(图 2-38)。

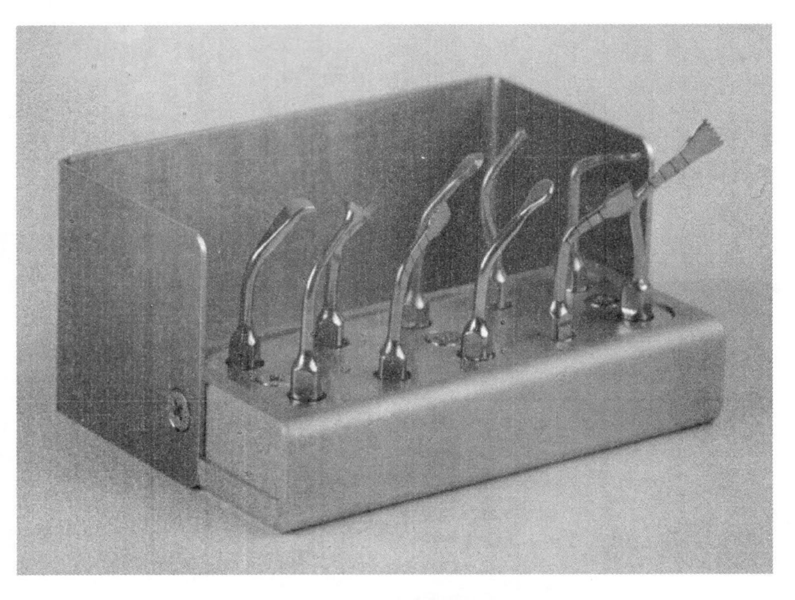

图 2-38　超声骨切割系统工作头

(4) 脚控开关：主要控制中频率交流电的输出及冷却液的输出。

二、工作原理

1. 超声震荡　使用中频率交流电通过手柄内置的压电陶瓷片产生压电效应，将电能转化为机械超声振荡，将超声振荡耦合到手术刀头上并让刀头产生纵向超声振荡(振幅为 40～200 μm)。利用机械及共振的原理，进行骨切割(图 2-39)。

2. 共振切割　超声骨切割系统主要是利用超声波的机械效应对组织进行切割，生物组织在声强较小的超声波作用下产生弹性振动，其振幅与声强的平方根成正比。当声强增大，组织的机械振动超过其弹性极限时，组织就会断裂或粉碎，这种效应称为超声的机械效应或破碎效应。

3. 机械切割　将压电陶瓷产生的 40～200 μm 形变机械能，传导至工作刀头，产生锤击和

Note

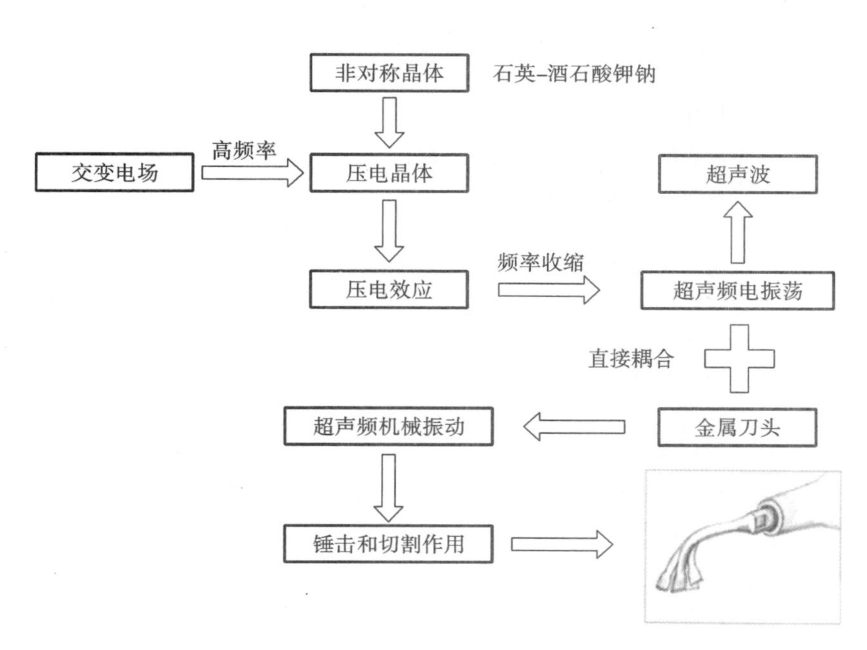

图 2-39 超声骨切割系统工作原理示意图

切割作用于已经被共振破坏的骨组织，达到切割效果。机械能越大作用力越大，切割效果越好。

三、操作常规

连接电源线、手柄线，装生理盐水，连接输水管，安装骨刀工作头，调节模式及水流量，开始工作。

四、维护保养

(1) 本设备应小心轻放，远离震源，安装或保存在阴冷干燥通风处。

(2) 不要与有毒、腐蚀性、易燃、易爆的物品混放。

(3) 应存放于相对湿度不超过 80%、大气压为 50～106 kPa 的环境下。

(4) 本设备不使用时，应关闭电源开关，拔下电源插头；长期不使用时，应每月通电通水一次，每次 5 min。

(5) 定期检查刀头，定期更换。

(6) 安装有心脏起搏器的患者不能用超声骨刀。

(7) 手柄高压灭菌后，等候其完全冷却后才能使用。

五、常见故障及其排除方法

超生骨切割系统的常见故障及其排除方法见表 2-20。

表 2-20 超生骨切割系统的常见故障及其排除方法

故障现象	可能原因	排除方法
刀头折断	施加压力过大	建议压力在 150～250 g 之间

续表

故障现象	可能原因	排除方法
指示灯不亮且机器不能工作	电源插头没有正确地插入插座	检查电源插座
	电源线没有正确连接到背面的插孔中	正确连接好电源线与电源线插孔
	电源线老化或是阻断	更换电源线
	电源开关没有打开	打开电源开关
	开关出现故障	更换开关
	保险丝缺少或损坏	更换保险丝
	保险丝熔化或烧坏	更换保险丝
	电子控制板不能工作	与客户服务中心联系
机器指示灯亮、程序正常工作但手柄未工作	控制板出现故障	与客户服务中心联系
	手柄连接线有问题	插入手柄线或脚控制线
	手柄有问题	更换手柄
	拔掉了手柄接口、脚踏未启动或未连接上	将手柄连接线插入手柄和脚控制器，或更换切割头（有时肉眼看起来完好无损但有可能有潜在的损坏）
蠕动泵不能正常运转或冷却水未流出	蠕动泵关闭或安装错误	确保蠕动泵后面的转轴正常运转
	部件或配件有故障	检查是否正确安装
	冷却水冲水管有破损	检查冲水管

（郑州大学口腔医学院　张克）

思考题

思考题答案

一、选择题

1. 下列关于在进行超声波洁治和刮治工作中应注意的问题，错误的是（　　）。

A. 机器功率不应超过最大功率的 2/3

B. 工作刀具尖端与牙面应保持切线位置，一般与牙面成 30°角

C. 龈下刮治时应用探针仔细检查

D. 尽量不要在局部麻醉的情况下操作

E. 戴心脏起搏器的患者慎用

2. 固化材料厚度为 2～3 mm 时，选择固化时间为（　　）。

A. 10 s　　B. 15 s　　C. 20 s　　D. 25 s　　E. 30 s

3. 下列关于根管长度测量仪操作常规及维护保养的说法不正确的是（　　）。

A. 干燥待测牙表面，形成绝缘状态

B. 测量仪一端连接带标记的 ISO15～20 号扩孔钻

C. 不能与电子手术刀、牙髓诊断器同时使用

D. 可以使用有机溶剂擦拭

E. 仪器应避免高温、潮湿、粉尘及强磁场的环境

4. 下面有关口腔医疗设备的说法，错误的是（　　）。

A. 每周清洁口腔消毒灭菌设备硅橡胶密封圈及门盘

B. 每3个月至半年更换口腔消毒灭菌设备除菌过滤器
C. 热牙胶充填器一次只能放入一粒牙胶子弹
D. 戴心脏起搏器的患者慎用超声波洁牙机
E. 光固化机在使用的过程要注意间歇操作

5. 冷光美白仪的结构不包括(　　)。
A. 恒压变压器　B. LED灯泡　C. 光导纤维管　D. 马达

6. 以下不属于注油养护的工作原理的是(　　)。
A. 吹屑　B. 清洗液冲洗　C. 吹气　D. 注水

7. 以下不属于压力蒸汽灭菌器的结构的是(　　)。
A. 加热系统　B. 抽真空系统　C. 热导轨　D. 微电子控制系统

8. 以下不属于普通牙科X线机组成的是(　　)。
A. 机头　B. 活动臂　C. 控制系统　D. 传感器

二、简答题

1. 口腔综合治疗台的操作常规是什么?
2. 口腔综合治疗台的常见故障及其处理有哪些?
3. 简述牙科高速手机的分类、工作原理、日常维护及保养。
4. 光固化机的结构及工作原理是什么?
5. 超声波洁牙机的结构和工作原理是什么?
6. 超声波洁牙机的操作常规有哪些?
7. 普通口腔X线机的应用范围有哪些?
8. CBCT的结构和工作原理是什么?
9. 牙科X线片自动洗片机的结构及工作原理是什么?
10. 压力蒸汽灭菌器的结构和工作原理是什么?

Note

第三章　口腔修复工艺设备

学习目标

口腔医学技术专业：

1. 掌握口腔修复工艺设备的使用与操作。
2. 熟悉口腔修复工艺设备的维护保养。
3. 了解各种口腔修复工艺设备的常见故障及处理方法。

本章 PPT

第一节　口腔多功能技工操作台

一、设备介绍

口腔多功能技工操作台(图 3-1)是专供口腔修复工制作各类修复体的工作桌，根据工作需要，将各部件有机结合成为一体，能为口腔修复工提供舒适、便利的工作环境。

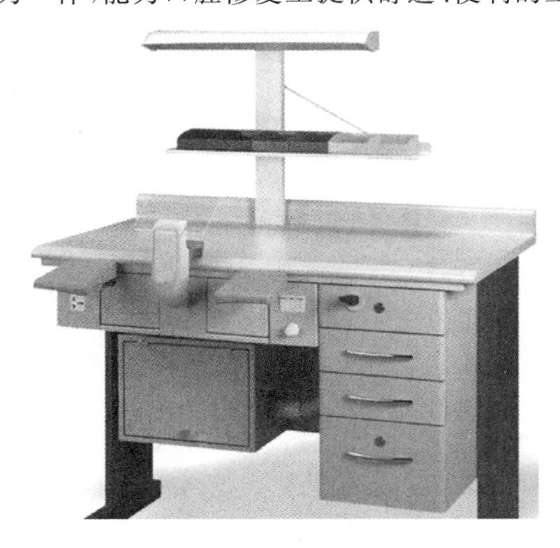

图 3-1　口腔多功能技工操作台

二、结构与工作原理

口腔多功能技工操作台一般由桌体、照明系统、肘托、吸尘系统、废物抽屉、储物抽屉、空气枪、电源插座等部件构成。

(1) 桌体：桌体是口腔多功能技工操作台的主要框架，由金属冷轧薄板和高密度防火板构成，其中紧挨座椅的桌体台面为口腔修复工的主要工作区域，此处易污损，因此一般采用耐磨、

Note

易清洁的材料，如采用不锈钢、大理石等加以单独覆盖。

(2) 照明系统：位于台面正上方或一侧，用于操作中照明，一般由灯管(或灯泡)、伸缩支持臂(或固定灯架)及电源开关组成，支持臂在一定范围内可以伸缩、偏转，以此调整灯光投照的位置和角度。固定灯架无此功能。

(3) 肘托：一般成对，可拆卸，多为木制，用于口腔修复工操作时放置双手、腕关节及双侧前臂。

(4) 吸尘系统：主要用于吸除打磨过程中所产生的粉尘，一般由吸尘口、吸尘管道、吸尘器(含吸尘袋或滤芯)构成。吸尘口位于桌体台面的正前方，两侧肘托之间，其表面封以金属网，以利于吸尘，同时也可以防止打磨件误入吸尘系统。另有一块透明的挡尘板置于吸尘口的上方，可拆卸，易清洁。此装置可以避免打磨时产生的碎屑、粉尘伤及操作者。吸尘器是吸尘系统的心脏部分，吸尘系统内装有电动抽风机，转动时可以产生极强的吸力和压力，可使吸尘器内部形成瞬时真空状态，此时与外界大气压形成负压差，负压差可帮助吸入含粉尘的空气，依次通过吸尘管道进入滤尘袋。桌体上有控制面板可调节吸尘器的吸力。吸尘器开关一般设计为三种形式：面板手动控制、膝控开关控制和联动开关控制。联动开关控制指的是吸尘器和微型打磨机之间形成电联动开关，吸尘器随着打磨机运转而自动启动吸尘，而当打磨机停止工作数秒后吸尘器也自动停止吸尘。

(5) 废物抽屉：较浅，位于吸尘口的下方，主要用来收集打磨过程中所产生的废物，可取下来进行清洁。

(6) 储物抽屉：位于桌体侧方，其大小、深度及分隔形式根据需要有不同方式的设计。

(7) 空气枪：笔式，位于桌体侧方，其连接的管线具有伸缩功能，主要功能为喷出压缩空气以清理打磨过程中产生的粉尘、碎屑。

(8) 电源插座：嵌于桌体内，多为二孔或三孔插座，用于插接其他用电设备。

(9) 微型电动打磨机：属于选配件，有两种配备形式。一种是将台式微型电动打磨机置于桌体台面上，连接桌面上的电源插座即可使用；另一种是将微型电动打磨机隐藏于桌体内，打磨手机与打磨机利用从桌体内伸出的伸缩线连接，伸缩线长度可调节。此种配置一般采用手动控制、脚踏或膝控开关。打磨机与吸尘系统间多装备成联动开关式。

(10) 煤气管和喷嘴：属于选配件。喷嘴置于桌面，通过桌面开孔与埋在桌体内的煤气管道连接。煤气可代替酒精灯用于制作蜡型。

三、操作常规与维护保养

(一) 操作常规

(1) 接通电源。

(2) 安装或卸下肘托。

(3) 安装或卸下吸尘系统接口网、挡尘板。

(4) 打开电源总开关。

(5) 打开吸尘器开关，设定工作模式及功率大小。

(6) 打开打磨机开关，调控速度或方向按钮或旋钮。调整手机连接线长度并固定。

(7) 打开照明灯，调节光线投射位置和角度。

(8) 空气枪多由有弹性的橡胶类材料制成。当轻压使其稍稍变形时，气枪内部的阀门被打开，有压缩空气逸出。

(9) 打开煤气开关及调节气量大小。

(10) 使用完后，依次关闭煤气阀、打磨机开关、吸尘器开关、照明灯及电源总开关。

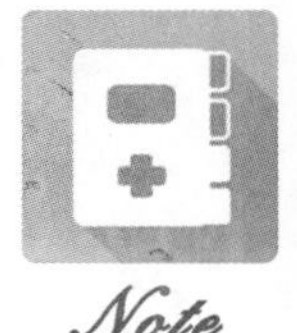
Note

（二）维护保养

（1）及时清理废物抽屉，保持桌面的清洁。

（2）定期清理吸尘袋、滤芯，定期检修吸尘器，以保持吸尘系统通畅。注意为防止吸尘袋的微孔堵塞，勿将湿润的粉尘吸入，否则易黏附在滤芯叶片上而难以去除。

（3）照明灯的伸缩臂不要调节得过低，以免碰撞影响操作。

（4）注意勿用暴力拖拉、按压空气枪，以免将连接线拉断。

（5）微型打磨手机连接线长度调节适当后应固定牢固，使用完毕应将手机搁置于手机座上，以防止手机跌落。

（6）注意每天使用煤气后应及时关闭开关及总阀，并定期检修管线。

四、常见故障及处理方法

口腔多功能技工操作台的常见故障及处理方法见表3-1。

表3-1　口腔多功能技工操作台的常见故障及处理方法

故障现象	可能原因	处理方法
电源已通，机器不工作	电源未接通 保险丝熔断 电源插头接触不良 电源总开关未打开	检查供电电源 找出熔断原因并修理，或更换同规格保险丝 检查线路、插座、插头，排除原因后再插紧插头 打开电源总开关
吸尘器不工作	吸尘器电开关未打开 吸尘器继电器损坏	打开吸尘器电开关 更换继电器
吸尘器吸力不足	吸尘袋中灰尘过多 吸尘袋损坏 滤芯损坏	清理吸尘袋 更换吸尘袋 更换滤芯
微型打磨机手机不工作	手机电开关未打开 联动的吸尘器电开关未打开 手机损坏	打开手机电开关 打开吸尘器电开关 检修或更换手机
照明灯不亮或亮度不够	灯泡老化或损坏 保险丝熔断	更换灯泡 更换同规格的保险丝
空气枪不工作	未接通压缩空气 空气泵未开启或损坏	接通压缩空气 检修空气泵
空气枪漏气	接口或管道不密封	检修接口和管道
煤气管道无气	煤气源问题	检测煤气源
煤气管道漏气	接口或管道不密封	维修接口和管道

（湖南医药学院　蒋懿）

第二节 成模设备

一、琼脂搅拌机

琼脂除用于制取口腔印模外，也在带模铸造时翻制印模、灌制耐火模型时使用。琼脂搅拌机（图 3-2）是一种全自动搅拌机，设备使用简单，内有设定程序，齿科琼脂印模材可自动升温、自动加热、自动搅拌、自动冷却、自动恒温，且具有抗干扰等自动保护措施，保证可靠运行，具有自动检查功能。

（一）结构与工作原理

1. 结构 琼脂搅拌机由温度控制系统和电动搅拌系统构成，主要装置包括琼脂锅、加热线圈、搅拌器、温控表、放料球阀、放料口、机壳前面板、电源开关（红色）、低温保温开关（蓝色）、解冻搅拌开关（绿色）等。

2. 工作原理 利用附着在锅外的电阻丝加热带加热琼脂，采用高低双温数字控制器，可在低温下长时间保温，使琼脂在略高于凝固临界点温度时放出，进行浇铸，从而获得低气泡的铸模（图 3-3）。

图 3-2 琼脂搅拌机

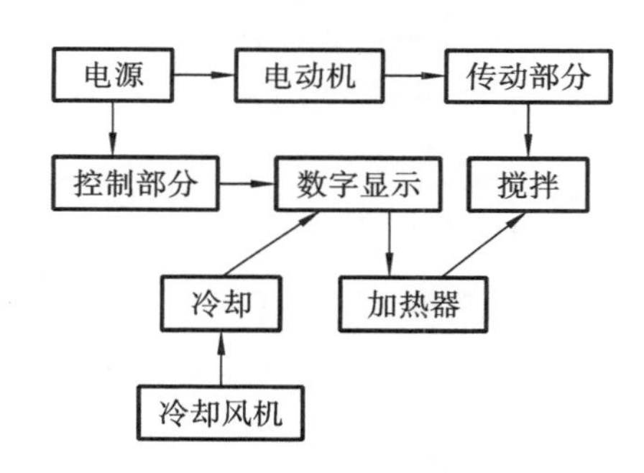

图 3-3 琼脂搅拌机工作原理示意图

（1）全循环状态（常规使用状态）：当绿色开关被选择在搅拌状态时，接通电源，自动进入全循环状态，此时，琼脂在搅拌状态下，加热至上限温度（一般设定为 90 ℃），当琼脂达到上限温度时，加热线圈自行切断，加热停止，红灯亮，冷却风机被接通，使琼脂降温，但此时锅内温度仍会向上升 1～2 ℃。当琼脂温度下降至下限温度时（根据下限设置，一般为 55 ℃），加热线圈再次接通，冷却风机切断，并自动进入保温程序，此时，琼脂将在设定的下限温度进行保温。

（2）保温循环状态：当锅内琼脂不需要加热时，通电后，按下蓝色开关，程序将进入保温状态，琼脂处于保温状态，可随时使用。

（3）解冻与搅拌：这两种状态由一个绿色开关控制，该开关按下时为解冻，弹起时为搅拌。当琼脂被解冻或临界解冻时，是不允许搅拌的，需进行低功率加热解冻后，方可进入正常程序。

（二）技术参数

（1）电源电压：220 V，50 Hz。

（2）功率：不少于 1200 W。

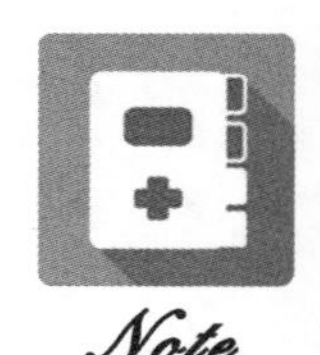

(3) 电机转速:40 r/min。

(4) 加热功率:500 W。

(5) 琼脂容量:3～5 kg。

(三) 使用方法

(1) 接通电源,打开电源开关,向锅内加入 3 kg 以上的小块琼脂,先进行解冻,然后再搅拌。

(2) 设定上限温度为 90 ℃,下限温度为 55 ℃。面板红色屏幕上即显示出锅内的实际温度。

(3) 投入琼脂,当锅内温度升到 55～60 ℃时,可根据需要把小块琼脂加足。

(4) 锅内的琼脂加热到下限温度 55 ℃时,绿灯灭;加热到上限温度 90 ℃时,加热线圈断电停止加热,冷却风机自动启动,红灯亮,锅内温度开始下降,当锅内温度降至下限温度 55 ℃时,红灯灭,锅内琼脂处于可浇铸状态。

(5) 拉动球阀,琼脂液体由面板下方的放料口流出,可进行连续浇铸使用。

(6) 长时间不浇铸时,应关闭电源开关,拔掉插头。

(四) 维护保养

(1) 琼脂搅拌机属电源加温式仪器,应注意防电防烫。

(2) 要严格按照规范进行操作。

(3) 出现故障时,应由专业维修人员进行维修,不得自行拆卸。

(4) 琼脂搅拌机工作时,锅内所加琼脂不得少于 3 kg,否则会产生煳锅现象,更不允许干烧以防损坏设备。

(5) 锅内有冻结的固体琼脂时,启动电源开关前,应置绿色开关于解冻位置。勿处于搅拌状态,否则强制搅拌使被琼脂冻结的叶片发生损坏,或导致电机烧坏。为提高解冻速度,可将锅内固体琼脂切成碎块,待锅内琼脂开始熔化时,再分次加料,进入正常工作。

(6) 每次开机,必须检查上下限温度设定是否正确。

(五) 常见故障及处理方法

琼脂搅拌机的常见故障及处理方法见表 3-2。

表 3-2 琼脂搅拌机的常见故障及处理方法

故障现象	可能原因	处理方法
电动机停止工作	容器未盖上盖子	关闭容器盖子
	琼脂未分割成有效小块	将琼脂分割成有效的小块
	保险丝熔断	更换保险丝
	被琼脂堵塞	检查、清理
	仪器某个部位积聚过多尘土	及时清除尘土
琼脂退出受阻	程序温度不合适	调节程序温度
	通道堵塞	及时清理通道
冷却风机不能正常工作	尘土积聚过多	如需清洁,移开冷却风机后再进行
	冷却风机损坏	更换冷却风机
	仪器所在的环境多尘	将仪器移至清洁的室内

二、石膏模型修整机

石膏模型修整机(图 3-4)又称石膏打磨机,是口腔修复技工室修整石膏模型的专用设备。

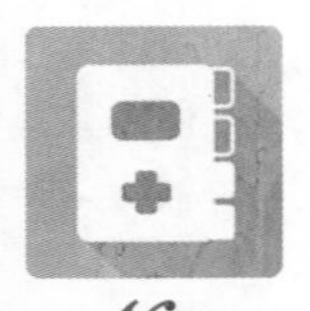

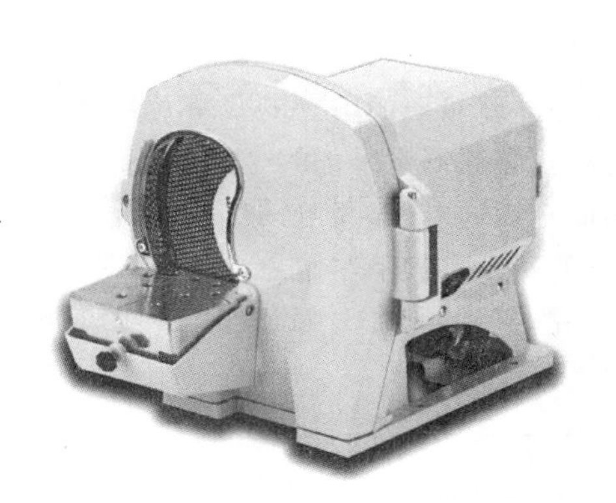

图 3-4 石膏模型修整机

根据修整的部位不同，石膏模型修整机分为石膏模型外部修整机和石膏模型内部（舌侧）修整机，石膏模型内部（舌侧）修整机的磨头多为硬质合金，有多种型号供选择使用。

根据外形不同，石膏模型修整机可分为台式石膏模型修整机和立式石膏模型修整机。

根据模型修整方法不同，石膏模型修整机分为干性石膏模型修整机和湿性石膏模型修整机。两者外形相似，湿性石膏模型修整机有一个进水孔，在模型修整的同时有水注入，可以更好地防尘。

石膏模型硬固脱模后，必须及时修整，模型修整的目的是使其美观、整齐，利于义齿制作，便于保存观察。模型修整的要求如下。

（1）修正模型底面使其与𬌗平面平行。

（2）修正模型的四周。

（3）用工作刀修去咬合障碍的部分，去除模型牙颌面的石膏小瘤，修整黏膜反折处的边缘，并使下颌舌侧平展，以利于熔模制作。

（一）结构与工作原理

1. 结构 石膏模型修整机由电动机及传动部分、供水系统、砂轮、模型台四部分组成，其外壳由金属或非金属材料制作而成。

2. 工作原理 砂轮直接固定在加长的电动机轴上。接通电源后，电动机转动带动砂轮转动，湿性石膏模型修整机的供水系统同步供水。石膏模型在模型台上与转动的砂轮接触，从而起到修整作用。水喷到转动的砂轮上，再经排水孔进入下水道（图 3-5）。

（二）技术参数

（1）电源电压：220±22 V，50 Hz。

（2）功率：180～370 W。

（3）转速：1400～3000 r/min。

电源
电动机
传动部分
电磁阀
砂轮
水源
排水

图 3-5 石膏模型修整机工作原理示意图

（三）使用方法

（1）模型修整机应固定在有水源及完善下水道的地方，安装的高度和方向以便于操作为宜。

（2）使用前应检查砂轮有无松动、裂痕或破损。

（3）接通水源，打开电源开关，电动机开始转动，待砂轮运转平稳后，即可进行石膏模型的修整。

（四）操作常规

（1）未接通水源前不得进行操作，以防石膏粉堵塞砂轮上的小孔。

（2）砂轮破损严重时，应更换同型号砂轮。

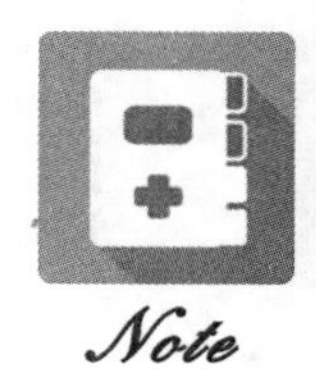

(3) 操作时勿用力过猛，以免损坏砂轮。

(4) 每次使用后必须用水冲净砂轮表面附着的残留石膏，保持砂轮锋利。

(5) 砂轮运转过程中，切忌打磨除石膏外的其他物品。

(6) 机器如长时间不用，应定期通电，避免电动机受潮。

(7) 设置石膏模型修整机的技工室的下水管道要粗，一般可采用标准管，从石膏模型修整机打磨出的石膏浆先进入过滤槽，过滤槽的下游设置过滤网，将混入石膏浆中的石膏块阻隔在过滤槽内，以免阻塞管道。

(五) 常见故障及处理方法

石膏模型修整机的常见故障及处理方法见表 3-3。

表 3-3　石膏模型修整机的常见故障及处理方法

故障现象	可能原因	处理方法
插上电源插头电动机不工作	电源插头损坏或接触不良 电源开关损坏 接线盒内连接线短路 电动机绕组或连接线短路	更换或修理电源插头 更换电源开关 焊接连接线 重新绕制电动机绕组或焊接断线
接通电源，电动机不转并发出“嗡”的声音	电动机轴承锈蚀	更换轴承
接通电源，电动机工作，但砂轮不转	电动机传动部分松动打滑 砂轮固定螺帽松动	紧固传动部分 拧紧砂轮固定螺帽
砂轮转动时无水源供给	水路系统堵塞 电磁阀线圈短路或阀芯锈蚀	疏通堵塞部位 更换或修理电磁阀

三、真空搅拌机

真空搅拌机(图 3-6)是口腔修复科的专用设备，主要用于搅拌石膏或包埋材料与水的混合物。混合物在真空状态下搅拌可防止产生气泡，使灌铸的模型或包埋铸件精确度高。

图 3-6　真空搅拌机

(一) 结构与工作原理

1. 结构　真空搅拌机由真空发生器、搅拌器、料罐自动升降器、程序控制模块等部件组成。

(1) 真空发生器：采用压缩空气射流负压发生器，具有体积小、噪声低、负压高等特点。

(2) 搅拌器：采用变速电动机搅拌，在开始和结束时电动机慢速搅拌，这样不会产生气泡。

(3) 料罐自动升降器：采用气动升降，自动化程度高，搅拌时无须手扶料罐。

(4) 程序控制模块：采用集成控制电路，用于设定搅拌时间和真空度。

2. 工作原理　接通电源后，控制器开始工作，启动真空发生器和搅拌器，产生真空并开始搅拌，按设定时间完成后停止(图 3-7)。

(二) 技术参数

(1) 电源电压：220 V，50 Hz。

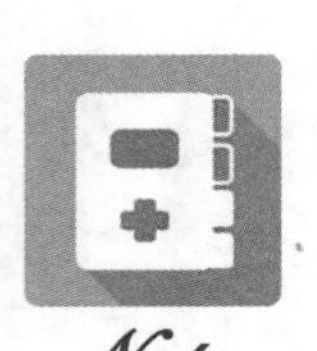

Note

(2) 功率:不少于 50 W。

(3) 外接气体压力:0.5～0.75 MPa。

(4) 真空度:10～20 kPa。

(5) 搅拌转速:560～600 r/min。

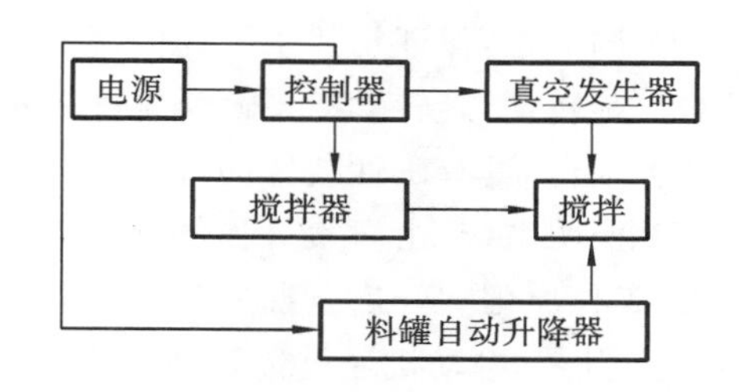

图 3-7 真空搅拌机工作原理示意图

(三) 使用方法

(1) 打开电源,电源指示灯和空气压力指示灯亮。

(2) 设定搅拌时间和真空时间。先启动搅拌器,再启动真空发生器。

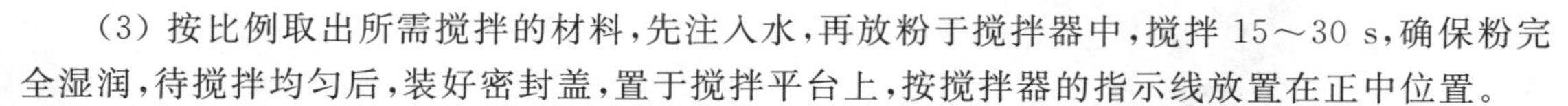

(3) 按比例取出所需搅拌的材料,先注入水,再放粉于搅拌器中,搅拌 15～30 s,确保粉完全湿润,待搅拌均匀后,装好密封盖,置于搅拌平台上,按搅拌器的指示线放置在正中位置。

(4) 将控制真空吸管连接在搅拌器的真空管接头上。

(5) 检查时间器,打开启动键,搅拌平台上升,真空指示灯亮,开始抽真空(在 10 s 内真空度可升至 0.7 MPa),3 s 后,搅拌器高速转动,搅拌物完全混合。

(6) 搅拌结束,机器发出声音提示,搅拌停止。搅拌平台下降恢复原位。将搅拌器从平台取下,拔下真空管,搅拌完成。

(四) 维护保养

(1) 搅拌器内的混合物不宜太满,以免抽真空时混入真空吸管,造成堵塞。

(2) 注意设备卫生,每次使用后应及时清洗。

(3) 定期清洁真空管过滤网,保持清洁。

(4) 正确使用机具。

(5) 注意不要用湿手去开关电源,以防触电,不要触碰机械转动部分,以免受伤。

(6) 空气压力不得超过 0.7 MPa。

(五) 常见故障及处理方法

真空搅拌机常见故障及处理方法见表 3-4。

表 3-4 真空搅拌机常见故障及处理方法

故障现象	可能原因	处理方法
空气压力指示灯不亮	空气压力过小,小于 0.5 MPa	调整空气压力
搅拌平台不上升	自动升降器故障	检查修理
机器无法抽真空	真空吸管连接口内过滤网粘上污物 真空发生器故障	清洗真空吸管并更换过滤网 检查维修

四、模型切割机

模型切割机(图 3-8)用于石膏、包埋材料及塑料等材料的精确切割,任意一种材料都可以选择适宜的转速和切片,确保高效、精准地切割。模型切割机是专门用于口腔石膏模型切割的设备,广泛应用于口腔修复专业,代替了传统的手工石膏锯。模型切割机具有良好的工作质量和较高的工作效率,是口腔修复工作的理想工具。

(一) 结构与工作原理

1. 结构 模型切割机由切割机主体、调节轴、旋转臂、基台、照明系统等组成。

(1) 切割机主体:电动机主机座,提供切割时所需的旋转动力。

（2）调节轴：保证切片水平向的调节。

（3）旋转臂：旋转臂的平衡系统确保精确的工作。

（4）基台：具有磁性装置的基台，可以使固定的模型在任意方向上调节。

（5）照明系统：由卤素灯提供良好的照明。

2. 工作原理 开启电源后，可同时打开照明系统与控制器，控制器一边带动电动机，一边进行激光引导，电动机通过传动和激光引导的位置进行切割（图 3-9）。

图 3-8 模型切割机

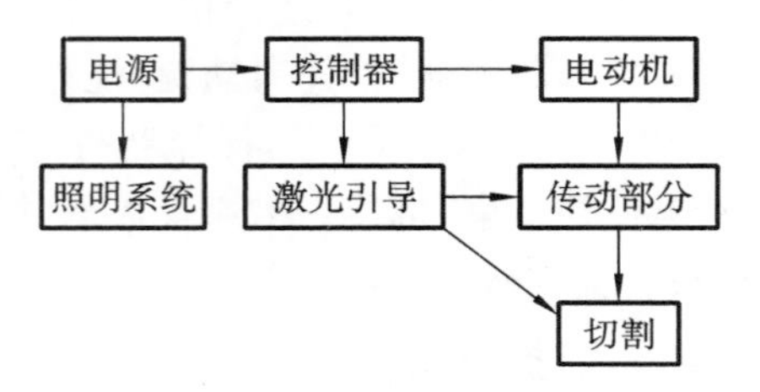

图 3-9 模型切割机工作原理示意图

（二）技术参数

（1）电源电压：220 V，50 Hz。

（2）功率：425 W。

（3）转速：1000～10000 r/min。

（4）噪声等级：65 dB(A)。

（三）使用方法

（1）调节配重。

（2）安装切割盘，连接吸尘系统。

（3）将模型固定在模型台上。

（4）根据激光引导和切割方向调整并固定模型台。

（5）调节光源。

（6）调节最低制动点。

（7）根据切割材料选择需要的转速。

（8）切割（双手操作保证工作的安全性）。

（四）注意事项

（1）模型切割机是一种台式装置，安装时一定要保证机器处于水平位置，并且有足够的稳定支撑。

（2）只有当断开电源、切片停止旋转后才可以更换工具。

（3）切片锋利，安装时一定要非常小心。

（4）请不要将手靠近正在旋转的切片。

（5）检查切片的位置，以避免眼和手受伤。

（6）不要使用旧的或受损的工具。

（7）一定要保证工具和切片固定且连接紧密，否则很容易损坏并伤及使用者。

Note

(8) 一定要遵照厂家提供的工具使用要求。

(五) 维护保养

(1) 每次使用前,应确认切割盘是否固定。

(2) 切片磨损或破裂时应及时更换。

(3) 保持电动机干燥并定期清洁除尘。

(4) 每半年拆卸电动机保养一次,注意给轴承加油。

(六) 常见故障及处理方法

模型切割机的常见故障及处理方法见表 3-5。

表 3-5 模型切割机的常见故障及处理方法

故障现象	可能原因	处理方法
切片敲打式旋转	速度选择错误 切割力量太大导致切片变弯 切片切割时倾斜	选择切片能够平稳运转的速度 更换切片,并调整切割力量 更换旧的或受损的工具
打开开关后仪器不工作	插座电源未接通 保险丝熔断	插好插头,接通电源 更换保险丝
切割盘松弛	螺栓未拧紧	检查并紧固螺栓
切割时灰尘太多	旋转的方向错误 吸尘器可能满了	改变旋转方向 检查吸尘器并清理

五、牙科种钉机

牙科种钉机(图 3-10)用于烤瓷牙预备,主要用于石膏模型上石膏钉预制的加工,所谓石膏钉预制指的是在人造石、超硬石膏、环氧树脂模型上指定部位打孔。该设备具有转速高、噪声小、钻孔精度高、操作简便等优点。

图 3-10 牙科种钉机

(一) 结构与工作原理

1. 结构

(1) 活动底板:放置模型的平板,板中间有一孔,孔的中心与其正下方的钻头和其正上方的激光束均在同一条直线上。向下按压活动底板,即可暴露其下方的钻头,同时电动机自动启动,钻头开始转动,在模型底部对应激光聚焦点的指定位置打孔。

(2) 激光定位系统:位于活动底板的上方,激光器发出激光束,其聚焦点与钻头位置重叠。

(3) 马达:驱动钻头转动的动力装置。

(4) 钻头:多为钨钢材质,直径大小不同,可根据需要选择,并且与不同直径的固位钉相匹配。

(5) 调整高度螺丝:用于调整活动底板和钻头的相对高度,从而调整钻孔的深度。

(6) 其他配件:如外用吸尘器接口,更换钻头的扳手等。外用吸尘器接口可用来连接外用吸尘器,边钻孔边吸尘,既可以保持钻孔、钻头的清洁,同时也利于操作者的健康。

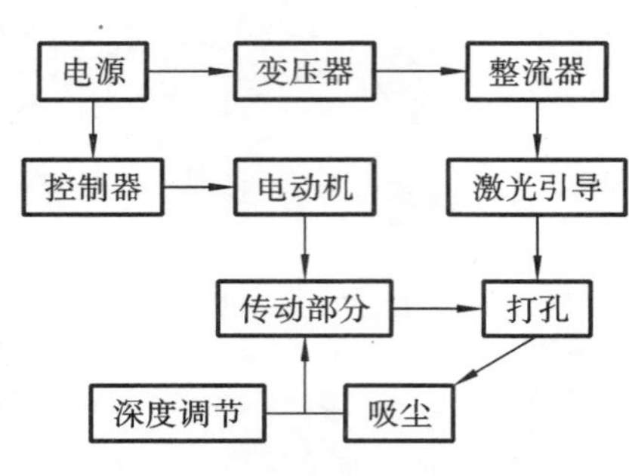

图 3-11　牙科种钉机工作原理示意图

2. 工作原理

牙科种钉机的工作原理如图 3-11 所示。

(二) 操作常规与维护保养

1. 操作常规

(1) 将设备放置于平稳的工作台上。

(2) 检查电源电压确认已严格接地。

(3) 安装钻头，调节钻孔深度。

(4) 接通电源，打开电源开关。

(5) 打开导向激光开关，检查激光束是否通过活动底板上孔的中心。

(6) 将模型置于活动底板上，将激光束聚焦在拟打孔位置所在牙齿的𬌗面。

(7) 双手固定模型，轻压活动底板，接通微动开关，同时启动电动机，钻头旋转。

(8) 机器工作和连续钻孔的间隔时间应遵循设备说明书和厂商的建议。

(9) 操作完毕，拔掉电源插头，清洁设备。

2. 维护保养

(1) 使用完毕应及时清除设备上的石膏粉末。

(2) 定期更换并使用原装钻头。

(3) 操作时勿直视激光束，不要将手指放在打孔处并按压活动底板。

(4) 定期在夹头处滴入润滑油。

(5) 检修、清洁及不使用设备时，须关闭电源。

(三) 常见故障及处理方法

牙科种钉机的常见故障及处理方法见表 3-6。

表 3-6　牙科种钉机的常见故障及处理方法

故障现象	可能原因	处理方法
接通电源，机器不工作	电源未接通	检查供电电源
	保险丝熔断	查出原因并修理，更换同规格保险丝
	电源插头接触不良	检查线路、插座、插头，排除原因后，插紧插头
	活动底板下方微动开关接触不良	检修微动开关
钻头不转动	钻头周围有石膏等残屑堆积	清理残屑
钻头工作效率低或折断	钻头磨损或变形	及时更换钻头
	选用的钻头质量差	尽量选择原装钻头
活动底板不能下压	活动底板下方堆积有较多石膏残屑	清理残屑
激光或其他光源损坏	激光晶体损坏	更换激光晶体
	其他光源灯泡损坏	更换灯泡

六、平行观测研磨仪

平行观测研磨仪(图 3-12)是用来进行平行度观测、研磨和钻孔的牙科技工设备。平行度

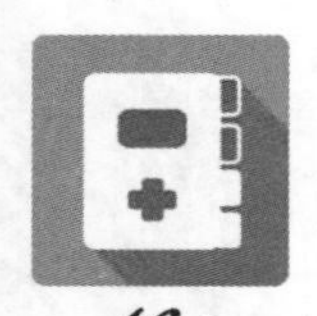
Note

是指两平面或者两直线平行的程度，是指一平面（边）相对于另一平面（边）平行的误差最大允许值。通过平行度观测，可以评价直线、平面之间的平行状态，其中一个直线或平面是评价基准，在最大误差允许值范围内，基准可控制被测样品的直线或平面的运动方向，即控制被测要素对准基准要素的方向。此功能有利于测量与取得修复体之间的共同就位道，从而顺应了近年来精密铸造与烤瓷铸瓷技术的快速发展。

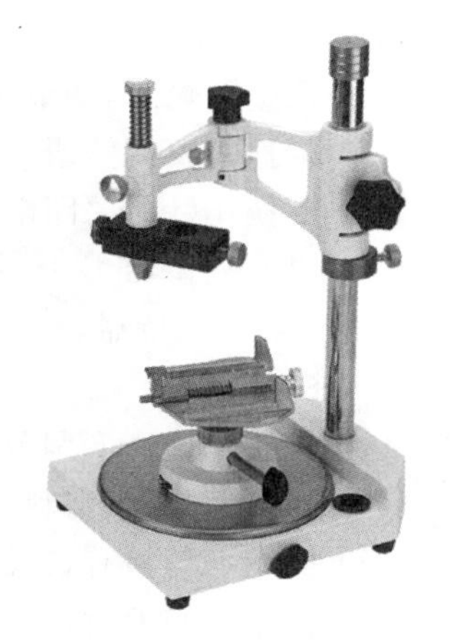

图 3-12　平行观测研磨仪

（一）结构与工作原理

1. 结构　平行观测研磨仪由底座、垂直调节杆、水平摆动臂、研磨工作头、万向模型台、工作照明灯、控制系统以及切削杂物盘等部件组成。

（1）底座：该设备的基座，上面可安置各部件，如垂直调节杆、控制系统、万向模型台、数字显示表板、电源、开关等。

（2）垂直调节杆：可保证其上部的水平摆动臂沿垂直调节杆长轴方向移动并锁定在任意高度。杆上刻有垂直高度标尺，以标示水平摆动臂的工作高度。

（3）水平摆动臂：安装在垂直调节杆上，既可水平绕垂直调节杆做圆周运动，也可沿垂直调节杆的长轴方向上下移动并能锁定在空间的任意位置，这样可以保证其末端的研磨工作头能有效覆盖模型工作区的全部范围。研磨工作头中心垂线与垂直调节杆长轴方向的平行度，是保证观测和研磨精度的重要条件。

（4）研磨工作头：可用来夹持平行观测杆、研磨电机、平行电蜡刀。

（5）万向模型台：由模型固定器和模型台固定装置组成。模型台固定装置利用强磁力作用将模型台固定在底座上：打开电磁开关，模型台紧固在底座上；切断电磁开关，模型台可以在底座上自由移动。模型台固定装置上的球形支座将其与模型固定器连为一体，模型固定器可绕球形支座做任意方向的转动。工作模型则依靠固位螺钉锁定于模型固定器上。

（6）工作照明灯：采用高亮度的卤素光源，为工作区提供照明。

（7）控制系统：仪器的电器控制系统，由电源及电源开关、研磨电机参数控制、电蜡刀温度控制、数字显示表板、照明工作灯及万向模型台的固定开关等组成。可控制研磨电机的转速、切削力矩、电蜡刀的工作温度、照明及万向模型台的磁力。

（8）切削杂物盘：用来收集切削废物，同时回收贵金属。

2. 工作原理　仪器通电后，通过电磁开关移动、固定模型，移动水平摆动臂，并始终保持与垂直调节杆长轴平行，以此调整研磨工作头在模型工作区的位置。首先利用平行观测杆观测模型牙的平行度，确定义齿的共同就位道，然后换研磨电机预备模型牙冠、精密附着体以及种植牙桩核，以形成义齿的共同就位道。另外还可以加工蜡代型，选择具有一定直径及锥度的平行电蜡刀，通电后加热至适当温度，可以在蜡型上调整蜡型的平行度（图 3-13）。

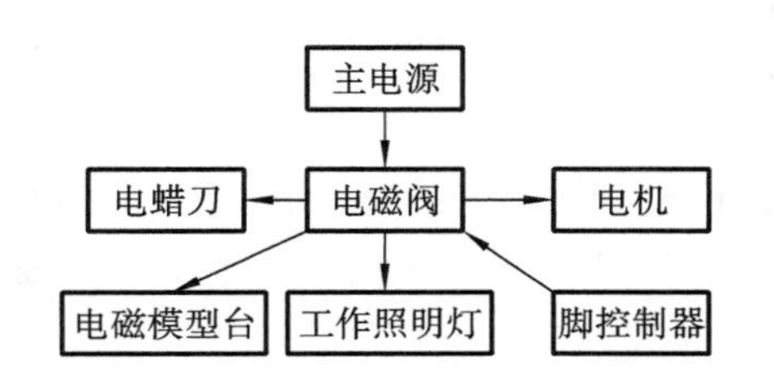

图 3-13　平行观测研磨仪工作原理示意图

（二）操作常规、注意事项与维护保养

1. 操作常规

（1）使用环境要求温度 0～40 ℃，最大湿度为 90%。

（2）供电电压必须与机器标注电压一致。

（3）调整好模型的位置并锁定。

（4）按照说明书调整好工作头高度。

（5）调节和固定摆动臂中的标尺高度，调节标

尺卡盘。

(6) 调整电蜡刀,调节至合适温度。

(7) 根据需要调整研磨电机的工作参数,接通脚控开关,进行模型的磨削、钻孔等。

(8) 更换车针时关闭电机电源,打开车针夹头,更换车针,旋紧夹头。

(9) 更换夹持器,关闭主电源开关,用夹持器开启杆扼住工作头,防止其转动,用手旋出夹持器,旋入新的夹持器。

2. 注意事项

(1) 注意保持高度调节固定螺丝与水平摆动臂紧密接触,防止水平摆动臂滑落。

(2) 当研磨金属、塑料、蜡时,须戴上防护镜。

(3) 操作者若留有长发,应将头发束起并戴好帽子,以防头发被机器缠绕而造成危险。

(4) 使用电蜡刀时,应防止高温烫伤。

(5) 设备检修应由专业人员进行。

3. 维护保养

(1) 仪器不用时须拔下电源插头。

(2) 清洁机器可用干净棉纱擦拭,并按要求加注润滑油。

(3) 检修仪器前,应先断开电源。

(4) 仪器应放置于平稳的工作台上。

(三) 常见故障及处理方法

平行观测研磨仪常见故障及处理方法见表 3-7。

表 3-7 平行观测研磨仪常见故障及处理方法

故障现象	可能原因	处理方法
电源灯不亮	无电源,插头接触不良,保险丝熔断	检查电源,插紧插头,更换同规格保险丝
电机不转	控制踏板未连接好,电机故障	重新连接控制踏板,请专业人员维修电机
电机停止运转,红灯指示过载	车针被卡住,车针夹头张开	找出过载原因并排除,重新启动电机
电蜡刀未升温	未调节温度	旋转温度调节钮,调高电蜡刀温度
模型台不能锁定	未开启电磁开关	打开电磁开关

(湖南医药学院　蒋懿)

第三节　打磨抛光设备

打磨抛光设备是指在义齿加工过程当中对修复体进行打磨、抛光、切割的一系列设备的统称,为口腔修复设备的重要组成部分。该类设备能有效清除残留于义齿上的异物,提高表面清洁度,使义齿在功能上和美观上更令人满意。

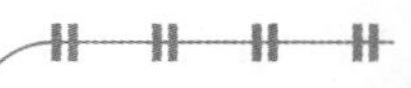

一、打磨机

（一）微型电动打磨机

微型电动打磨机主要用于义齿制作时的打磨、切削和研磨等。通过微型电动机的高速运转来带动打磨手机工作。随着社会的进步和科学的发展，这种体积小、转速高、切削力强、噪声低、便携的打磨手机大大提高了技工工作的质量和效率。

1. 结构 微型电动打磨机由电源控制器、微型电动机和打磨手机三部分组成。

1）电源控制器 能控制微型电动打磨机的启动、转速和停止，由电源、脚控开关和功能开关组成。

（1）电源：输入 50 Hz、220 V 的交流电，先经变压器转为低压交流电（0～32 V，因型号、厂家不同，一般均在 36 V 安全电压以下），然后由整流电路转为直流电，通过功能开关的控制传递到电子电路，供微型电动打磨机使用。

（2）电源开关：用以控制输入电源的通断。

（3）脚控开关：通过脚踏的方式来控制输出电源的通断，进而控制微型电动机的工作状态。部分新机型还支持控制电压的大小，用以调节微型电动机的转速。

（4）速度调节开关：用以调节微型电动机的转速。

（5）正反转选择开关：用以控制微型电动机的旋转方向。

（6）恢复按钮：当微型电动机高负荷运转或出现短路时，控制器会自动切断电源来保护机器。待问题解决后，通过按下此键来使微型电动机重新恢复工作。

2）微型电动机 微型电动机分为有碳刷和无碳刷两种，由定子和转子构成。定子固定安装在机壳上，由永磁体构成；转子由矽钢片叠加而成，上面嵌有线圈和引流环；电流在线圈的作用下会在定子和转子的矽钢片上产生磁场，进而驱动转子转动。

有碳刷微型电动机的效率较低，易过热，转子惯性大，不易制动，在需要精细操作的时候往往会造成不便。后有公司针对上述缺点加以改进，研发出了无碳刷微型电动机。

两种微型电动机结构大致相同，区别在于有无碳刷，无碳刷微型电动机用霍尔电路来承担碳刷的作用，机器的性能得到了提升，不仅没有碳刷引起的火花和摩擦，转子由于惯性造成的影响也显著下降，更易于制动。

3）打磨手机 在一根空心主轴内装有弹簧夹头的设备。主轴前后装有轴承，前轴承前部装有防尘环，前轴承后部装有强力弹簧，靠它拉紧、松开弹簧夹头。主轴后部装有联轴叉，与微型电动机相连。

2. 工作原理 微型电动打磨机的工作原理示意图如图 3-14 所示。

3. 操作常规

（1）将微型电动打磨机电源插头插在控制器上。

（2）连接电源。

（3）选择微型电动打磨机的旋转方向。

（4）选择合适的车针安装到打磨手机夹头上。

（5）选择控制方式，若采用脚控则需将脚控开关和控制器连接。

（6）将电源开关拨至“ON”位。

（7）调整转速。

（8）用力均匀地打磨。

（9）若车针有瑕疵或弯曲应及时更换，以免缩短轴承的寿命，影响打磨件的质量。

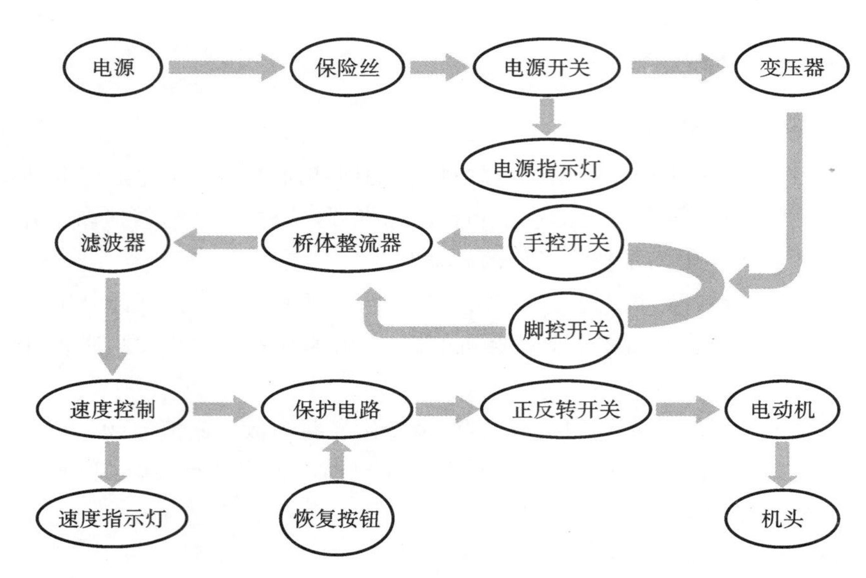

图 3-14　微型电动打磨机的工作原理示意图

4. 维护保养

(1) 保持打磨手机的干燥和清洁。

(2) 定期清洁手机夹头。

(3) 不要在夹头松开状态下和未夹持车针时使用电动机。

5. 常见故障及处理方法　微型电动打磨机的常见故障及处理方法详见表 3-8。

表 3-8　微型电动打磨机的常见故障及处理方法

故障现象	可能原因	处理方法
打开电源开关，手机不旋转	未接通电源或电源插头接触不良	检查电源，插好电源插头
	碳刷磨损	更换同规格碳刷
手机震动较大，车针摆动剧烈	车针不符合标准，车针未安装到位	更换标准车针并安放到位
微型电动机或夹头发热，发出不正常气味和声音	车针未夹紧或未安装到位	重新装夹车针
	使用不当或长时间使用	消除短路故障，间歇使用

(二) 技工打磨机

技工打磨机主要用于修复体的打磨和抛光，是口腔技工室必备的设备之一。

1. 结构　技工打磨机由打磨电动机和附件两部分构成。打磨电动机可给打磨时所需要的旋转提供动力；操作人员可根据工作的具体情况选择合适的附件，放置于电动机之上来实现所需要的功能。

(1) 打磨电动机：技工打磨机的主体部分，在两端可安装各种附件，用于满足操作人员的具体工作需求。

(2) 机臂支架：将三弯臂插入，配合带绳轮的锥形螺栓、机绳及直或弯机头，可用于口腔治疗和义齿打磨。

(3) 带绳轮锥形螺栓：与三弯臂配合可作为牙科电动机使用。

Note

(4) 锥形螺栓:用于安装各种抛光轮,供义齿修复时抛光使用。

(5) 车针轧头:用于夹持车针,供义齿、义齿基托、义齿支架的打磨、修整等使用。

(6) 砂轮夹头:用于夹持砂轮,供义齿金属支架的打磨使用。

2. 工作原理 电源接通后,通过控制器设定电动机的运转速度,电动机的旋转带动其前方附件的运转,从而实现操作人员所需要的功能。

3. 操作常规

(1) 技工打磨机应平稳放置在工作台上,使用三孔插座连接电源,虽然在正常情况下不带电,但仍要做好接地保护。

(2) 操作人员应按实际需要正确选择和安装附件。

(3) 发动之前应仔细检查砂轮有无破损和裂纹,如存在则绝不能使用。

(4) 安装附件时,应按照正确方式,切不可用其他工具敲击,也不可用蛮力,以免损坏电动机和附件。

(5) 速度转换开关位于打磨机正下方,旋转开关时应按顺时针方向旋转。需使用慢速挡时,也要先旋转至快速挡,待电动机启动并运转正常后,再旋转到慢速挡。忌直接使用慢速挡启动,此种操作易烧毁电动机。

4. 维护保养

(1) 经常用干燥的棉纱或布擦拭技工打磨机的表面,使其保持清洁,防止生锈。

(2) 每月向技工打磨机左右两侧的加油孔内注入 4～5 滴润滑油。防止粉尘进入,影响技工打磨机的使用寿命。

5. 常见故障及处理方法 技工打磨机的常见故障及处理方法详见表 3-9。

表 3-9 技工打磨机的常见故障及处理方法

故障现象	可能原因	处理方法
电动机不启动	无电或电源插头未插好	检查供电电源,插好电源插头
	电动机的转子和定子偏心、卡轴	检查电动机,调整转子和定子间隙
电动机转动速度慢	离心开关触点粘连	修理离心开关
	离心开关损坏	更换离心开关
技工打磨机启动即熔断保险丝,或运行数分钟后电动机发热并发出焦味	电动机绕组间短路,造成电流过大,熔断保险丝或使电动机异常发热	立即停机,请专业维修人员修理

二、台式牙钻机

台式牙钻机主要用于牙体的钻孔和磨削,以及修复体的打磨、调整、抛光等。由于其性能稳定、体积较小、携带方便、成本较低,常在基层口腔医疗单位和高校临床教学中使用。

(一) 结构

台式牙钻机由电动机、机臂及车绳、机头、脚控开关及机座等组成。

(1) 电动机:单相串激电动机,其定子线圈和转子线圈串联,具有转动力大、转速可调节等特点,主要由定子铁芯、转子、碳刷及碳刷架、换向器、电动机罩壳等组成。

(2) 机臂及车绳:机臂一般为三弯式,其上附绳轮,设有伸缩调节杆,能进行上下左右、任意角度和距离的调节,并能定位;车绳为传动装置,将电动机的旋转力矩通过三对滑轮传递到机头。

（3）机头：又被称为手机，安装在牙钻机三弯臂末端，分为直机头和弯机头两种。弯机头必须装在同号直机头上。操作人员可根据实际需求，选择不同型号的车针或抛磨器具放于机头上。

（4）脚控开关：用脚踏板来控制电动机的启动。

（5）机座：用于支撑和固定电动机、机臂及各种电器控制元件，其操作面板上装有电源开关、调速开关及正反向开关等。

（二）工作原理

台式牙钻机工作原理如图3-15所示。

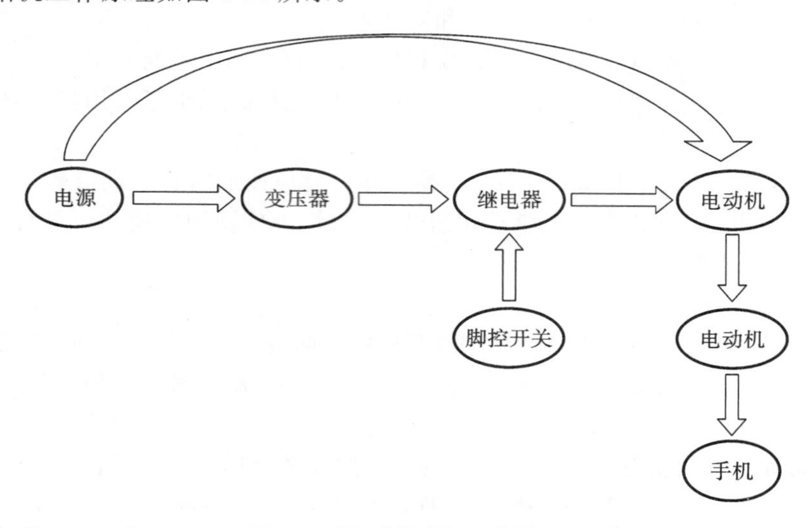

图3-15 台式牙钻机工作原理

（三）操作常规

（1）接上脚控开关，插上电源。

（2）打开机座上电源开关，选择所需转速和转向，将手机取下，握持在手中，踩下脚控开关，电动机开始工作，并带动手机头旋转，松开脚控开关台式牙钻机停止工作。脚控开关要轻踩轻放。

（3）台式牙钻机应间歇使用，特别是最高转速时，如长时间使用，会使发动机一直处于最大负荷的工作状态，容易使电动机发热导致烧坏。一般要求连续工作时间不超过30 min，电动机的额定温度不超过60 ℃。

（4）电动机在工作状态时，不能改变旋转方向。

（5）操作时，三弯臂架应面向操作人员方向，不能扭曲翻转，否则将增大阻力，影响转速，而且容易造成车绳脱落。

（四）注意事项

（1）安装时旋去三弯臂后端固定螺丝，将三弯臂装于羊角钗上，紧固螺丝。直机头装在三弯臂的前端，车绳嵌入机座，调整羊角钗上大螺母使电动机与三弯臂保持平衡。

（2）校对供电电压与设备额定电压是否相符，同时安装安全接地装置。

（3）设备切忌受潮，避免油、水及有害气体、液体进入电动机，否则会使电动机的绝缘性能降低，造成短路。

（4）在使用时注意仔细观察机器的运转情况。如有无异常的声音、是否有焦臭气味、发动机外壳温度是否过高，机座、电动机、脚控开关内有无烧焦点、火花及冒烟。

（5）维修保管和更换碳刷时，应拔下电源插头，以免触电。

Note

（五）维护保养

(1) 注意保持机器的干燥与清洁，脚控开关应放置在干燥处使用。定期清理电动机内的碳粉，以防电动机线圈和碳刷架短路烧毁。如电动机受潮，可用电吹风吹干或将电动机放入干燥箱烘烤，但温度不能高于 60 ℃。

(2) 电动机上下含油轴承及三弯臂绳轮应经常上油润滑，以减少摩擦阻力，但应注意用量，如若添加过多，会出现绳轮打滑的情况。

(3) 电动机碳刷为易磨损件，应经常检查碳刷的磨损程度，当其磨损 2/3 或 3/4 时，应及时更换相同型号碳刷。更换碳刷时应彻底清除挤压在电动机内的碳粉。更换程序如下。

①准备好相同型号的新碳刷。

②断开电源，逆时针方向旋扭下端防尘盖螺母，取下防尘盖。

③用小螺丝刀逆时针拧松固定碳刷的小螺丝，取下需要替换的碳刷，用吸尘器吸去电动机内的碳粉，然后用软布条擦净内部，换上新碳刷。

④碳刷架上的弹簧如果松弛，可先松开弹簧转轴下方的小螺母，用小螺丝刀逆时针旋转弹簧轴，收紧弹簧，同时锁紧下端螺母。

（六）常见故障及处理方法

台式牙钻机常见故障及处理方法见表 3-10。

表 3-10 台式牙钻机常见故障及处理方法

故障现象	可能原因	处理方法
踩下脚控开关电动机不能转	电源未接通	检查电源
	转子线圈烧毁	更换同型号转子
电动机转动缓慢	转子摩擦阻力大	调整间隙并加油润滑
	直机头故障	排除直机头故障
电动机发热、有噪声	工作时间过长或车绳过紧	连续工作 30 min 应停机，调整车绳紧度
	轴承磨损或缺油	更换含油轴承

三、金属切割抛磨机

金属切割抛磨机主要用于铸件的切割和义齿的打磨、抛光等，是技工室的专用设备之一。良好的金属切割抛磨机应具有性能稳定、噪声小、体积小、振动小、防尘好及操作简便等特点。

（一）结构

金属切割抛磨机其外形与技工打磨机相似。主体为电动机，可根据不同的需求选择附件以实现其功能。

(1) 电动机主机座部分：包括双伸轴单相异步电动机、电源线和主机开关。

(2) 转速旋钮：用以控制电动机的转速，按其功能可分为固定转速电动机和无级变速电动机。

(3) 切割部分：包括防护罩、砂片和固定砂片的夹具。

(4) 打磨部分：包括砂轮、止推螺母、连接套和钻轧头。

（二）工作原理

金属切割抛磨机的旋转原理与台式技工打磨机相同，即通电后定子线圈产生磁场，磁力带动转子开始旋转，从而带动附着在其上的切割砂片及其他附件同时旋转，达到切割和打磨的目

Note

的(图 3-16)。

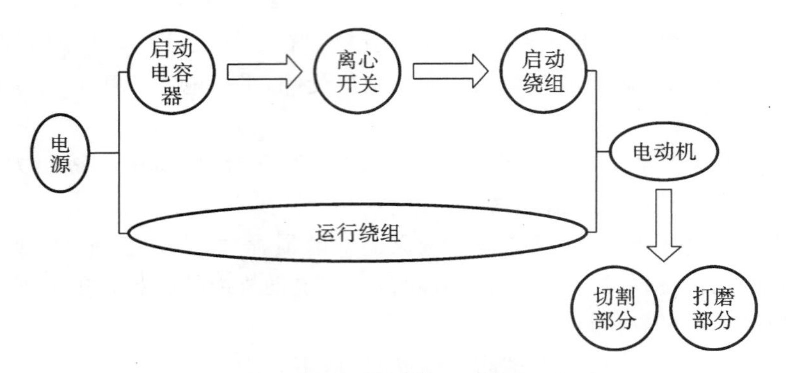

图 3-16　金属切割抛磨机工作原理示意图

(三) 操作常规

(1) 将机器平稳放置在工作台上,并做良好的接地保护。

(2) 打开电源开关,接通电源。

(3) 操作前先检查砂片是否与其他部位碰撞或与防护罩相擦,然后再启动电动机。

(4) 切割金属元件时,必须注意砂片的圆周速度,如砂片的圆周速度过快,会导致砂片飞裂事故。

(5) 切割金属不可用力过猛或左右摆动,以防砂片折断或破裂。

(6) 操作人员不能面对旋转切割砂片进行操作,以免发生意外。

(7) 在进行切割、打磨、抛光及模型修整等工作时,需配合使用吸尘器吸取粉末,以防环境污染,影响操作人员健康。

(四) 维护保养

(1) 砂片使用一段时间后,容易磨损或破裂,应及时更换同型号砂片。

(2) 砂片厚度应超过定位轴套台阶长度 0.5 mm,通过紧固螺母将砂片牢固压紧。

(3) 砂片两面必须垫上软垫板(石棉纸或有一定厚度的橡皮),防止砂片被压裂。

(4) 使用钻轧头时,首先要擦净电动机轴端锥度面和钻轧头锥孔,然后再用木槌轻拍钻轧头,使之紧固。不用时,扳动止推螺母,把钻轧头推出、卸下,以便下次再用。同时,应保护好电动机锥面,防止生锈、划伤或撞弯等。

(5) 保持电动机干燥,不得有水浸入绕组。经常清除砂灰,每半年拆卸电动机保养一次,注意给轴承加油。

(五) 常见故障及处理方法

金属切割抛磨机的常见故障及处理方法见表 3-11。

表 3-11　金属切割抛磨机的常见故障及处理方法

故障现象	可能原因	处理方法
电动机不启动	电源未接通	检查电源
	电源插头线脱离	接牢插头线
电动机转动缓慢	电压过低	检查电源电压
	转子有断条	修理或更换转子
电动机运转时发出异常声音	轴承破裂	更换轴承
	轴承转动部分未加润滑油	清洗轴承并加润滑油

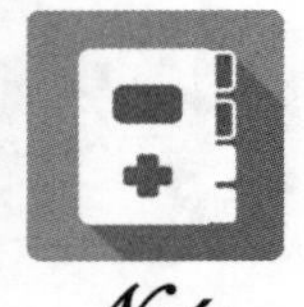
Note

续表

故障现象	可能原因	处理方法
发动机运转时发出异味或发热	电源电压过高	检查电源电压
	电动机过载	降低负荷

四、石膏模型修整机

石膏模型修整机又称石膏打磨机，主要用于石膏模型的修整和打磨。石膏模型修整机具有操作方便、安全可靠、耐腐蚀等特点，是口腔修复科、正畸科常用的修复工艺设备。

（一）结构

石膏模型修整机由电动机及传送部件、供水系统、砂轮以及模型台四部分组成。

（二）工作原理

电源接通后，电动机开始运转，由于砂轮直接固定在电动机轴上，所以电机的旋转力可带动砂轮转动，同时供水系统开始工作，将要修整的石膏模型置于模型台上与转动的砂轮接触，按工作需要进行操作。水通过供水系统喷到转动的砂轮上，再从排水孔进入下水道（图3-17）。

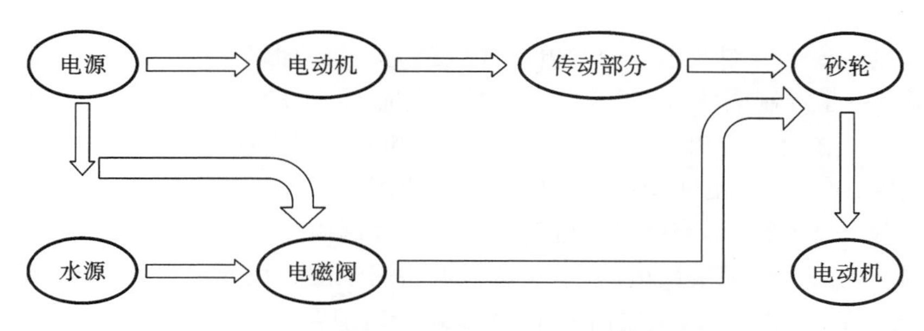

图 3-17　石膏模型修整机的工作原理示意图

（三）操作常规

（1）使用前应检查砂轮有无裂痕及破损。

（2）接通水源，并打开电源开关，待砂轮运转平稳后，即可进行石膏模型的修整。

（3）石膏模型修整机应平稳安装固定在有水源及排水装置的地方，安装的高度和方向以便于操作为宜。

（四）维护保养

（1）机器启动前应先接通水源再进行操作，以防石膏粉末堵塞砂轮上的小孔。

（2）操作时禁止使用蛮力，以免造成砂轮的损坏。在砂轮运转的过程中，切忌打磨其他物品。

（3）如发现砂轮出现严重磨损时，应更换同型号砂轮，或者翻面使用。

（4）在使用完机器后应将砂轮表面的石膏渣完全冲洗掉，避免长时间堆积影响砂轮的锋利程度。

（5）如机器长期放置不用，应每月至少通一次电，避免电动机受潮。

（6）在使用期间或平时的存放过程中，切忌将水漏入电动机内。

（五）常见故障及处理方法

石膏模型修整机的常见故障及处理方法如表 3-12 所示。

表 3-12　石膏模型修整机的常见故障及处理方法

故障现象	可能原因	处理方法
插上电源插头电动机不工作	电源开关损坏 接线盒内连接线短路	更换电源开关 焊接断线
接通电源电动机工作，但砂轮不转	电动机传动部分松动、打滑	紧固传动部分
砂轮转动时无水源供给	水路系统阻塞 电磁阀线圈短路	疏通阻塞部位 更换或修理电磁阀

五、电解抛光机

电解抛光机是口腔技工室基本设备之一。该设备主要用于金属铸件的表面抛光。电解抛光利用电化学的腐蚀原理，既提高了铸件的表面光洁度，又不损坏铸件的几何形状，具有效率高，加工时间短、表面光泽性好等优点。

（一）结构

电解抛光机主要由电源及电子控制电路和电解抛光箱两部分组成。

（1）电源及电子控制电路：电源可提供机器抛光时所需的动力；电子控制电路为控制抛光时间长短的部件。在设备使用当中按照铸件的大小和抛光程度选择电流的大小和时长。

①整流电路：可将交流电转变为直流电供机器使用。

②时间控制电路：通过调节电容器电流的大小来控制抛光时间。

③电流调节电路及电流输出电路：电流调节电路用于改变抛光电流的大小，调节范围在 0～25A，电流输出电路是为了改变输出功率，满足抛光时所需电流值。

（2）电解抛光箱：主要由电解槽、电极和控制面板组成。电解槽用于存放电解液；电极有阴、阳两极，在电解抛光时，将铸件与阳极连接放入电解液中，阴极连接电解槽；控制面板上装有电流调节旋钮和电流表、时间调节旋钮、电源指示灯、关机按钮，以及电解抛光或电镀转换开关等。

（二）工作原理

电解抛光机工作原理示意图如图 3-18 所示。

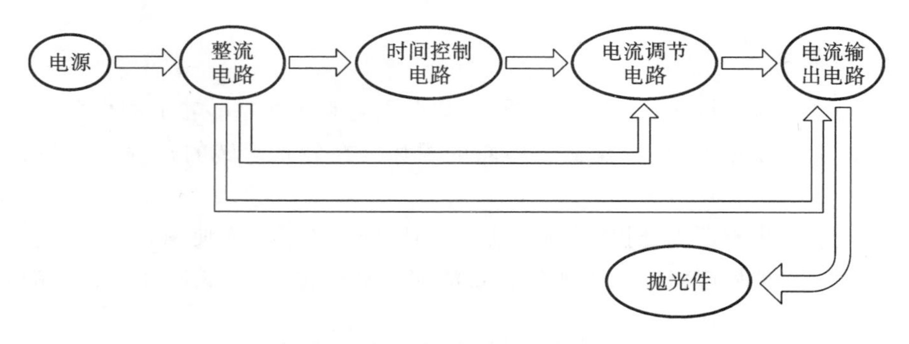

图 3-18　电解抛光机工作原理示意图

（三）操作常规

（1）将电解液倒入电解槽内，并给电解液加热至电解所需温度，即 20～25 ℃，然后放入电解抛光机内。将时间调节旋钮和电流调节旋钮调至最小，用不锈钢丝挂牢铸件并放入电解液

Note

中，接好电极。

(2) 打开电源开关，根据铸件的大小和电热液的性能，调节电流和时间，电流表有指示且电解液起泡，表明抛光正在进行。

(3) 抛光时间终止，电流表回零，抛光结束。如若抛光效果不佳可重复上述操作进行二次抛光。

(四) 维护保养

(1) 操作之前应充分了解电解抛光机的性能和操作方法。

(2) 电源电压要稳定并与电解抛光机的使用电压一致。

(3) 经常检查电解槽，查看有无破裂等现象。

(4) 在工作时，随时注意铸件与阳极的连接是否良好，定期检查接线柱状况。

(5) 使用完后，应将电解液从电解槽内倒出，并清洗电解槽。

(五) 常见故障及处理方法

电解抛光机常见故障及处理方法见表 3-13。

表 3-13 电解抛光机常见故障及处理方法

故障现象	可能原因	处理方法
打开电源开关，抛光机不工作	保险丝熔断	更换保险丝
	整流电路故障	检修整流电路，更换损坏元器件
	时间控制电路损坏	更换同型号硅整流堆
无电流输出或输出电流不可调	电流输出电路故障	检修电流输出电路，更换损坏元器件
	电流表损坏	更换电流表
抛光机不能定时	时间控制电流损坏	更换损坏的元器件
手动关机失灵	关机开关电阻损坏或停机按钮损坏	更换电阻，修理或更换停机按钮

(湖南医药学院 蒋懿)

第四节 烤瓷铸造设备

一、烤瓷炉

烤瓷炉主要用于烘烤牙用瓷体，制作烤瓷修复体，是口腔修复科的专用设备之一，因其具有真空功能，又被称为真空烤瓷炉。

口腔科常用的烤瓷炉及其烧烘过程具有以下特点。

(1) 目前临床常用的烤瓷熔点为 1090～1200 ℃(中温烤瓷)和 871～1066 ℃(低温烤瓷)。

(2) 由于瓷的导热性较差，在完成烘烤后，如若冷却过快，瓷体会出现裂痕；烘烤过程中如加热过快，瓷体又易发生破裂。

(3) 瓷粉含有一定比例的水分，在烘烤的过程当中，瓷体受热会释放出二氧化碳，同时体

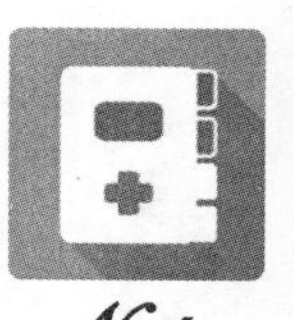

积会缩小。

(4) 瓷在融化的过程中可产生气泡,在经烘烤过后会形成空洞。为了遮盖瓷体表面的空洞使瓷面光滑,需要在瓷面上釉。

鉴于上述特点,为了达到满意的烧瓷效果,要求烤瓷炉的最高温度能达到中温烤瓷的温度,同时烤瓷炉应具有控温设备,而且在整个烘烤过程中应对各项参数设有观察窗。

(一) 结构

烤瓷炉由炉膛、电流调节装置及调温装置、产热装置、真空调节装置组成。

(1) 炉膛:有垂直型和水平型两种,为瓷体烘烤的场所。

(2) 电流调节装置及调温装置:用以调节炉膛内的温度。

(3) 产热装置:多采用铂丝作为产热体,来提供烤瓷炉所需的温度。

(4) 真空调节装置:充分排出炉膛内的空气,保持炉内的真空。

(二) 工作原理

烤瓷炉的各项功能均由电脑控制。电脑内储存有提前设定好的程序,可根据需求进行选择。当需要特殊化的操作时,如升温速度的改变、最终温度的设定亦可通过手动输入新指令来完成(图 3-19)。

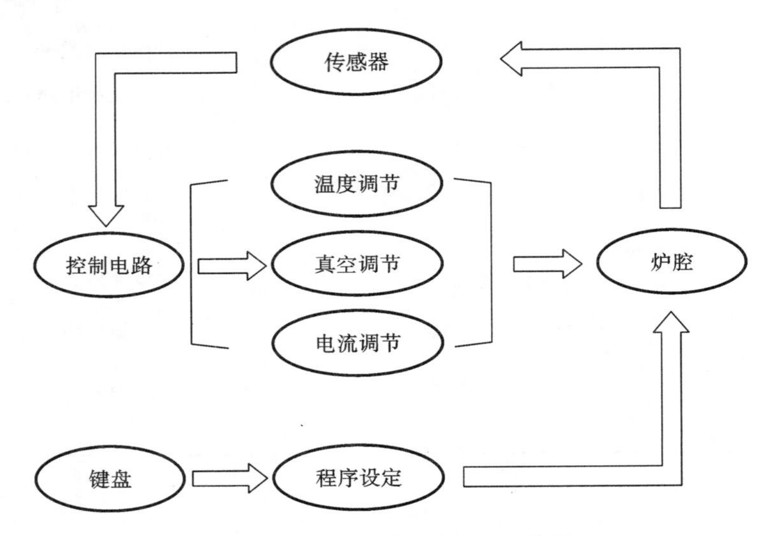

图 3-19 烤瓷炉的工作原理示意图

(三) 操作常规

烤瓷炉的操作主要包括运行既定程序和更改程序内容。

1. 运行既定程序

(1) 根据烤瓷需要,调出相应的程序。

(2) 使用手控键将炉膛降到低位。

(3) 利用启动键,使烤瓷炉开始工作。

(4) 工作完成后按手动键,使炉膛升至封闭状态,最后关闭总电源。

2. 更改程序内容

(1) 调出所要更改的程序。

(2) 选择所要更改的内容。

(3) 利用数据键更改此项内容。

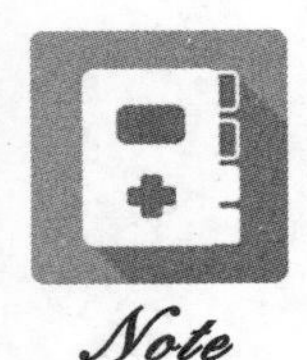

Note

（四）维护保养

(1) 保持烤瓷炉的清洁，每次使用完后应及时罩上防尘罩。

(2) 烤瓷炉的机械系统应定期添加润滑油。

(3) 烤瓷过程中注意瓷体与炉膛内壁的距离，切勿使二者发生接触、粘连。

（五）常见故障及处理方法

烤瓷炉发生任何异常现象，均应及时切断电源，请专业维修人员进行检查维修。对具有自检功能的烤瓷炉，可参照烤瓷炉显示的故障位置进行检修。通常检修工作如下。

(1) 更换保险管。

(2) 真空系统故障。在真空泵正常工作的情况下，重点检查炉膛与烤瓷台周围的密封圈有无变形或异物堵塞，如有应及时更换密封圈或清除异物。

(3) 烤瓷台上升或下降有异响：加注适量润滑油。

二、中熔、高熔铸造机

（一）高频离心铸造机

高频离心铸造机主要用于口腔专用高熔合金(如钴铬、镍铬合金等)的熔化和铸造，以获得各类支架、嵌体、冠桥等修复体铸件，是口腔修复科常用的精密铸造设备。

高频离心铸造机按其冷却方式的不同可分为风冷式和水冷式两类。

1. 风冷式高频离心铸造机

1) 结构　风冷式高频离心铸造机外形为柜式，其下方有脚轮，方便后期的使用和维修，主要由高频振荡装置、铸造室及滑台、箱体系统三大部分组成。

(1) 高频振荡装置：包括高压整流电源及电感三点式振荡器。后者由金属陶瓷振荡管和电子元件组成。

(2) 铸造室及滑台：包括开关、配重螺母、多用托模架、挡板、调整杆、风管、调整杆紧固螺丝、电机滑块、压紧螺母和定位电极。

(3) 箱体系统：机器后侧有接地线及电源线，箱体正前操作面板上包括电源总开关、熔解按钮、铸造按钮、工作停止按钮、电源指示灯、板极电流表、栅极电流表、合金选择旋钮、铸造室机盖、观察窗及通风孔。

2) 工作原理　风冷式高频离心铸造机的基本工作原理为高频电流感应加热原理(图3-20)。将金属材料置于高频电磁场的范围内，在高频电磁场的作用下，根据电磁感应原理，坩埚内的合金受高频电磁场磁力线的切割，产生感应电动势，从而将电能转换成热能，使金属材料发热，直至熔解，实现铸造。

3) 操作常规

(1) 操作前的准备：

①在设备使用之前，检查接地保护的情况。

②选择合适的电源。

③为保持通风良好，设备与墙壁之间应保持一定距离。

④脚轮应安放平稳。

⑤根据合金种类，选择合适的挡位。

(2) 操作方法：

①接通电源总开关，先预热 5～10 min 后开始工作。

②将加温预热的铸模放在托架上，调整铸件位置后锁紧。

③将滑台对准电位电极刻线，以便接通控制高压电路，否则不能熔解合金。

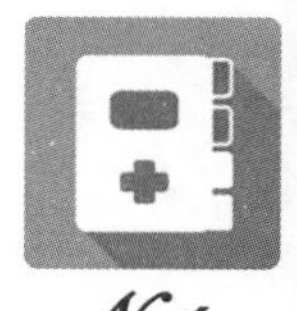

Note

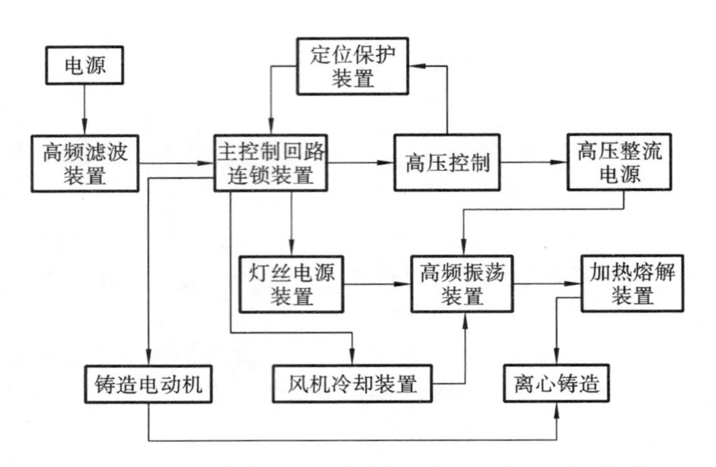

图 3-20　风冷式高频离心铸造机的基本工作原理示意图

④关好机盖，按动熔解按钮。

⑤通过观察窗观察熔解过程，当金属沸点出现，开始熔融时，应立即按动铸造按钮，铸造指示灯亮，滑台转动开始铸造，将被熔金属倒入铸圈烧铸口。根据不同熔金要求控制铸造时间，一般为 3～10 s。

⑥按下停止按钮，铸造停止，全部熔铸完成。待滑台完全停止转动后，打开机盖取出铸模，冷却 5～10 min 后关闭电源。

(3) 注意事项：

①设备使用时最适宜温度为 5～35 ℃，同时相对湿度应小于 75%。

②如需连续使用设备进行熔解，每次应间歇 3～5 min，以保证感应圈充分冷却。

③熔解过程中切忌随意拨动熔金选择按钮，以防发生放电的现象，并注意观察熔金沸点的出现。不得超温熔解，以防烧穿坩埚。

④铸造完成后，滑台因惯性仍继续转动时，应任其自然停止。

4) 维护保养

(1) 保持设备清洁和干燥，每次铸造后必须清扫铸造舱，去除残渣。

(2) 旋转的电极套及嵌入的电动机均应保持清洁，不应有杂物，防止高频短路。

(3) 经常检查指示仪表是否有卡针和零位不准现象，以及按钮、开关及指示针等部件有无松动或失灵。

(4) 定期检查机内电路等部件是否出现磨损。

(5) 每隔 6 个月给震荡盒风机冷却装置加注润滑油一次，并检查交流接触器及继电器等控制部件的工作是否正常。

5) 常见故障及处理方法　风冷式高频离心铸造机的常见故障及处理方法详见表 3-14。

表 3-14　风冷式高频离心铸造机的常见故障及处理方法

故障现象	可能原因	处理方法
直流高压反馈不上或无压	整机保险丝熔断	更换同规格保险丝
	高压隔直流电容器被击穿	更换高压隔直流电容器
	硅整流堆短路或断路	更换同型号硅整流堆
熔金时间过长或不能熔化金属	振荡管低效或损坏	更换同型号振荡管

Note

续表

故障现象	可能原因	处理方法
	震荡失调，栅极与板极电流比值不正确	调整耦合度使栅极与板极电流之比为1∶(4～5)
电流表指针摆动或卡针	栅极与板极电流表损坏	更换损坏的电流表

2. 水冷式高频离心铸造机 该设备的冷却通过水冷来实现，可同时冷却振荡电子管和感应圈，这种冷却的方式速度虽然较慢，但更能保证铸件的质量。

1）结构 水冷式高频离心铸造机由主机和循环水箱组成。主机包括高频电流感应加热部分和离心铸造部分。前者由主控电路、可控硅触发电路、高压整流电路、过负荷保护电路和高频振荡电路等组成。后者由旋转电动机、铸模托架及铸造臂组成。

2）工作原理 水冷式高频离心铸造机和风冷式高频离心铸造机的基本工作原理相同，均为高频电流感应加热原理(图3-21)。

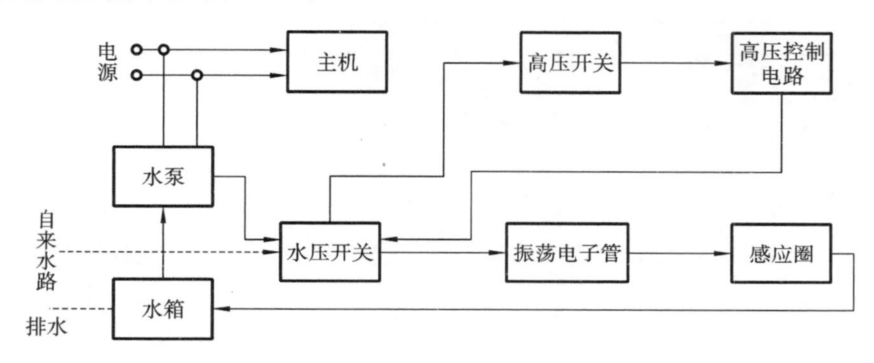

图3-21 水冷式高频离心铸造机工作原理示意图

3）操作方法

(1) 接通水源，循环水箱工作。

(2) 接通主机电源，各指示灯亮起。

(3) 旋转电源电压旋钮。

(4) 固定坩埚，放置铸圈。

(5) 按下熔解按钮，接通高压控制电路。

(6) 旋转输出功率旋钮，观察栅极电流表与板极电流表，使二者电流之比为1∶(4～5)，板极电流最大值不超过0.8A，栅极电流最大值不超过300 mA。

(7) 金属达到沸点即可铸造。

(8) 铸造结束后关闭机器，待机器完全冷却后关闭电源，5 min后关闭水源，清理残渣。

4）注意事项

(1) 将设备置于适宜温度和湿度的环境内(通风冷式铸造机一样，最适宜温度为5～35℃，同时相对湿度应小于75%)。

(2) 如冷却水压力发生变化，保护电源自动切断，水压恢复后应重新调整电压电源及功率输出旋钮，使板极和栅极电流比例正常。

(3) 严禁机器空载时开启熔解开关，禁止高温熔解，当金属沸点出现后，应立即停止熔解过程。

(4) 在熔解过程中，如发现电流异常，应及时按下停止按钮，切断电流，查明原因并排除故障后方可继续使用。

(5) 当设备处于长期停用的状态时，应断开进水管，排出积水，防止产生水垢，影响冷却

Note

效果。

(6) 开启电源，待冷却风机正常工作后，方可调动电源旋钮。

(7) 保持铸模烧铸口的形状和位置正确。

5) 维修保养

(1) 每隔 3 个月打开水压开关，清洗过滤网 1 次；每月更换水箱内的蒸馏水。

(2) 每年清洗水泵里的水垢，并上油。

(3) 经常查看水管有无漏水。

(4) 注意观察指示仪表有无卡针和零位不准的情况。

(5) 保持室内空气流通。

(6) 定期检查线路及易损件。

(7) 每半年给震荡盒风机加注润滑油 1 次，清除灯丝调压变压器接触表面积存的杂质。

6) 常见故障及处理方法

水冷式高频离心铸造机的常见故障及处理方法见表 3-15。

表 3-15 水冷式高频离心铸造机的常见故障及处理方法

故障现象	可能原因	处理方法
直流高压反馈不上	高压整流硅堆失效	更换高压整流硅堆
	高压电容器击穿	更换高压电容器
低压电源调整时无指示，不能熔金属	调压器接触片接触不良	用细砂纸打磨接触片去除污垢
水泵排水正常，但水压指示灯不亮	水过滤网被水垢或异物堵塞	清洗水过滤网

(二) 真空加压铸造机

真空加压铸造机是一种由计算机控制，可自动或手动完成各种牙科合金铸造的新型设备。因其在真空加压及氩气保护下完成合金熔化和铸造，避免了合金的氧化和偏折，使铸件的理化性能稳定，铸件质量高。

1. 结构 真空加压铸造机主要由真空装置、氩气装置、铸造室和箱体系统等组成。

(1) 真空装置：主要由真空泵、连接管、控制线路等组成，真空度一般应达到 0.35～0.45 MPa。

(2) 氩气装置：主要由氩气瓶、流量和气压表、连接管、控制线路等组成。一般氩气压力为 0.3 MPa。

(3) 铸造室：主要由开关、脱模架、挡板、调整杆、氩气喷嘴、密封圈等组成。

(4) 箱体系统：包括电源开关、编程键、熔解按钮、铸造按钮、工作停止按钮、合金选择钮、铸造观察窗、水箱、通风口地线、电源线，以及铸造温度、时间显示面板。

2. 工作原理 真空加压铸造机的工作原理通常为直流电弧加热。在真空条件下，通入惰性气体氩气进行保护，将合金材料直接用直流电弧加热、熔融、离心铸造。该设备具有熔解速度快、合金成分无氧化且无气泡等优点，能使铸件的理化性能更为稳定(图 3-22)。

3. 操作常规

1) 操作前的准备

(1) 设备应单独摆放，周围不应有杂物或其他设备，以利于设备通风。

(2) 使用前应检查氩气的供应连接、氩气流量和压力表指针有无异常。

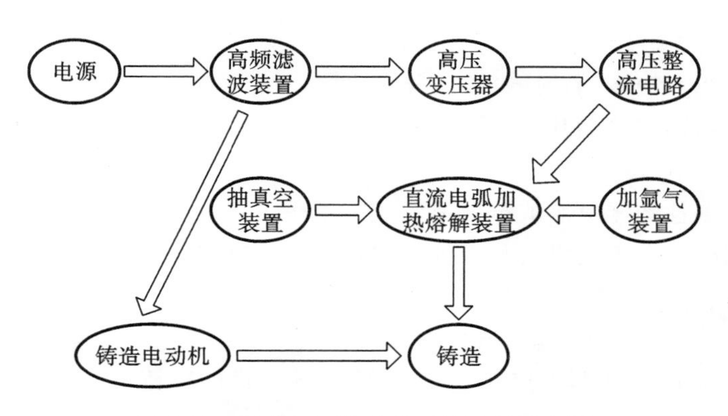

图 3-22 真空加压铸造机工作原理示意图

(3) 设备下方脚轮应固定，避免在设备使用过程中移动。

(4) 根据合金种类，选择自动或手工操作。通常，设备上已有记录或提前储备好程序的金属可自动操作，其余应采取手工操作。

2) 操作方法

(1) 自动操作：

①接通电源开关，按下自动按钮，风机冷却系统工作。应注意的是，开机后需预热 5～10 min 后再进行铸造。

②调整铸圈使其处于平衡位置。

③选择所用合金对应的铸造程序。

④将坩埚放入坩埚槽中。

⑤将需铸造的合金放入坩埚底部，顺时针旋转氩气孔使其位于坩埚之上。

⑥解开锁片，使铸圈固定在支槽片和锁片之间。

⑦关闭铸造室。

⑧按压开始键，当真空完成后，通氩气，数字显示器将显示合金的实际温度。

⑨当铸造完成后，打开铸造装置，将铸圈取下。

(2) 手工操作：

①按压电源开关，指示灯亮，选择手工操作键。

②调整铸臂平衡锤，使铸圈处于平衡位置，并将其固定。

③将坩埚放入坩埚槽中。

④调整熔圈升降开关，充分抬高熔圈。

⑤沿顺时针方向旋转氩气孔，直至该孔和坩埚对准，固定铸圈槽于锁片和支撑片之间。

⑥关闭铸造室。

⑦按熔化键开始抽真空，完成后通氩气熔化合金，一旦数字显示的温度或操作人员测到的温度达到了要求的合金铸造温度时，按“Hold”键，以便保持铸造温度。

⑧按“CAST”键，铸造开始。

⑨当铸造完成时按停止键，把铸圈从铸臂上拿下。

(3) 注意事项：

①若坩埚内无合金，禁止开机工作。

②当铸臂处于不平衡位置时，禁止开机运行。

③当氩气孔未对准坩埚或氩气表无指示时不要工作。

④连续使用设备时，每次应间隔 2～3 min。

⑤更换氩气瓶时应注意氩气标志，切勿用错。

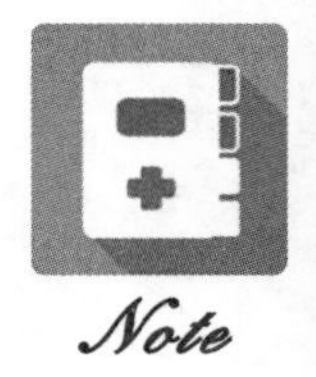

4. 维护保养

(1) 铸造室需每天检查,若有残渣,应完全清除。

(2) 每周检查熔圈的冷却片、熔圈的带状线缆及其终端,观察是否有溅出的合金,若有应及时清除。

(3) 每周需用温性的肥皂水或溶液清洁监视镜头。

(4) 每次使用时应检查真空度和氩气压力,以防铸造失败。

三、钛铸造机

牙科钛铸造机是通过计算机控制,采用电弧熔融方式进行铸造钛、钛合金的托牙支架、壳冠等精密铸件的设备。

(一) 种类

钛具有优越的生物相容性、耐腐蚀性、良好的机械性能、密度小、价格低等优点,是一种理想的新型口腔修复材料。但是,由于钛的熔点高(1668 ℃),高温下化学性能活泼、极易被氧化,且熔化后的钛液流动性差、惯性小,铸造性能不良,因此钛铸造很困难。

常用的钛铸造机种类有差压式铸造机,离心式铸造机,压力、吸引、离心式三合一铸造机。

(二) 各类钛铸造机的特点

(1) 差压式铸造机:早期使用的纯钛铸造机,在一些方面上有显著缺点。型腔内的气体只能通过包埋材料的空隙排出,铸件内部气孔的发生率很高;同时,加压吸引方式没有特定的方向性和强大的吸引力,在铸造时无法得到稳定的速度。这些原因往往会导致铸件铸造不全。

(2) 离心式铸造机:相较于差压式铸造机的铸全率高,原因是离心铸造时型腔内的气体可通过包埋材料的空隙及铸造排出,铸件内部气孔的发生率比较少。但是,流液有一定的方向性,有些部位不能达到,亦会造成铸件不完整。而且离心铸造在铸造时需要调整平衡,铸道的设计也有一定的要求,操作麻烦。

(3) 压力、吸引、离心式三合一铸造机:采用离心、加压、吸引三力合一的原理制造的纯钛铸造机,兼具有真空铸造、压力铸造和离心铸造的优点,不仅可用于纯钛的铸造,也可用于钛合金、贵金属合金、镍铬合金等高精密铸造。

(三) 结构

钛铸造机主要由旋转体、动力部分、供电系统、真空系统、氩气系统及电控系统组成。

(1) 旋转体:内部为熔解室和铸造室,两室被隔盘分开。

(2) 动力部分:包括电动机、飞轮、离合器、定位装置等。

(3) 供电系统:包括直流逆变电源、电极装置等。

(4) 真空系统:包括真空泵、高真空截止阀、真空泵、管道等。

(5) 氩气系统:包括减压阀、截止阀、安全阀、压力表、管道等。

(6) 电控系统:包括计算机程序控制软件、各种电子元件、显示器等。

(四) 工作原理

在真空环境和氩气保护下,直流电弧对坩埚中的金属加热,使之熔融,在铸造力(离心力、压力、差压力、吸引力)作用下熔融金属充满铸腔,完成铸造(图 3-23)。

(五) 操作方法

(1) 打开氩气瓶气阀旋钮。

(2) 调整氩气瓶的压力至 0.31 MPa。

(3) 打开电源:打开电源按钮至“ON”;打开铸造主机电源按钮至“ON”;确认真空泵电源

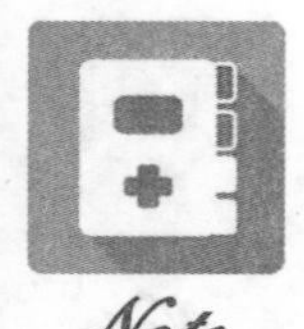

Note

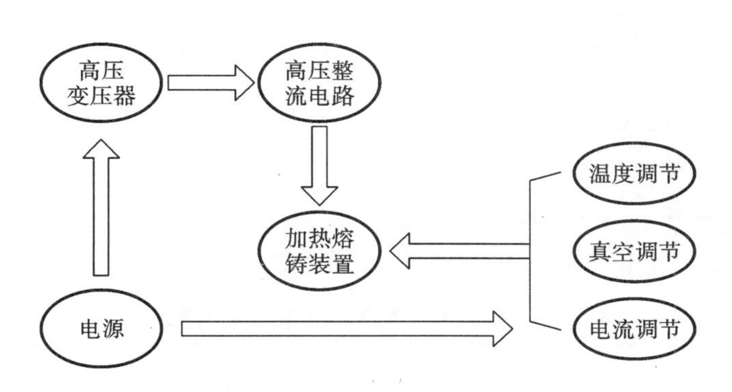

图 3-23 钛铸造机工作原理示意图

开关至“ON”。

(4) 按下启动键,保护窗自动打开,铸造壁旋转至水平位置,照明灯点亮。

(5) 真空检测,加压检测。按下真空检测键,真空指示值会升至正常位置。打开铸腔按下加压检测键,检测到有氩气喷出。

(6) 铸腔内检查:打开铸腔;检查铸腔的垫圈是否有伤痕,如有应及时更换;调查悬臂离空腔内边缘的距离是否为 50 mm。

(7) 铸造操作:

①自动方式:工作参数设定完成后,按启动键即可完成铸造全过程。在使用自动铸造功能时,应预先设定电流值、熔解时间等必要参数。其铸造全过程由计算机控制,直至其旋转臂停止运行即完成铸造。

②手动方式:根据不同金属选择电流、坩埚,当金属熔融到铸造条件时按下铸造键,铸造结束时将其取出。

(8) 铸造完成后处理:

①取出铸圈。

②关闭保护窗。

③关闭氩气压力阀和氩气瓶总阀。

④关闭变压装置电源至“OFF”。

⑤关闭铸造机主体电源至“OFF”。

(六) 注意事项

(1) 设备安装应符合安装要求。

(2) 氩气压力应保持在 0.2~0.35 MPa 之间,否则会损坏设备。

(3) 配重位置若不恰当,旋转时将产生剧烈震动,严重损伤设备。

(4) 连续铸造的时间间隔应参照厂家说明书。

(5) 铸造结束,应在真空表和压力表复位后才能开启铸造室。

(6) 禁止在未装铸模和密封垫的情况下通入氩气,以免氩气进入真空系统损毁真空仪表。

(七) 维护保养

(1) 及时修正或更换电弧电极。

(2) 注意修整石墨坩埚。

(3) 铸腔内的耐热密封垫圈若损坏,应及时更换。

(4) 经常检查过滤器是否清洁。

(5) 经常清扫目视镜,若有损坏应及时更换。

(6) 定期检查通气管道,注意保持清洁。

(7) 经常清扫旋转槽内异物。

(8) 定期更换铸腔内电极棒的瓷性护套。

(9) 氩气用完应及时更换氩气瓶。

(10) 定期更换保险管。

(八) 常见故障及处理方法

钛铸造机的常见故障机及处理方法见表 3-16。

表 3-16 钛铸造机的常见故障机及处理方法

故障现象	可能原因	处理方法
铸造时,电弧不稳定	电极棒尖端呈圆形	调磨其尖端为 90°
熔解时,目视窗看不清	目视窗有污物	将目视窗擦拭干净
电压装置异常灯亮	电压不稳或温度过高	稳定电压并休息 10 min
不能产生电弧	变压装置异常灯亮	确定电压和温度
不能启动变压装置	变压装置未打开	打开变压装置
熔解金属困难	电极距离未达到要求	按标准调整电极距离
	与坩埚电极接触不良	调整其放置位置
	氩气量过少	加大氩气流量更换氩气瓶

(九) 国外各类型钛铸造机

(1) 日本是最早研制牙科钛铸造机的国家,其产品种类齐全,性能先进,在牙科钛精铸设备、辅助器材和技术方面都处于领先地位,Castmatic 系列钛铸造机是日本最早研制生产的牙科钛铸造机。

(2) 美国、德国在钛铸造技术方面也较为先进。如美国的 Tycast 3000 型铸造机、德国的 VACUTHERM-3 型纯钛铸造机亦有各自优点。

(十) 国产 LZ-Ⅱ型牙科钛铸造机

国产 LZ-Ⅱ型牙科钛铸造机是压力、吸引、离心式三合一钛铸造机,采用电弧方式对钛及钛合金进行熔解。每次铸造时严格按照操作规程,密切观察各表值,是保证机器正常运转、获得合格铸件的关键。

国产 LZ-Ⅱ型牙科钛铸造机使用的注意事项如下。

(1) 正确调节熔金时间及惰性气体输入指标。

(2) 注意铸型腔的方向与离心腔的方向一致。

(3) 认真观察熔金前及熔金时的空气真空度的指标,当指标达不到要求时,应及时停机检查。

(4) 认真观察熔金时电弧的变化情况及输入电流的大小。

(5) 正确配平离心壁两端的比重。

(6) 铸造完成后铸型和剩余钛粒应及时从铸造室及熔金室中取出,以降低温度。

(7) 当铸型发生裂痕时,并非都会影响铸件的质量,但当铸型处于密封区域发生裂隙时,应先采用高温密封胶加以密封,以防影响合金熔化。

四、喷砂机

喷砂机又称喷砂抛光机,是清除牙科修复体铸件(冠桥、支架、卡环等)表面残留物的设备,常与高频离心铸造机配套使用。

喷砂机有三种类型：①手动型喷砂机，即用手持铸件在喷嘴下直接进行抛光；②自动型喷砂机，即将铸件放在转篮中，随着转篮的旋转对铸件进行均匀的喷砂抛光；③笔式喷砂机，多用于烤瓷件抛光，分为双笔式和四笔式。三种类型的喷砂抛光设备的功能和用途基本相同。

（一）结构

喷砂机由以下部件组成。

（1）调压阀：调整供喷砂用压缩空气的压力，压力调整范围 0.4～0.7 MPa。

（2）电磁阀：控制压缩空气的输出。

（3）压力表：显示压缩空气的输出动力。

（4）喷嘴：喷砂机的工作端。压缩空气带动金刚砂，从喷嘴的小孔内高速喷出，打在铸件表面进行抛光。

（5）吸砂管：利用压缩空气喷射时产生的负压吸取金刚砂。

（6）转篮：用于放置铸件，在喷嘴下自动旋转，保证喷砂能均匀地喷到铸件各个表面。

（7）定时器：可以选择自动抛光时间。

（8）滤清器：可过滤压缩空气中的水分、杂质。

（二）工作原理

喷砂机的工作原理如图 3-24 所示。空气压缩机为喷砂机提供气源，经滤清器过滤，又经调压阀调定喷砂压力。电磁阀工作后，使压缩空气连同金刚砂一起经喷嘴射出，对铸件表面进行抛光。

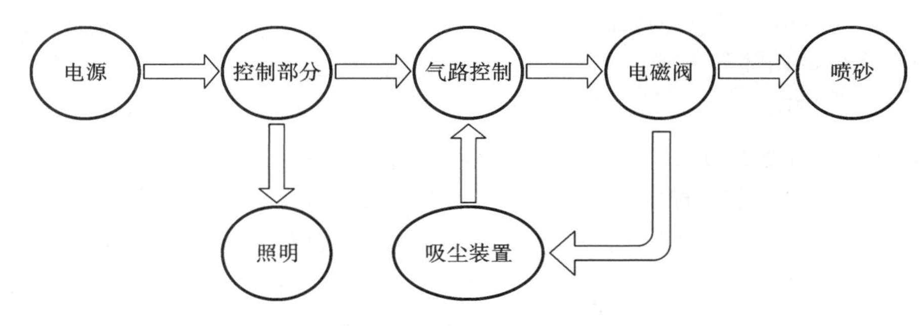

图 3-24 喷砂机工作原理

（三）操作常规

（1）接通气源，将空气压缩机气管与喷砂机管路接通。

（2）接通电源，箱内照明灯亮。

（3）将金刚砂装入工作舱。

（4）调整喷砂压力。

（5）放入铸件。

（四）维护保养

（1）应经常清除滤清器中的杂质，定期清除过滤袋中的存砂。

（2）喷嘴长期使用后会出现磨损、变大，造成喷砂无力，使打磨效率降低，应及时更换。

（3）金刚砂应保持干燥和干净，以防堵住气管或喷嘴。

（4）经常保养空气压缩机，保证气源的正常供应。

（5）观察窗玻璃应经常擦拭，当玻璃被砂粒打坏后，应及时更换。

（五）常见故障及处理方法

喷砂机的常见故障及处理方法详见表 3-17。

表 3-17　喷砂机的常见故障及处理方法

故障现象	可能原因	处理方法
不能喷砂	异物堵住喷嘴或气管	清除异物
	工作开关失灵	修理或更换开关
喷砂无力	喷嘴变形	更换同型号喷嘴
	砂粒出现粉尘或潮湿	更换新砂
漏气	气管连接头松动	拧紧接头
	调压阀故障	修理调压阀

五、箱型电阻炉

箱型电阻炉又称预热炉或茂福炉，主要用于口腔修复件铸圈的加温，是口腔修复科必备的设备。

（一）结构

箱型电阻炉由炉体、炉膛和发热元件等部件构成。

（1）炉体：炉体由铸铁、角钢、薄钢板组成。

（2）炉膛：采用碳化硅制成的长方体，放于炉体内部。炉膛和炉壳间有绝热保温材料填充。

（3）发热元件：由电阻丝制成螺旋体，盘绕在炉膛的四壁。温度控制器由温度指示、定温调节、热电偶和电源四部分组成。

（二）工作原理

箱型电阻炉工作原理如图 3-25 所示。接通电源后，发热元件开始升温，其温度由控制器内的动圈式温度指示调节仪控制。感温元件能将热能转变成电信号，使可动线圈流过电流，此电流产生磁场与永久磁场作用，产生力矩，指针指示感温元件所对应的温度值。到达设定温度后，发热元件的电源自动断开。

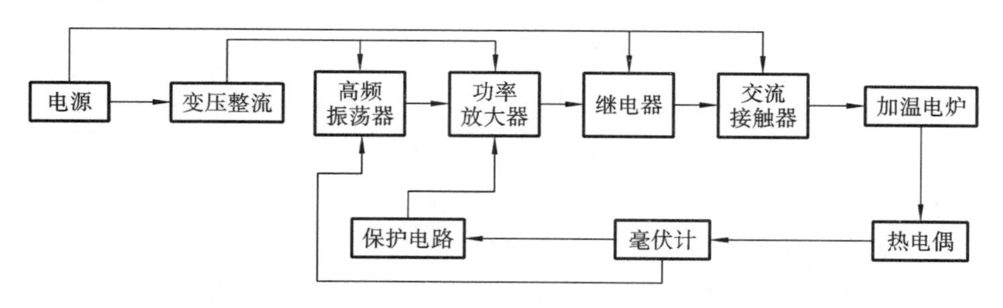

图 3-25　箱型电阻炉工作原理

（三）操作常规

（1）将热电偶从炉顶或后侧小孔插入炉膛中央，其间隙用石棉绳填塞。用补偿导线或绝缘铜芯线连接热电偶至毫伏计上，注意防止正极和负极接反。

（2）打开温度控制器的外壳，将前段两侧螺丝钉旋转 90°后，罩壳往上拉并向后开启，按标注连接电源线、电炉线、热电偶线及外接电阻。外接电阻的总值为 15 Ω，应包括热电偶电阻、补偿导线电阻和连接导线电阻，如导线较短，可不考虑其他电阻值。

在电源线引入处，需另外安装电源开关，以便控制总电源。由于毫伏计上电源导线与电路导线的中心线为共用的，所以箱线与中心线不可接反，否则电压表不能正常工作。为了保证安

Note

全操作，电炉与电压表外壳均须可靠接地。

（3）将电压表防震短路线拆去，即将电压表后端接线柱上连接螺丝钉间的短路线拆去。

在使用补偿导线及冷端补偿器时，应将机械零点调整至冷端补偿器的基准温度点。不使用补偿导线时，将机械零点调到零刻度点。但所指示的温度为被测点和热电偶冷端的温度差。

（4）经检查接线无误后，将电压表的设定指针调至所需工作温度，然后接通电源，按下电源开关，此时绿灯亮，继电器开始工作，电炉通电，电表上显示读数，电压表指针开始逐渐上升，此现象表示电炉和电压表均正常工作。电炉的升温与定温以红绿灯指示，绿灯表示升温，红灯表示定温。红灯亮时，即可从箱型电阻炉的炉膛内取出被加热部件。

（四）保养维修

（1）电阻炉应平放在地面或搁架上，避免电压表震动，其放置位置与电阻炉不宜太近，以免过热，导致电子元件不能正常工作。

（2）电阻炉长期停用后再次使用，必须进行烘炉，200～600 ℃，烘 4 h，使用时炉温不得超过最高温度，以免烧坏电子元件。禁止向炉膛内灌注各种液体及熔融金属。

（3）电阻炉和电压表应在无导电尘埃、爆炸性气体和腐蚀性气体的场所工作，相对湿度不得超过 85%。

（4）电压表的工作环境温度限于 0～50 ℃，在搬运时，需将短路线接好，以防震动而损坏仪表。

（5）定期检查电阻炉和电压表各接头连接是否良好，电压表有无卡针，并经常用电位差针校对。

（6）保持电阻炉和电压表清洁、干燥。

（五）常见故障及处理方法

箱型电阻炉的常见故障及处理方法详见表 3-18。

表 3-18　箱型电阻炉的常见故障及处理方法

故障现象	可能原因	处理方法
电源不通、炉丝不热	电压表、电流表损坏	更换电流表
	炉丝短路	更换炉丝
通电后电压表不工作	电压表内变压器损坏	修理或更换变压器
	电子元件损坏	更换相应电子元件
无法指示温度	表头损坏	更换表头

六、超声波清洗机

超声波清洗机是利用超声波产生震荡，对口腔修复体表面进行清洗，主要用于烤瓷、烤塑金属冠等几何形状复杂且精密的铸件的清洗。

（一）结构

超声波清洗机主要由清洗槽和箱体组成，箱体内有超声波发生器和晶体管电路等。超声波清洗机的清洗槽是由不锈钢制成的，换能器固定在清洗槽底部，晶体管电路由电源变压器、整流电路、振荡及功率放大电路、输出变压器等构成。

（二）工作原理

设备启动时会产生无数细小的空化气泡，气泡破裂时产生瞬间高压，不断冲击待洗器件的表面，使表面及缝隙中的污垢迅速剥落。

Note

超声波清洗机的工作原理示意图如图 3-26 所示。

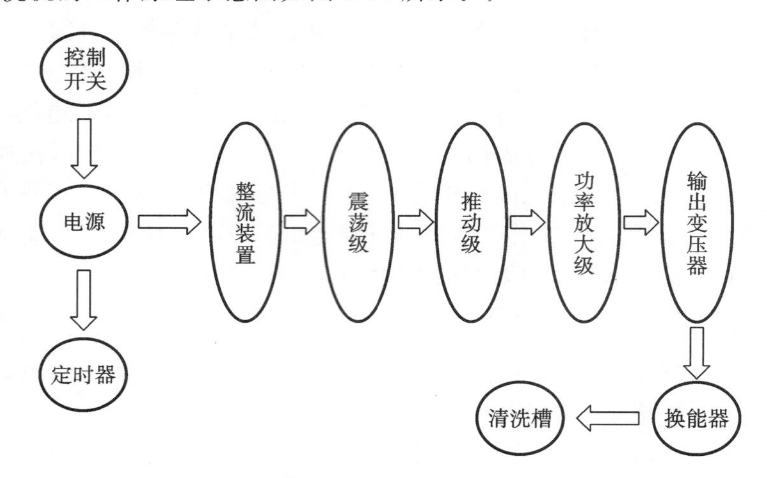

图 3-26　超声波清洗机工作原理示意图

（三）操作常规

(1) 检查水路和电路的连接情况。

(2) 将清洗槽内加水或清洗液。

(3) 接通电源。

(4) 旋转定时开关至所需时间位置，连续清洗时间不超过 6 min。

(5) 时间到后，清洗机自动停止。

(6) 排水，用清水冲洗器件。

（四）保养

(1) 清洗液不宜加得过满，一般为清洗槽的三分之二。

(2) 设备使用过后，应将清洗液倒出并将清洗机清理干净，尤其使用有腐蚀性清洗液时更应如此，防止设备损坏。

(3) 保持设备清洁，设备应放在通风干燥处保存。

（五）常见故障及处理方法

超声波清洗机的常见故障及处理方法详见表 3-19。

表 3-19　超声波清洗机的常见故障及处理方法

故障现象	可能原因	处理方法
没有电源	电源线连接不好	重新连接电源
	保险丝熔断	更换保险丝
不加热	加热丝保护跳开	关闭加热丝热保护
无超声波振幅	超声波发生器老化	更换超声波发生器

七、琼脂熔化器

琼脂熔化器又称琼脂搅拌熔化机，主要运用于加热搅拌琼脂弹性材料，复制各种印模，为口腔修复制作时复制铸模必备的设备。

（一）结构

琼脂熔化器由搅拌电动机、搅拌锅、加热器、温控调节系统及冷却风机等组成。

Note

（二）工作原理

琼脂熔化器工作原理示意图如图 3-27 所示。

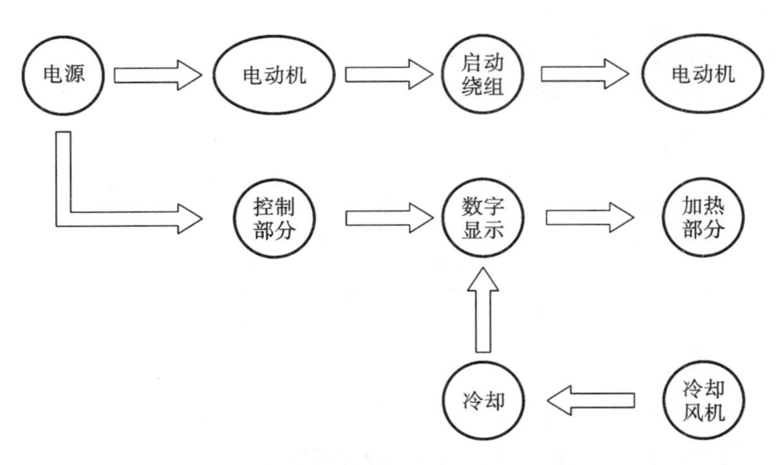

图 3-27 琼脂熔化器工作原理示意图

（三）操作常规

（1）仔细阅读说明书。

（2）接通电源。

（3）将琼脂切成小块倒入搅拌锅中。

（4）开启加热搅拌开关。

（5）检查温控器预定温度是否合理。

（6）设定温度以每分钟 2～3 ℃上升，大约加温 30 min。当温度显示为 91 ℃时，加热停止，冷却风机启动，降温开始。

（7）大约经过 1 h 的降温，烧铸温控表指示 51 ℃时锅内琼脂处于待浇铸状态。

（8）将准备好的型盒放在料口下，启动开关，烧铸琼脂。

（9）烧铸完成后，先关闭搅拌开关，再关电源开关。

（四）注意事项

（1）使用时应注意防电、防烫。

（2）严格按说明书规定的方法进行操作。

（3）当设备内有冻结的固体琼脂时，功能开关应先置于解冻位置，待琼脂解冻后，再将开关旋至搅拌位。

（五）维修保养

（1）本机工作时，设备内所添加的琼脂不得少于规定值；更不允许干烧，以防损坏电器设备。

（2）每次开机重新工作后，必须检查上、下限温度设定值是否正确。设定的上限温度不得超过 92 ℃。

（3）定期清洁仪器。

（六）常见故障及处理方法

琼脂熔化器的常见故障及处理方法详见表 3-20。

表 3-20　琼脂熔化器的常见故障及处理方法

故障现象	可能原因	处理方法
电动机停止工作	容器未盖盖子	关上容器盖子
	保险丝熔断	更换保险丝
	被琼脂阻塞	进行检查、清理
琼脂退出受阻	程序温度不合适	调节程序温度
	通道阻塞	及时清理通道
冷却风机不正常工作	尘土集聚过多	移开冷却风机后清洁
	冷却风机损坏	更换冷却风机

八、真空搅拌机

真空搅拌机主要用于石膏和包埋材料的搅拌，让被搅拌物在真空的环境下均匀混合，防止产生气泡，使灌注的模型或包埋铸件的精确度大大提高，是口腔修复科的专用设备之一。

（一）结构

真空搅拌机主要由真空发生器、搅拌器、料罐自动升降器、程序控制模块等部件组成。

(1) 真空发生器：利用正压气源产生负压的一种真空元器件，具有高效、清洁、经济等特点。

(2) 搅拌器：核心为变速发动机。在搅拌开始和结束时，缓慢运转，这样的搅拌方式不会产生气泡；在搅拌的中间过程速度较快，以节省时间。

(3) 料罐自动升降器：采用气动升降，搅拌时无须手动升降料罐。

(4) 程序控制模块：模块为集成控制线路，可根据具体需求设定搅拌时间和真空度。

（二）工作原理

真空搅拌机的工作原理如图 3-28 所示。

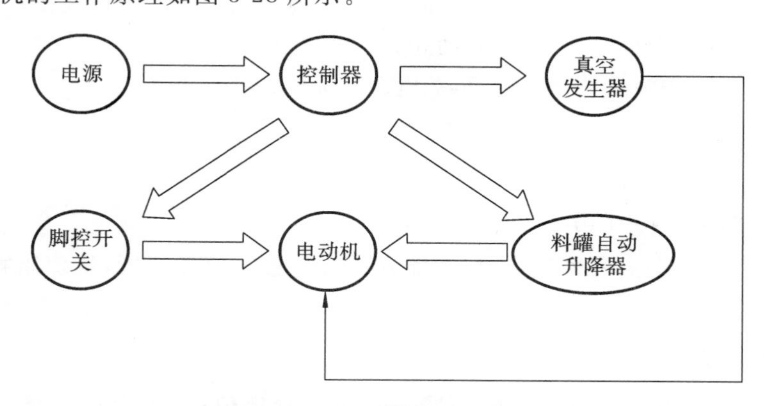

图 3-28　真空搅拌机工作原理

（三）操作常规

(1) 打开电源开关。

(2) 按需求设定搅拌和真空时间。

(3) 按比例取出所需的粉和液，放入搅拌罐中。先用手摇均匀后，把搅拌罐置于搅拌平台上，注意使搅拌罐的指示线置于正中位置。

(4) 将控制真空管的一头连接在搅拌罐的真空管接头上。

Note

（5）检查时间器，然后按下开始键，搅拌平台上升，真空指示灯亮，开始抽真空。3 s 后搅拌机高速转动。被搅拌物完全混合，达到所指示的时间，机器发出声音提示，搅拌停止。搅拌平台下降恢复原位。将搅拌罐从平台上取下，拔下真空管，搅拌结束。

（四）维护保养

（1）为避免抽真空时被搅拌物被吸入真空管的连接口，造成管道堵塞，搅拌罐内的被搅拌物不宜装得太满。

（2）真空管的过滤网应定期清洁。

（3）空气压力不得超过 0.7 MPa。

（五）常见故障及处理方法

真空搅拌机的常见故障及处理方法如表 3-21 所示。

表 3-21 真空搅拌机的常见故障及处理方法

故障现象	可能原因	处理方法
空气压力指示灯不亮	空气压力小于 0.5 MPa	调节空气压力 0.5 MPa
搅拌平台上升	料罐自动升降器故障	修理料罐自动升降器
机器不能抽真空	真空发生器故障	维修真空发生器

（菏泽家政职业学院　钱立）

第五节　焊接设备

焊接是指两种或两种以上同种或异种材料通过原子或分子之间的结合和扩散连接成一体的工艺过程。传统的焊接方法如金焊、银焊等需要借助焊接剂来完成。这类焊接具有加热时间长、变形大、易氧化、焊点薄弱、操作繁杂等缺点，难以满足现代口腔修复的要求。目前，工业上涌现出一系列高新焊接技术，如激光焊、氩弧焊、等离子弧焊、真空电子焊灯，并已被引入口腔修复学领域。牙科焊接机常用的有牙科点焊机和激光焊接机两种。

一、牙科点焊机

（一）设备介绍

牙科点焊机（图 3-29）是焊接金属材料的一种设备，主要用来焊接各类义齿支架、固定桥金属件和各类矫正器。焊接对象为直径 0.2～1.2 mm 的不锈钢丝及厚度 0.08～0.20 mm 的不锈钢箔片，是口腔修复科、正畸科技工室的必备设备。

（二）结构与工作原理

1. 结构　牙科点焊机外面为箱体形，箱体外表面有控制面板、活动按板、电极和电极座。箱内为焊接电路，焊接电路主要由可控硅调压器、储能电容、输出变压器及电子电路组成。

（1）控制面板：主要由电源开关、电压调节旋钮、电压表、焊接按钮、脚控开关等组成。其中电源开关用于控制设备电源的通断，电压调节旋钮用于调整焊接电压，而电压表则可以显示所调的电压值。另外焊接按钮和脚控开关则是牙科点焊机开始对焊件进行焊接的启动开关。

（2）活动按板：用于装夹被焊件的调控板。

（3）电极：又称为电极棒，两个电极组成一对电极组，分别接在两个电极座上。牙科点焊

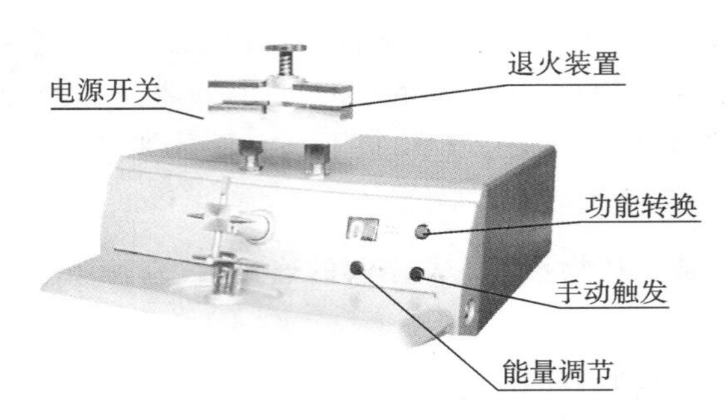

图 3-29　牙科点焊机

机通常有四对电极，以满足不同焊件的需要，如对电极有特殊要求也可自制。

(4) 电极座：用于安装和调整电极的角度，两组电极座互相垂直，并可以在水平方向和垂直方向自由旋转定位。在电极座的连杆上有调节旋钮，用以调整电极与焊件的距离和机械压力。

2. 工作原理　电焊属于电阻焊，即焊件组合后通过电极施加压力，利用电流通过接头的接触及邻近区域产生的电阻热进行焊接。工作时两个电极加压工件使两层金属在两个电极的压力下形成一定的接触电阻，而焊接电流从一电极流经另一电极时在两接触电阻点形成瞬间的热熔接，熔化局部表面金属后断电，冷却凝固，形成焊点，去除压力，焊接完成。

(三) 操作常规与维护保养

1. 操作常规

(1) 将设备置于平稳干燥的工作台上，检查电源是否严格接地，电源电压应符合设备要求。

(2) 检查电极是否完好，如有氧化现象，可用细砂纸将其磨光，以保证焊接时接触良好。

(3) 打开电源开关，调节焊接电压。

(4) 按下活动按板，将焊件放入两个电极之间，焊点与上下电极接触，缓慢松开活动按板，使上下电极压紧工件，调整电极对焊件的压力。

(5) 按下焊接按钮或踩下脚控开关，开始焊件。当电压表上的指数降至“0”时，焊件完成。

(6) 取下焊件，断开电源，将电极转至非定位位置。

2. 维护保养

(1) 应经常保持设备清洁。

(2) 停止使用时必须断开电源，并将电极转至非定位位置，以免损坏电极。

(3) 检修设备前应先将储能电容放电，以免触电。

(四) 常见故障及处理方法

牙科点焊机的常见故障及处理方法见表 3-22。

表 3-22　牙科点焊机的常见故障及处理方法

故障现象	可能原因	处理方法
接通电源，指示灯不亮	保险丝熔断	找出熔断原因，更换同规格的保险丝
	电源插头接触不良	排查原因，插紧插头
	指示灯灯泡损坏	更换指示灯灯泡
接通电源，点焊机不工作	焊接按钮接触不良	用砂纸打磨接触点或更换按钮
	脚控开关接触不良	用砂纸打磨接触点或更换脚控开关
	储能电容或电子元件损坏	更换电容或同规格电子元件

续表

故障现象	可能原因	处理方法
	输出部分短路， 上下两电极接触处氧化	检查线路并接牢，或用砂纸 打磨接触点，除去氧化层

二、激光焊接机

(一) 设备介绍

激光焊接机(图 3-30)又称为激光焊机，是激光材料加工用的机器，按其工作方式分为激光模具烧焊机、自动激光焊接机、激光点焊机、光纤传输激光焊接机。激光焊接是利用高能量的激光脉冲对材料进行微小区域内的局部加热，激光辐射的能量通过热传导向材料的内部扩散，将材料熔化后形成特定熔池以达到焊接的目的。激光焊接属于熔化焊接，是无焊接剂焊接。此焊接方式具有焊缝宽度小、变形小、焊接速度快、焊缝平整美观、质量高、无气孔、定位精度高、无过多的焊后处理等特点。1970 年激光焊接机被 Gordent 引入牙科领域，是现代口腔制作室的必备设备之一，主要适用于贵金属、非贵金属及钛合金之间的焊接。激光焊接机常用于固定义齿的固位体及桥体间的焊接、可拆局部义齿各金属部件之间的焊接、整铸支架的修补、精密附着体焊接以及铸造缺陷的修补等，可提高固定义齿的适合性。

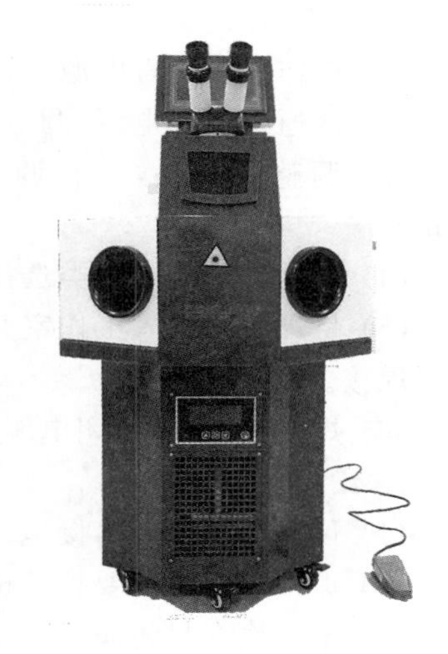

图 3-30 激光焊接机

(二) 结构与工作原理

1. 结构

(1) 脉冲激光电源：主要为氪灯、氙灯和激光器提供电源，具有单一或连续脉冲两种形式，常用的最大脉冲能量为 40～50 J，脉冲宽度为 0.5～20 ms，适用于较大功率输出的激光设备。

(2) 激光器：由激光棒(工作物质)、光泵光源(激励能源)、光学谐振腔和冷却系统四部分组成。

(3) 激光棒：能够受激产生辐射的材料，是以钇铝石榴石晶体为基质的一种固体，也称 YAG 晶体。激光棒质量的好坏将影响激光器输出能量的大小。常用的激光棒为 Nd：YAG 晶体，波长为 1064 nm(红外区)，属于四能级系统，量子效率高，受激辐射面积大，并具有优良的热学性能，它是在室温下能够连续工作的唯一固体工作物质，是目前综合性能最为优异的激光晶体。

(4) 光学谐振腔：光子可在其中来回震荡的光学腔体，是激光器的必要组成部分，通常由两块与工作介质轴线垂直的平面或凹球面反射镜组成。谐振腔可控制输出激光束的形式和能量。

(5) 光泵光源：利用外界光源发出的光来辐照工作物质，以此给工作物质提供能量，将原子由低能级激发到高能级。目前最常用的光泵光源为脉冲氙灯。当氙灯放电时，绝大部分电能转变成光辐射能，一部分电能变成热能。

(6) 冷却系统：多采用封闭循环水冷系统，循环的热量通过制冷机带走，最终通过风扇将热量排入大气中，从而降低光源和谐振腔内的温度。

(7) 工作室：由固定架、放大目视镜、激光发射头、真空排气系统、氙气保护装置等构成。

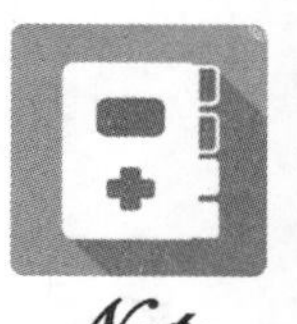

(8) 控制和显示系统：可选择并显示焊接面焦点直径和脉冲时间以及合金种类，也可自行编程。在焊接过程中，工作状况和各种信息均可在此显示。

2. 工作原理 激光焊接机利用高能脉冲激光对工件实施焊件，它以脉冲氙灯作为光泵光源，以 YAG 晶体作为产生激光工作物质。激光光源首先将脉冲氙灯预燃，通过激光电源对脉冲氙灯放电，使氙灯产生一定频率和脉宽的光波，光波经聚光腔照射 YAG 晶体，从而激发 YAG 晶体产生激光，经过谐振腔后产生波长为 1064 nm 的脉冲激光。该激光在导光系统和控制系统作用下，经过扩束、反射、聚焦后辐射至工件表面，使工件合金局部熔融产生焊接。

(三) 操作常规及维护保养

1. 操作常规

(1) 操作前应检查电源、水源及氩气含量。

(2) 接通水源和电源，调节工作电压。

(3) 调整激光头，并且调整氩气吹入喷嘴与焊区的距离为 1.5～2.0 mm，气流为 8 L/min。

(4) 根据焊接合金种类选择预编程序，或人工选择诸如焦点直径、脉冲时间等焊接参数。

(5) 将焊接物放入工作室并固定，关闭工作室，通过光学观测装置观测，按下开始键，在直视下焊接。

(6) 焊接结束时，关闭电源、水源和氩气瓶。

2. 维护保养

(1) 仪器电源应严格接地，电源功率不得超过额定功率。检修设备时，应先断开电源。

(2) 焊接过程中不要打开机箱，以免触电发生意外。

(3) 定期检查封闭循环水冷系统及真空排气系统工作是否正常。冷却水为去离子水或蒸馏水，每月更换 1 次。

(4) 每次使用后应清洁工作室。

(5) 保持直视放大镜的清洁，使用专用镜头纸擦拭。

(6) 若设备无自动护眼装置则应佩戴激光护目镜，以防激光束射入眼睛，造成永久性失明。

(四) 常见故障及处理方法

激光焊接机的常见故障及处理方法见表 3-23。

表 3-23 激光焊接机的常见故障及处理方法

故障现象	可能原因	处理方法
接通电源，机器不工作	电源未接通	检查供电电源
	保险丝熔断	查找原因并修理，更换同型号同规格保险丝
	电源插头接触不良	检查插座、插头，排查原因，插进插头
冷却水过热	水量不足	加入去离子水或蒸馏水
	工作间隔时间不足	按正常间隔时间进行焊接
焊接深度不足	激光晶体损坏	更换激光晶体
	焦点改变	调整相应的激光器原件
真空泵不工作	管道及其接口漏气	检修管道及其接口
	真空泵电源未接通	检查供电电源、插头等
	真空泵故障	维修或更换真空泵

(三峡大学人民医院 张强)

第六节　牙科种钉机

一、设备介绍

牙科种钉机(图 3-31)适用于烤瓷牙预备,主要用于石膏模型上石膏钉预制的加工。石膏钉预制指的是在人造石、超硬石膏、环氧树脂模型的指定部位打孔。该设备具有转速高、噪声小、钻孔精度高、操作简便等优点。

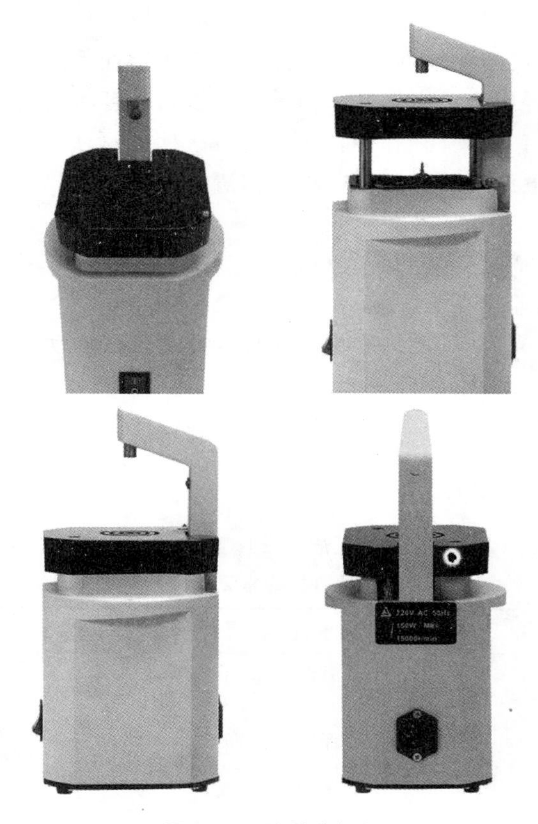

图 3-31　牙科种钉机

二、结构

1. 结构　牙科种钉机主要由活动底板、激光定位系统、马达、钻头、调整高度螺丝及其他配件等组成。

(1) 活动底板:为放置模型的平板,板中间有一孔,孔的中心与其正下方的钻头和其正上方的激光束均在同一条直线上。向下按压活动底板,即可暴露下方的钻头,同时电动机自动启动,钻头开始转动,在模型底部对应激光聚焦点的指定位置打孔。

(2) 激光定位系统:位于活动底板的上方,激光器发出激光束,其聚焦点与钻头位置重叠。

(3) 马达:驱使钻头转动的动力装置。

(4) 钻头:多为钨钢材质,直径大小不同,可根据需要选择,并且与不同直径的固位钉相匹配。

(5) 调整高度螺丝：用于调整活动底板和钻头的相对高度，从而调整钻孔的深度。

(6) 其他配件：如外用吸尘器接口，更换钻头的扳手等。外用吸尘器接口可用来连接外用吸尘器，边钻孔边吸尘，既可以保持钻孔、钻头的清洁，也利于环境及操作人员的健康。

三、操作常规及维护保养

1. 操作常规

(1) 将设备放置于平稳的工作台上。

(2) 检查电源电压确认已严格接地。

(3) 安装钻头，调节钻孔深度。

(4) 接通电源，打开电源开关。

(5) 打开导向激光开关，检查激光束是否通过活动底板上孔的中心。

(6) 将模型置于活动底板上，将激光束聚焦在拟打孔位置所在牙齿的𬌗面。

(7) 双手固定模型，轻压活动底板，微动开关接通，同时启动电动机，并带动钻头旋转。

(8) 机器工作和连续钻孔的间隔时间应遵循设备说明书和厂商的建议。

(9) 操作完毕，关掉电源开关，拔出电源插头，清洁设备。

2. 维护保养

(1) 使用完毕应及时清除身上的石膏粉末。

(2) 定期更换并使用原装钻头。

(3) 操作时勿直视激光束，不要将手指放在打孔处并按压活动底板。

(4) 定期在夹头处滴入润滑油。

(5) 检修、清洁及不用设备时，需切断电源。

四、常见故障及处理方法

牙科种钉机的常见故障及处理方法见表3-24。

表3-24　牙科种钉机的常见故障及处理方法

故障现象	可能原因	处理方法
接通电源，机器不工作	电源未接通	检查供电电源
	保险丝熔断	检查原因并修理，更换同规格同型号保险丝
	电源插头接触不良	检查线路、插头、插座，排除原因后，插进插头
	活动底板下方微动开关接触不良	检修微动开关
钻头不转动	钻头周围有石膏等杂物堆积	清理杂物
钻头工作效率低或折断	钻头磨损或变形	及时更换钻头
	选用的钻头质量差	尽量选择原装钻头
活动底板不能下压	活动底板下方堆积石膏残屑较多	清理石膏残屑
激光或其他光源损坏	激光晶体损坏	更换激光晶体
	其他光源灯泡损坏	更换灯泡

（三峡大学人民医院　张强）

第七节　隐形义齿设备

一、设备介绍

隐形义齿是活动义齿的一种。此类义齿采用弹性树脂卡环取代传统金属卡环，且弹性树脂卡环位于天然牙龈缘，其色泽接近天然牙龈组织，因此具有良好的仿生效果和隐蔽性。义齿制作多采用压注成型的方式。目前市场上隐形义齿设备有手动型和全自动型两种类型可供选择，本文以手动型为例进行介绍。

二、结构和工作原理

1. 结构　隐形义齿设备(图 3-32、图 3-33)主要由注压机、加热器、温控仪和测量仪、型盒、型盒紧固器等组成。

图 3-32　隐形义齿设备(全自动型)

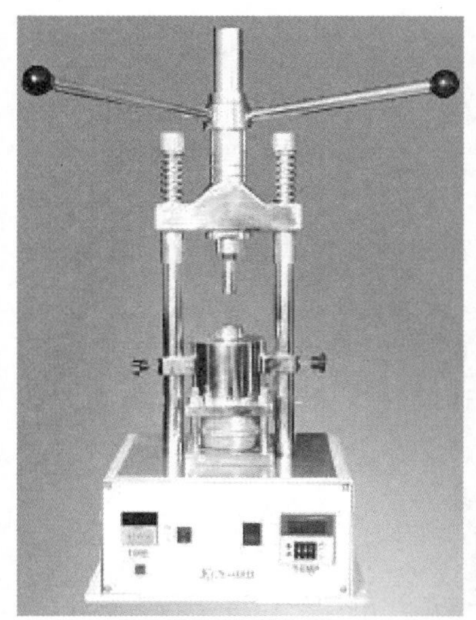

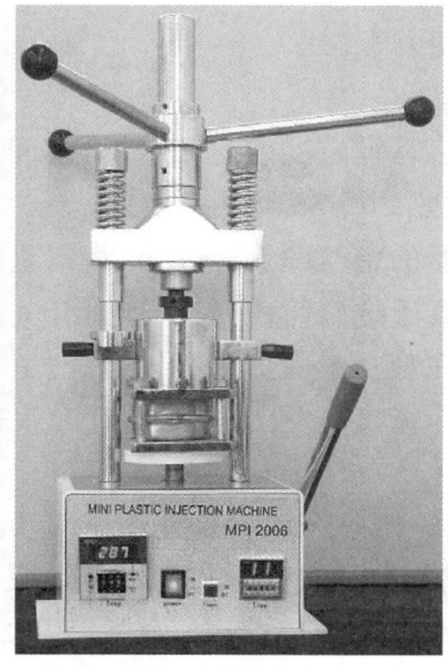

热压机

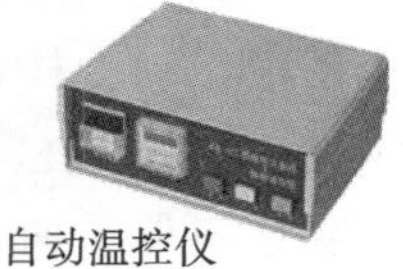

自动温控仪

图 3-33　隐形义齿设备

(1) 注压机：主要用于将熔化的弹性树脂材料加压注入型盒内。动力部分位于其上部，下方则是装有弹性树脂的套筒(送料器)，套筒下方与型盒的注料孔相通，型盒被固定在注压机底

座上。

（2）加热器：用于加热熔化高分子材料。

（3）温控仪和测量仪：箱体状，可与注压机整合为一个整体（手动一体机），用于控制和反映加热器的温度。其正面具有温度显示屏和计时器。

（4）型盒（图 3-34）：专用钢制型盒。

图 3-34　隐形义齿型盒

（5）型盒紧固器：用于紧固型盒注塑。

（6）其他：垫块、冲头、卸料器、送料器等。

2. 工作原理　隐形义齿设备的工作原理：加热器在温控仪的控制下，将弹性树脂材料加热熔化，注压机采用诸如螺旋、液压或电动等方式将熔化的材料压入型盒内的铸腔中，冷却后，形成修复体的雏形。

三、设备安装要求、操作常规及维护保养

1. 设备安装要求

（1）正确接好地线并安装漏电保护装置，有条件的可以安装电源稳压器。

（2）将机器用螺丝固定于工作台上，高度以便于操作为准。

（3）机器不能放在强磁场的环境中。

（4）将三个操作杆装于机器顶端。

2. 操作常规

（1）接通电源，插上热电偶，设定温度为 287 ℃，时间为 11 min，旋紧回油阀门。

（2）接通加热炉电源，预热 20 min。

（3）将隔离油涂在送料器的铝筒和铜垫表面，将铜垫和铝筒先后放入加热套筒内。

（4）将弹性义齿材料放置于进料筒内，打开计时开关。

（5）将去蜡后的型盒放在型盒紧固器中心，对好注道口，旋紧四个螺母。

（6）当加热至 11 min 时，蜂鸣器发出提示声，此时快速旋转 3 个动力手柄，将动力杆下降至最低限度，使其顶住垫块。

（7）摇动液压动力杆，液压台上升使弹簧处于压缩状态。

（8）维持 3 min，旋松回油阀门，液压台回位。

（9）去除送料器手柄，分离送料器与型盒，自然冷却 30～50 min。

（10）开盒、打磨、抛光。

3. 维护保养

（1）电源必须严格接地，尽量配备电源稳压器。

（2）注压机放置稳固。

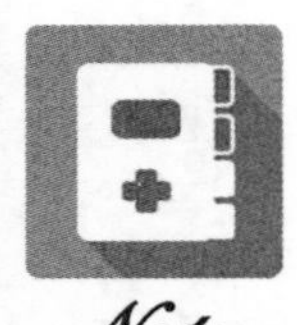
Note

（3）检修、清理机器前需断开电源。

四、常见故障及处理方法

隐形义齿设备的常见故障及处理方法见表 3-25。

表 3-25 隐形义齿设备的常见故障及处理方法

故障现象	可能原因	处理方法
温控仪不显示温度	热电偶未连接或折断	重新连接或更换热电偶
	仪表与电偶接线柱接触不良	检查接线柱与仪表内部是否接通，若电偶正常，则重新连接接线柱与仪表内部连接线
	保险管烧断	更换保险管
	总电源无电	检查总电源，重新连接总电源
	总开关损坏	检修或更换总开关
温度显示器显示温度不正常（出现负数或数字反复跳动）；温度显示器显示室温而加热器不升温	热电偶折断	更换热电偶
	加热器炉丝接头接触不良或烧断	重新接通或更换加热圈
	保险管烧断	更换保险管
	温控仪仪表输出部分接触不良或无输出	检修温控仪仪表输出部分
温控仪显示温度与加热器实际温度误差过大	热电偶未完全插入加热器电偶孔内	检测后将热电偶完全插入并固定在电偶孔内
	电偶与温控仪不配套	更换相应型号电偶
	温控仪故障	检修或更换
温控仪未显示 287 ℃	温度设定时未设定到 287 ℃	重新设定
	设定温度有误差	根据显示温度与设定温度进行上下调整
	热电偶质量差或仪表不配套	更换热电偶

（三峡大学人民医院　张强）

第八节　齿科吸塑成型机

一、设备介绍

齿科吸塑成型机(图 3-35)是将成品聚丙烯、聚碳酸酯一类高分子薄膜加热软化后再经过真空吸塑成型的一种牙科技工设备。它主要用来制作脱色牙套、正畸保持器、牙弓夹板、暂基托、恒基托、夜磨牙保护垫、护齿托等。

图 3-35　齿科吸塑成型机

二、结构与工作原理

1. 结构

(1) 加热器:利用红外线或电阻丝加热高分子薄膜的装置。

(2) 薄膜夹持器:用于夹持固定薄膜。夹持器可以移动,加热时将其靠近加热器,加热完成后,迅速移动它,将薄膜压在模型上。

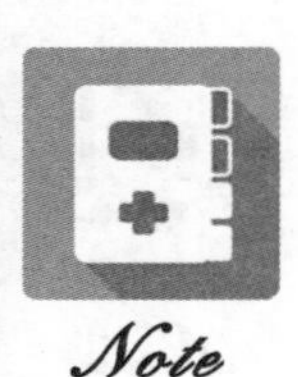
Note

(3) 模型放置台：为放置模型的平台，下方为真空抽吸装置。

(4) 真空抽吸装置：在模型的下方抽吸真空，形成负压，从而使薄膜与模型紧密贴合。

(5) 控制面板：面板上设置有诸多按钮及开关，如加热按钮、抽真空按钮、定时/计时器等。

(6) 其他：有的机型有压缩空气接口，可以外接压缩空气，压缩空气加压使薄膜和模型更贴合。

2. 工作原理 利用红外线或电阻丝加热软化热塑性塑料薄膜，然后通过真空抽吸装置形成负压，使薄膜与模型贴合，冷却后形成修复体的雏形。

三、操作常规与维护保养

1. 操作常规

(1) 先把拉杆拉起，然后将修整后的石膏模型放在模型台的真空网上。

(2) 把薄膜安装在夹持器上，拧紧固定螺丝旋钮。

(3) 打开加热开关，观察薄膜的软度，待加热均匀。

(4) 将拉杆压下，使加热后的软薄膜覆盖在模型上。

(5) 关闭加热开关，打开真空开关，抽真空 10～15 s，修复体即可成型。

(6) 当材料冷却时，将薄膜与模型分离。

(7) 修剪修复体，打磨抛光。

2. 维护保养

(1) 电压应符合设备要求，电源必须严格接地，尽量配置电源稳压器。

(2) 设备的放置必须稳固。

(3) 定期检修、清理机器，检修前应断开电源。

(4) 操作时勿靠近或触摸加热器，以免烫伤。

四、常见故障及处理方法

齿科吸塑成型机的常见故障及处理方法见表 3-26。

表 3-26 齿科吸塑成型机的常见故障及处理方法

故障现象	可能原因	处理方法
接通电源，机器不工作	电源未接通	检查供电电源
	保险丝熔断	排查保险丝熔断原因并修理，更换同规格同型号的保险丝
	电源插头接触不良	检查线路、插头、插座，排除原因后，插紧出头
加热器不工作	电阻丝损坏	更换电阻丝
真空泵不工作	管道及其接口漏气	检查并修理管道机器接口
	真空泵故障	维修或更换真空泵

（三峡大学人民医院 张强）

思考题答案

思 考 题

一、选择题

1. 下列哪项不是操作台故障时可能的原因？（　　）

A. 吸尘器继电器损坏　　B. 激光晶体损坏

C. 接口或管道不密封　　D. 保险丝熔断

2. 下列关于技工用微型电机的操作保养的叙述，不正确的是（　　）。

A. 打磨时要用力均匀，且不宜过大

B. 不要在夹头松开状态下使用

C. 每次启动电机时，从最高速开始

D. 使用的车针或砂石针针柄的直径必须符合标准

E. 经常保持机头的清洁和干燥

3. 技工用微型电机的微型电机部分可分为有碳刷和无碳刷两种，其结构相差很大，对于有碳刷微型电机，须经常保养的部位是（　　）。

A. 碳刷　　B. 转子　　C. 定子　　D. 轴承　　E. 换向器

4. 操作技工打磨机速度转换开关（旋转开关）时应（　　）。

A. 随意旋转　　B. 按顺时针方向旋转

C. 按逆时针方向旋转　　D. 向左旋转

E. 慢速挡启动再旋转

5. 技工用微型电机的主要结构是（　　）。

A. 电子振荡器及整流器　　B. 功率放大器及电压放大器

C. 微型电机、打磨机头及电源控制器　　D. 三端稳压器及运算放大器

E. 微型电机及打磨机头

6. 真空搅拌机主要用于（　　）。

A. 搅拌石膏材料　　B. 搅拌包埋料

C. 搅拌琼脂　　D. 在搅拌石膏及包埋料的同时将空气抽出，以减少气泡

E. 搅拌瓷粉

7. 茂福炉的主要功能是（　　）。

A. 口腔修复件加温　　B. 型盒加温

C. 除去包埋体中的蜡，形成金属铸造型腔　　D. 干燥去蜡

E. 熔解金属

8. 超声波清洗机是利用超声波产生的能量，对物质分子产生声振作用，这种作用称为（　　）。

A. 清洗现象　　B. 孔蚀现象　　C. 冲击现象

D. 电解现象　　E. 高频振荡现象

9. 高频离心铸造机主要用于（　　）。

A. 钛合金铸造　　B. 高熔合金铸造　　C. 金合金铸造

D. 低熔合金铸造　　E. 中熔合金铸造

二、简答题

1. 试述激光焊接机的工作原理及特点。

2. 隐形义齿设备由哪几部分组成？

3. 齿科吸塑成型机主要用于制作哪些修复体？

Note

4. 常用的成模设备有哪些？
5. 当真空搅拌机无法抽真空时应该如何处理？
6. 什么是口腔多功能技工操作台？其主要构件有哪些？
7. 高频离心铸造机加热熔化金属具有哪些优点？

第四章　数字化口腔设备

口腔医学专业及口腔医学技术专业：

1. 掌握：数字化口腔设备的结构及工作原理。
2. 熟悉：数字化口腔设备的操作及维护保养。
3. 了解：数字化口腔设备常见故障及处理方法。

本章 PPT

第一节　CAD/CAM 系统

扫码看

本章彩图

CAD(computer aided design)即计算机辅助设计，利用计算机及其图形设备帮助设计人员进行设计工作。CAM(computer aided manufacturing)即计算机辅助制造，其核心是计算机数值控制（简称数控），是将计算机应用于制造生产过程的过程或系统。1952 年美国麻省理工学院首先研制出数控铣床。数控的特征是由编码在穿孔纸带上的程序指令来控制机床。此后发展了一系列的数控机床，包括称为“加工中心”的多功能机床，能从刀库中自动换刀和自动转换工作位置，能连续完成铣、钻、铰、攻丝等多道工序，这些都是通过程序指令控制运作的，只要改变程序指令就可改变加工过程，这种加工的灵活性称为柔性。口腔修复体计算机辅助设计与计算机辅助制作技术，融合了数学、光学、电子学、计算机图像识别与处理、自动控制与自动化加工等多学科的知识与技术，在 20 世纪 70 年代被广泛应用于工业自动化和航空航天领域。第一台牙科 CAD/CAM 系统样机于 1983 年问世，是由法国 Duret 研制的。20 世纪 90 年代后，随着现代光电子技术、计算机技术、图像分析处理技术等进一步发展，出现了越来越多的牙科 CAD/CAM 系统。目前，已有多个可利用 CAD/CAM 的系统，可制作嵌体、贴面、全冠、部分冠、固定桥等。

CAD/CAM 系统使口腔修复学跨入了现代高科技领域。目前商业化的口腔 CAD/CAM 系统中，数控铣床是重要的组成部分之一。修复体加工采用数控铣削方式，用切削工具切除多余材料，以获得符合形状、尺寸和表面粗糙度要求的修复体。该技术本质上属于去材制作范畴，即“减法”。

一、结构与工作原理

（一）结构

（1）口腔扫描仪（图 4-1）。详见口腔扫描仪部分。

（2）研磨仪（图 4-2）。可以切削各类陶瓷材料、混合材料、树脂材料，制备出不同的修复

Note

体，满足口腔临床的需要。

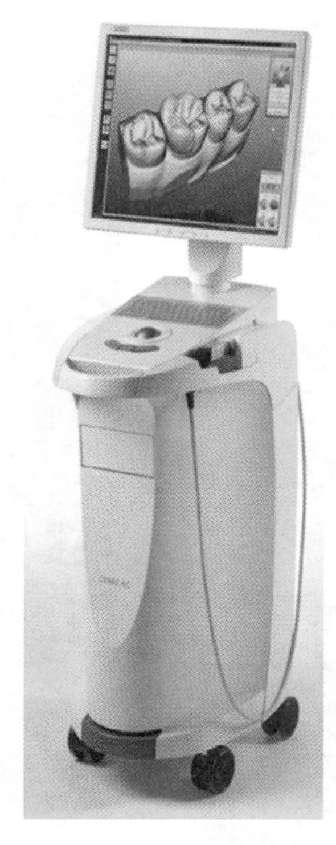

图 4-1 口腔扫描仪

图 4-2 研磨仪

（二）工作原理

利用计算机进行设计，CAD/CAM 系统自动编程的特点：将零件加工的几何造型、刀位计算、图形显示和后置处理等作业过程结合在一起，有效地解决了编程的数据来源、图形显示、走刀模拟和交互修改问题，弥补了数控语言编程的不足；编程是在计算机上直接面向零件的几何图形交互进行，不需要用户编制零件加工源程序，用户界面友好，使用简便、直观、准确、便于检查；有利于实现系统的集成，不仅能够实现产品设计(CAD)与数控加工编程(NCP)的集成，还能实现与工艺过程设计(CAPP)、刀具量具设计等其他生产过程的集成。CAD/CAM 系统自动编程步骤：几何造型，加工工艺分析，刀具轨迹生成，刀位验证及刀具轨迹的编辑，后置处理，数控程序的输出。

二、操作常规及维护保养

（一）操作常规

(1) 准备扫描仪，与患者沟通，准备进行扫描。

(2) 按照以下程序依次进行：点击新建患者信息(图 4-3)；点击进入管理界面(图 4-4)；点击研磨设备(图 4-5)；选择材料(图 4-6)；如有两个修复体，点击设计第一个修复体(图 4-7)；点击设计第二个修复体(图 4-8)；扫描上颌模型(图 4-9)；扫描下颌模型(图 4-10)；扫描颊侧咬合(图 4-11)；点击生成模型(图 4-12)；匹配相关模型(图 4-13)；点击关联模型(图 4-14)；然后生成咬合(图 4-15)；设置模型中心轴(图 4-16)；修整模型(图 4-17)；绘制修复体边缘线(图4-18)；设定修复体就位道(如有倒凹则显示为黄色)(图 4-19)；设定修复体就位道(图 4-20)；查看设计修复体相关参数(图 4-21)；编辑修复体(图 4-22)；计算修复体(图 4-23)；如有多个修复体，编辑下一个修复体(图 4-24)；隐藏模型，编辑修复体(图 4-25)；精细调整修复体(图 4-26)；检

Note

查颊侧咬合(图 4-27);检查舌侧咬合(图 4-28);放置铸道(图 4-29);查看研磨选项(图 4-30);更改瓷块大小(图 4-31);调整研磨位置(图 4-32);保存病例(图 4-33)。

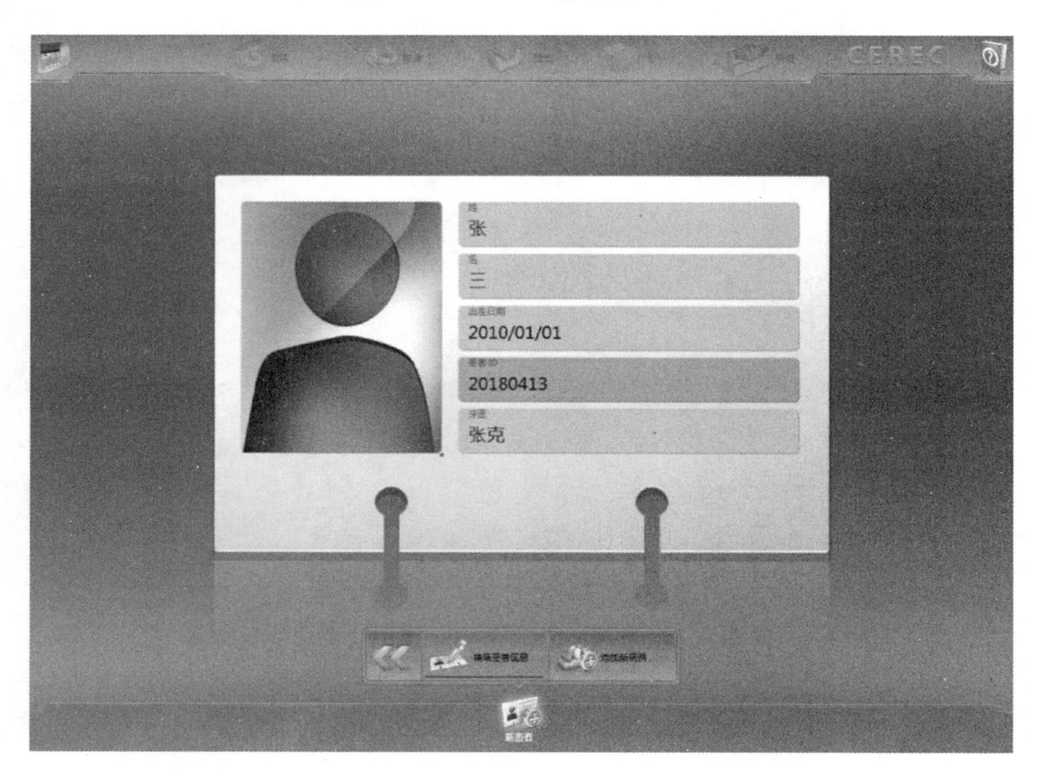

图 4-3　新建患者信息

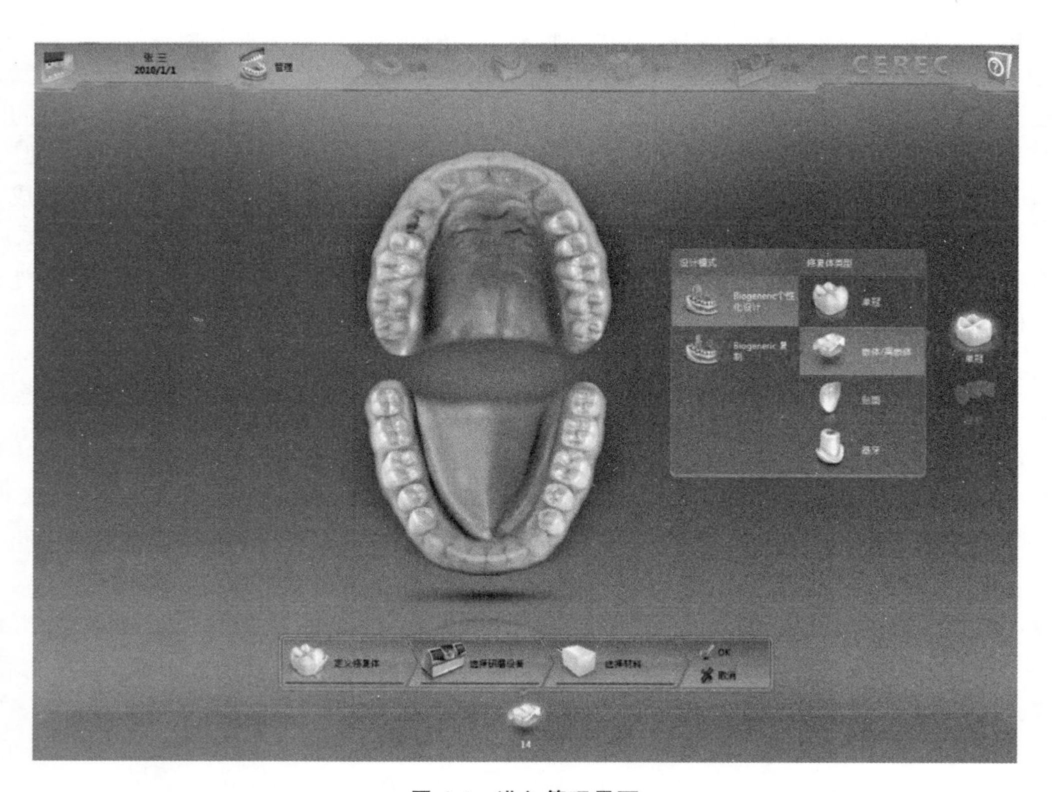

图 4-4　进入管理界面

Note

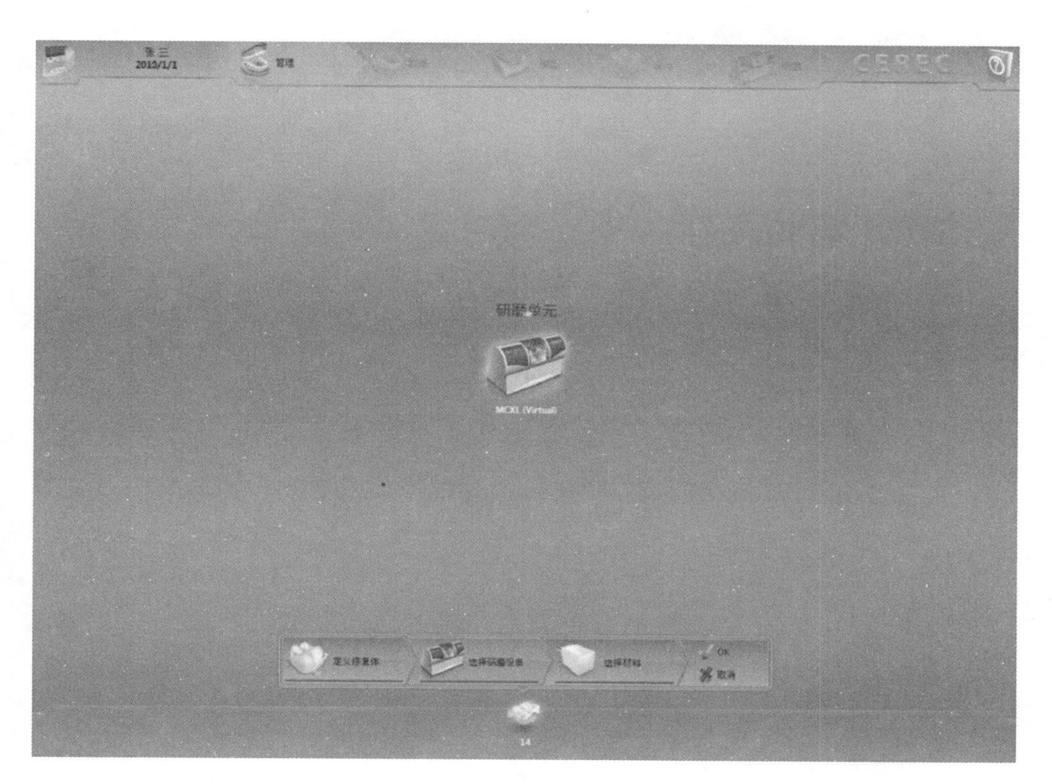

图 4-5　研磨设备

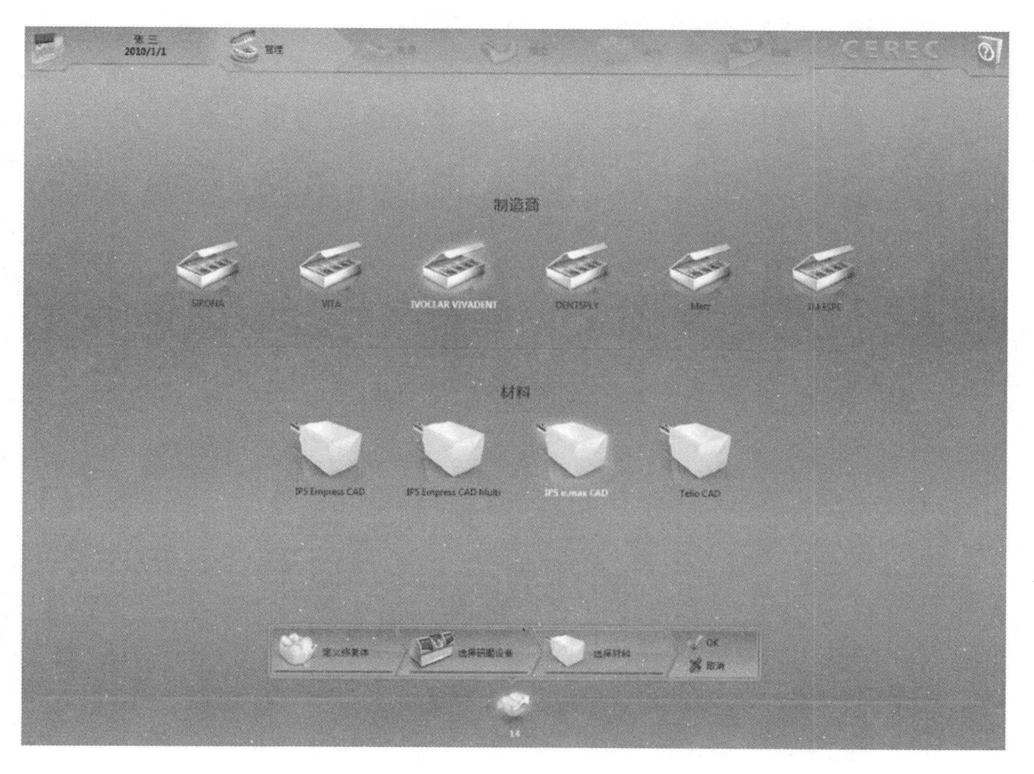

图 4-6　材料选择

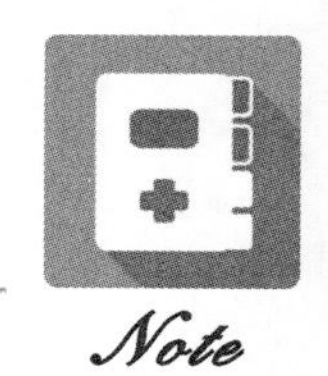

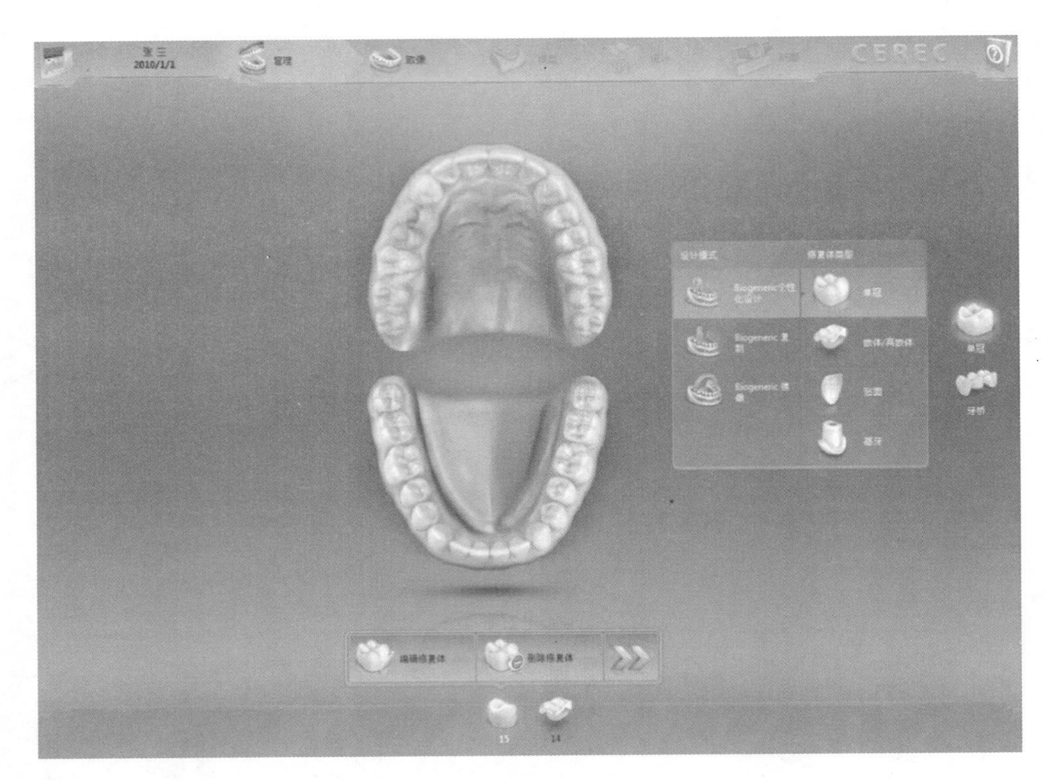

图 4-7　设计第一个修复体

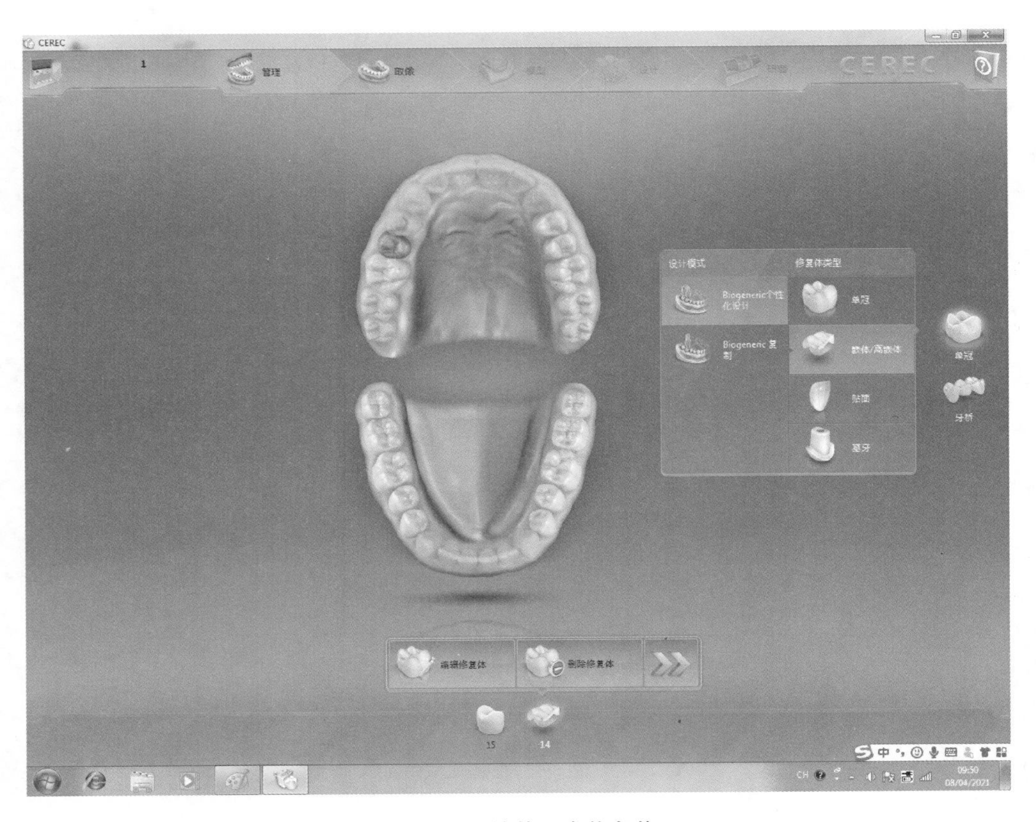

图 4-8　设计第二个修复体

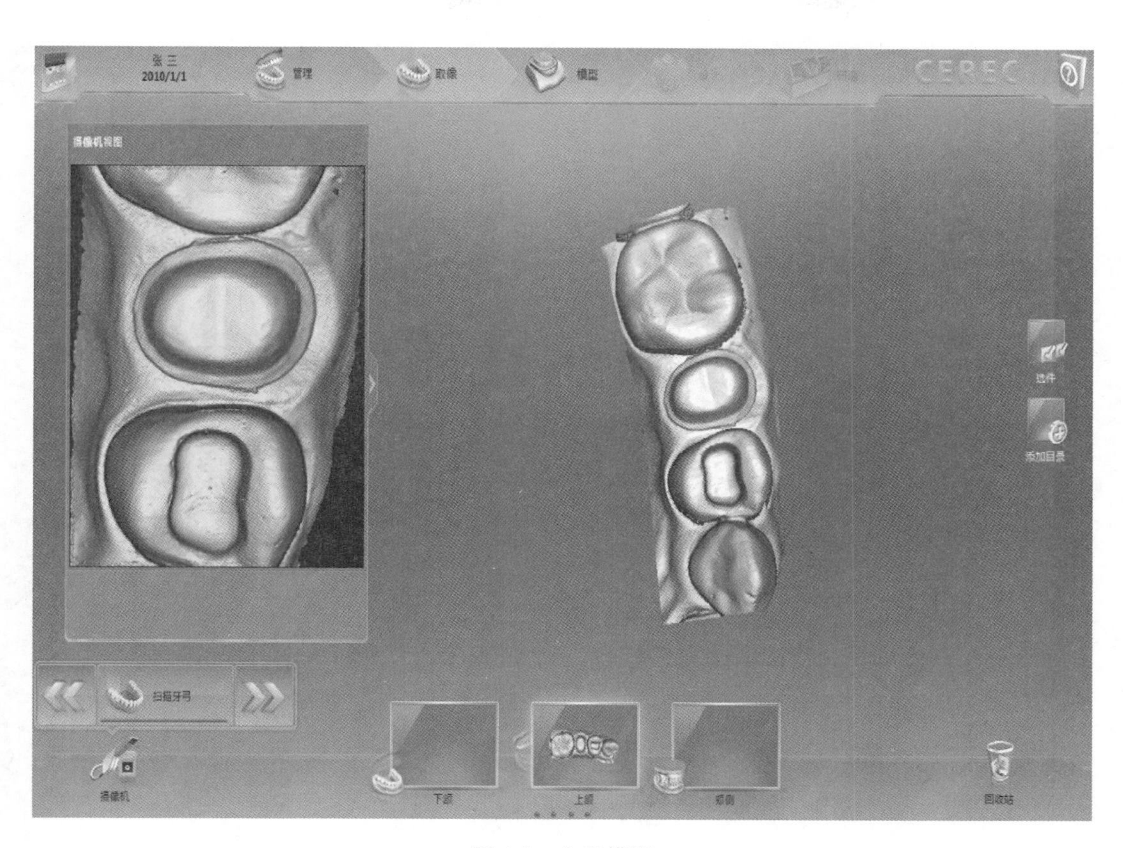

图 4-9　上颌模型

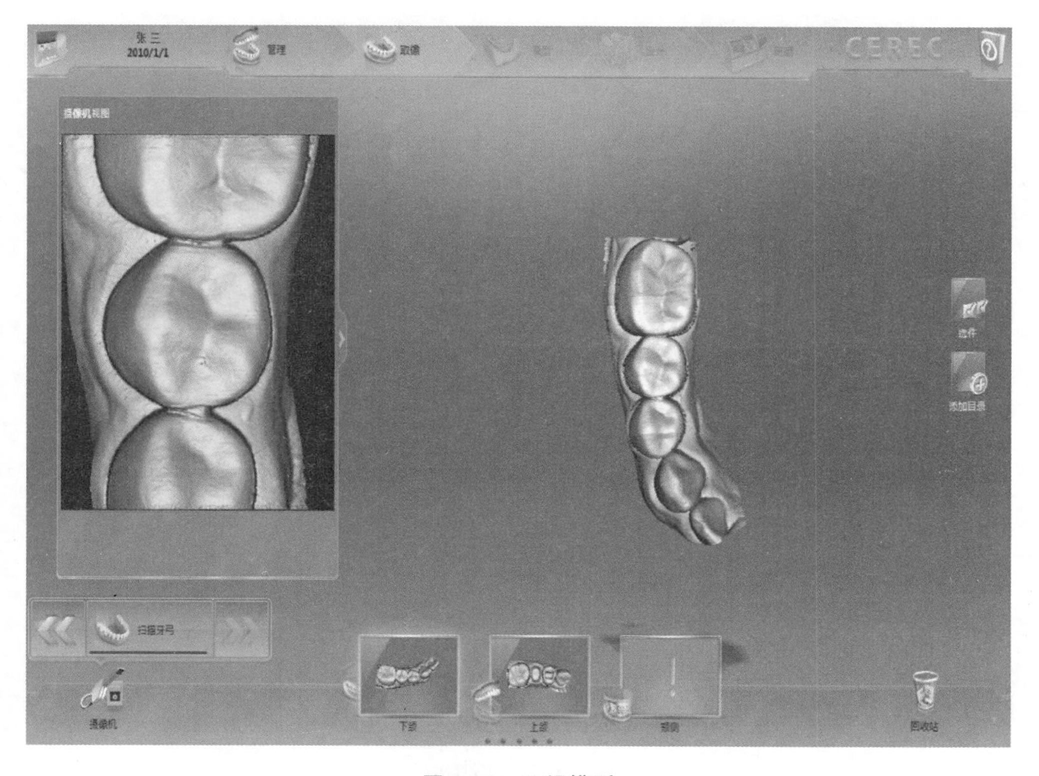

图 4-10　下颌模型

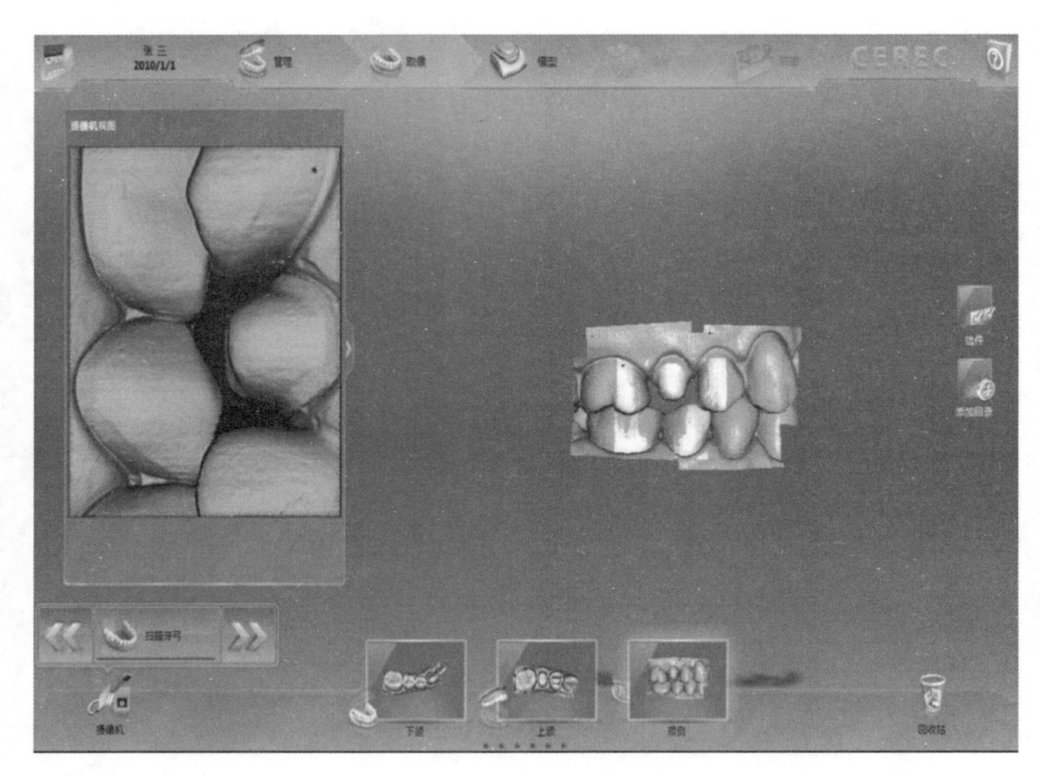

图 4-11　颊侧咬合

图 4-12　模型生成

Note

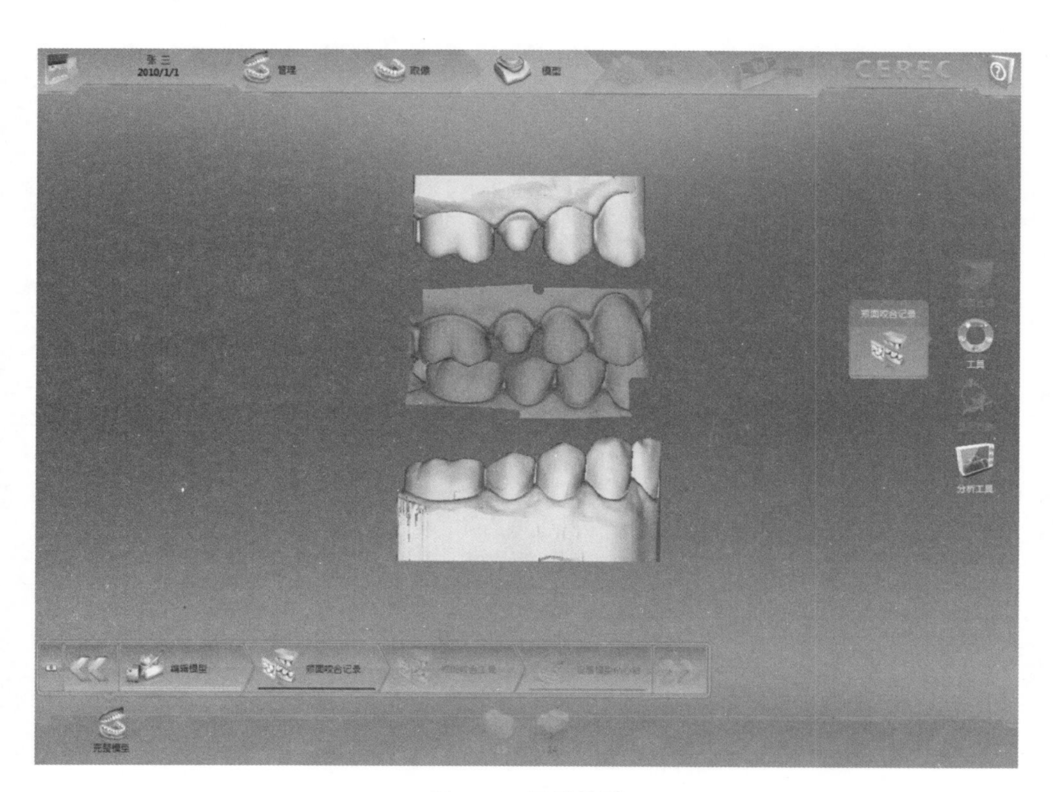

图 4-13　匹配模型

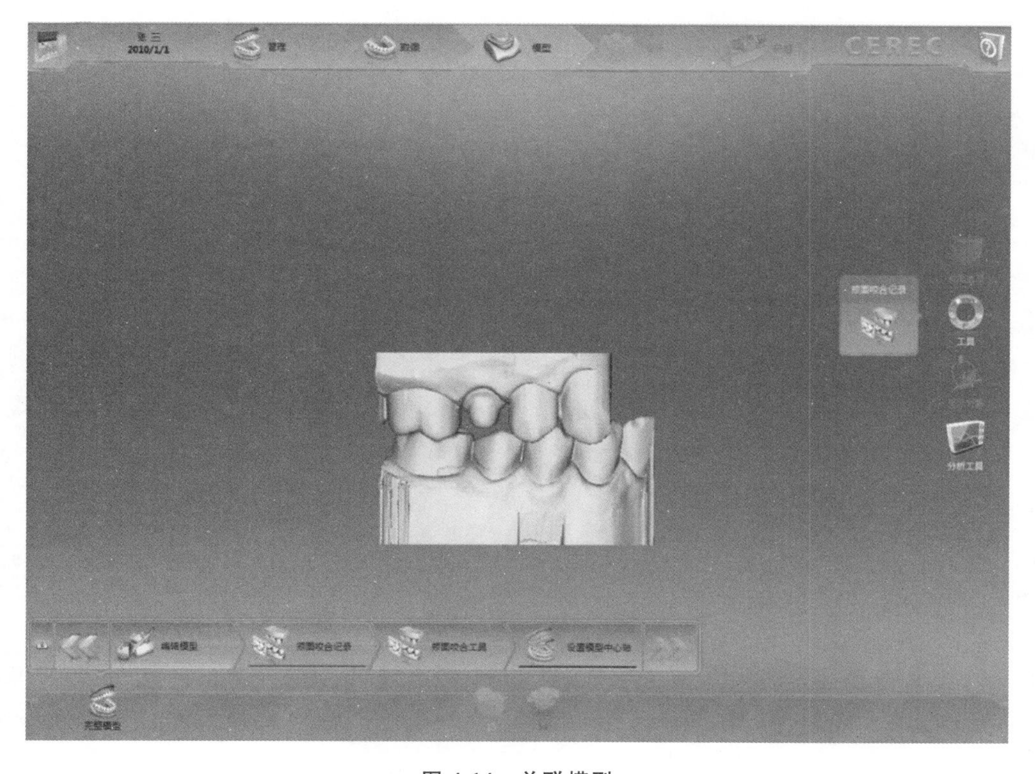

图 4-14　关联模型

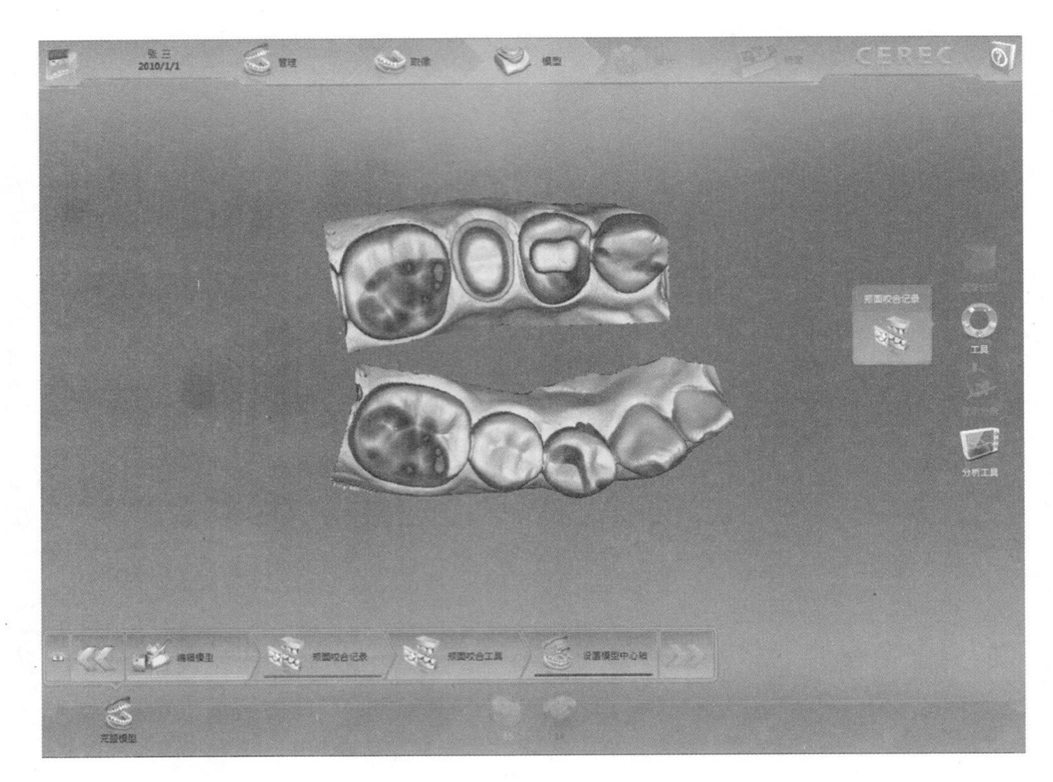

图 4-15　生成咬合

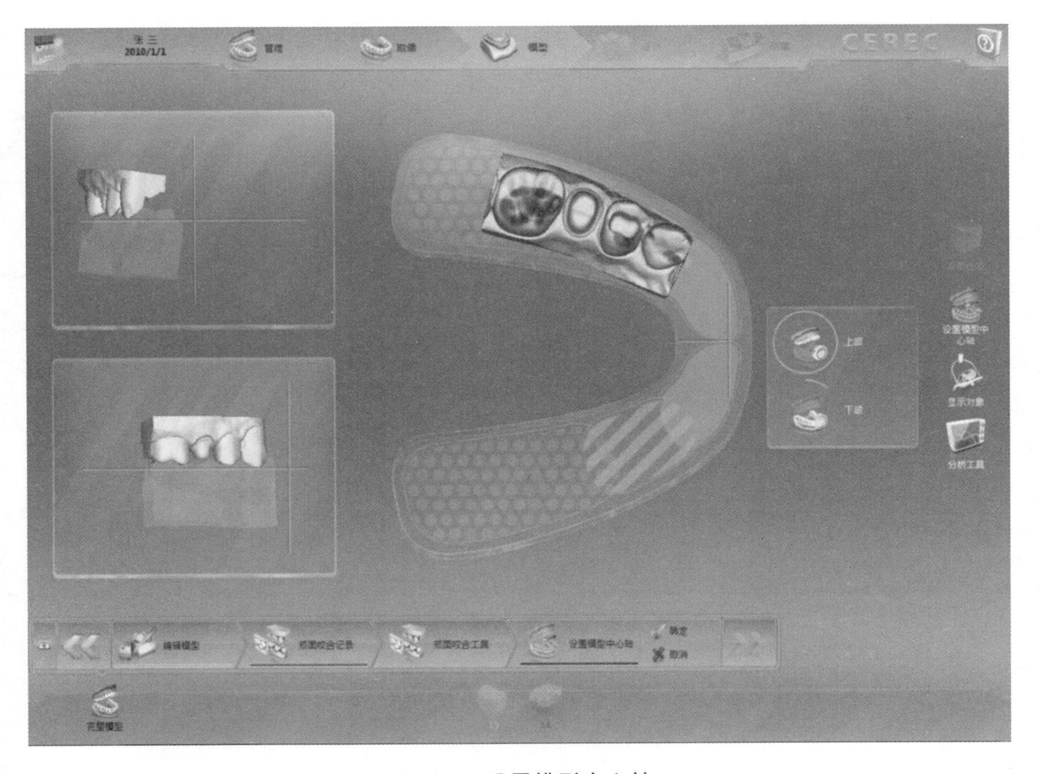

图 4-16　设置模型中心轴

Note

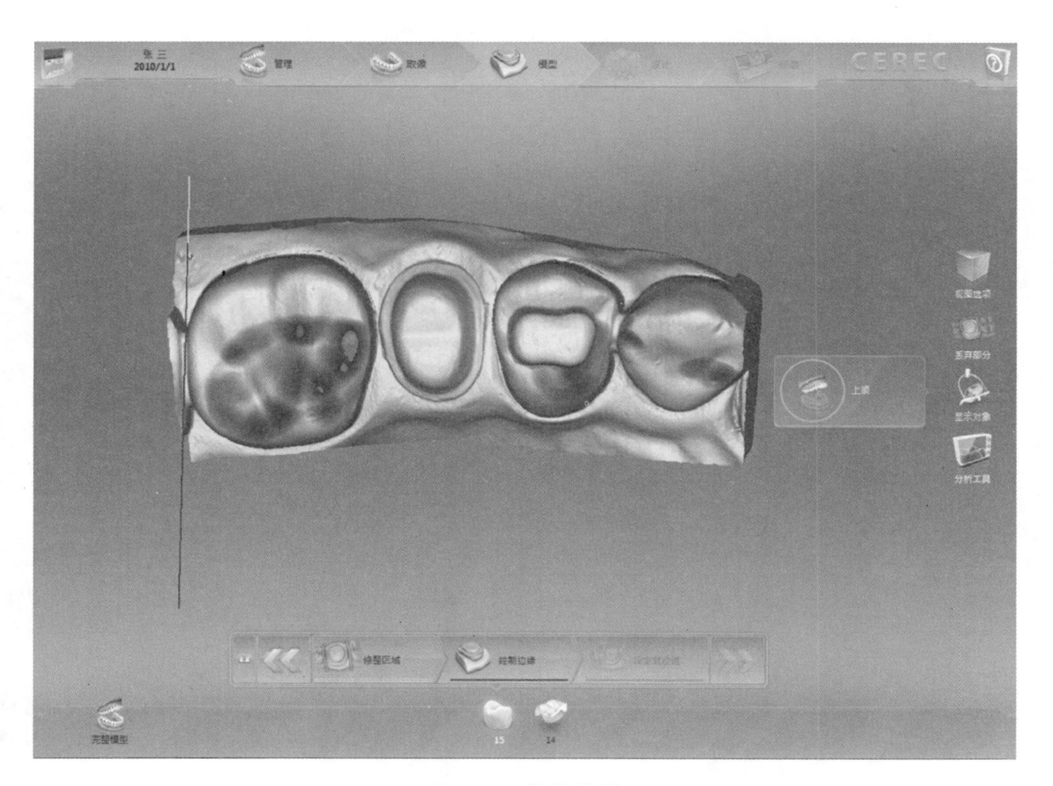

图 4-17　修整模型

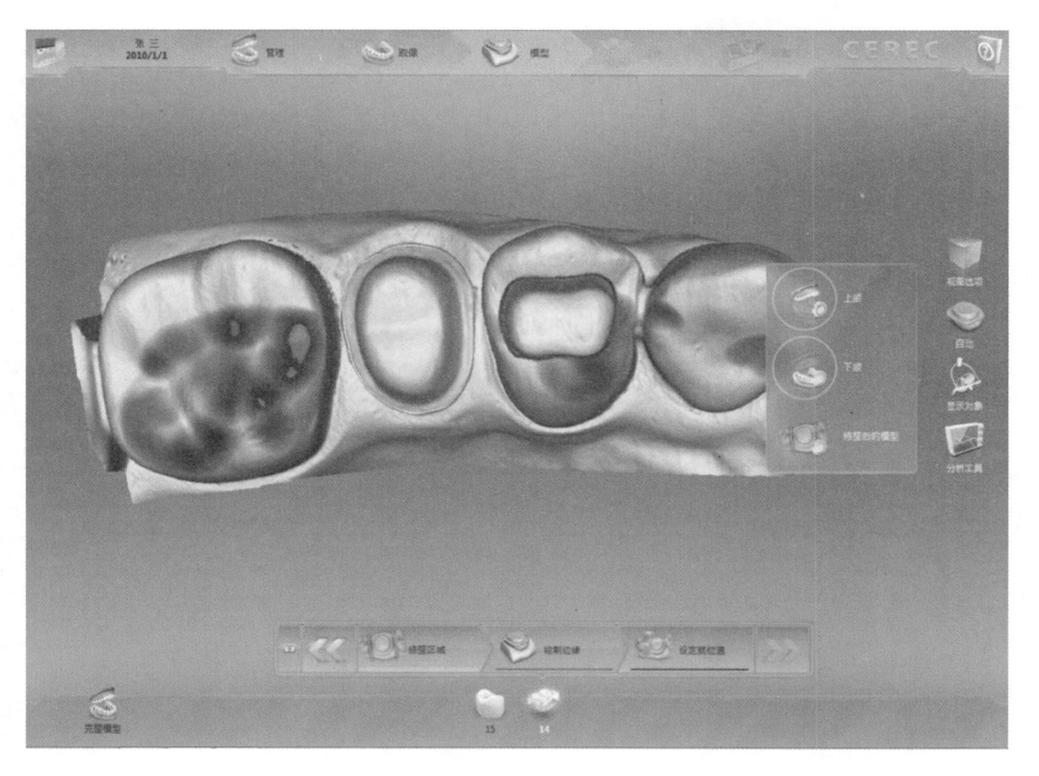

图 4-18　绘制边缘线

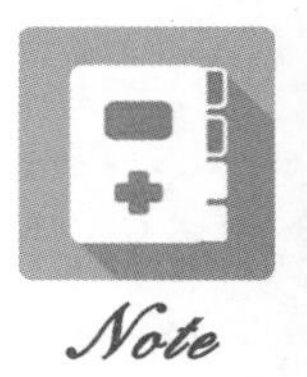

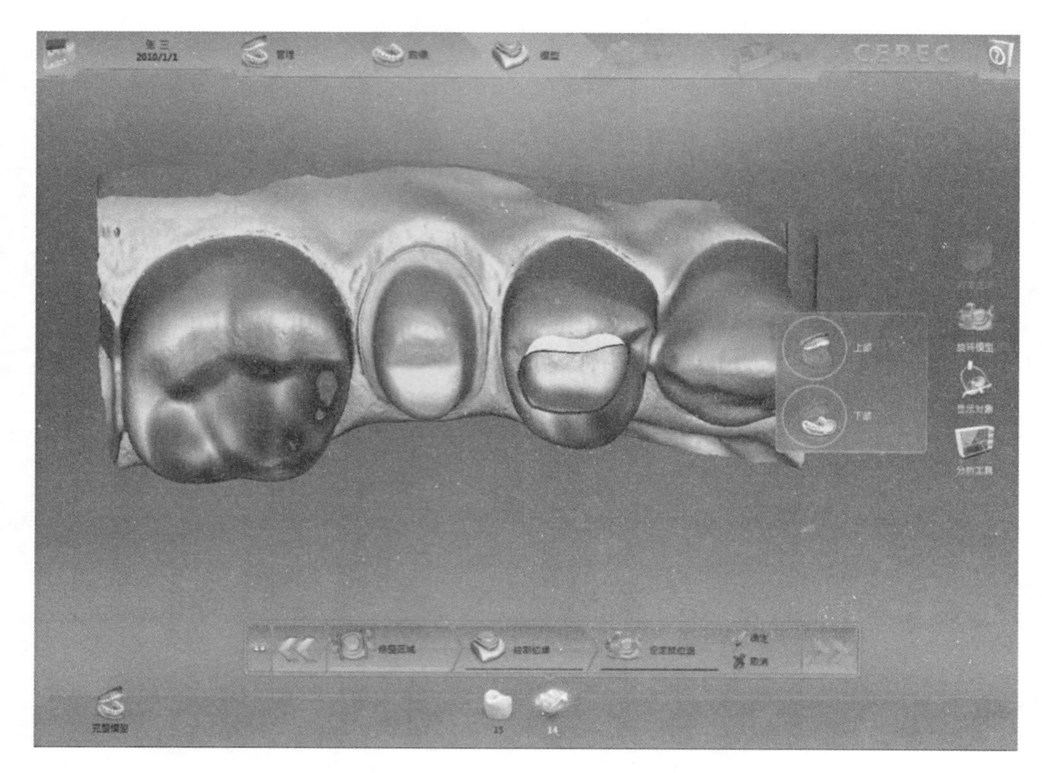
图 4-19　设定就位道(有倒凹显示为黄色)

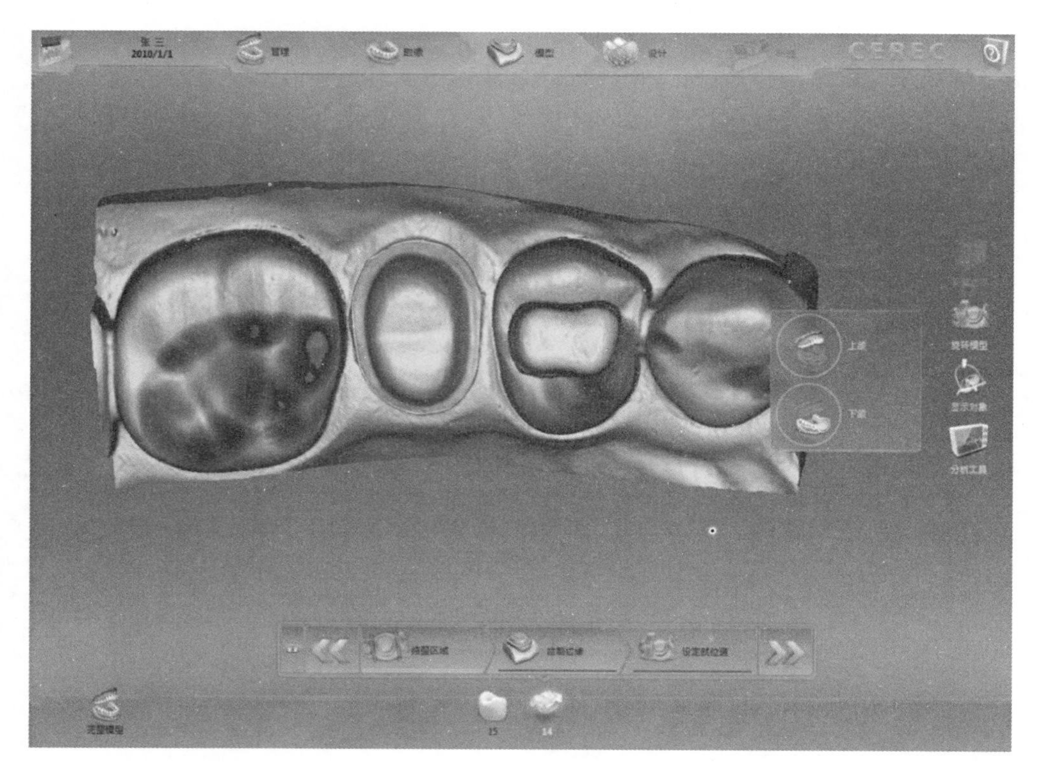
图 4-20　设定就位道

Note

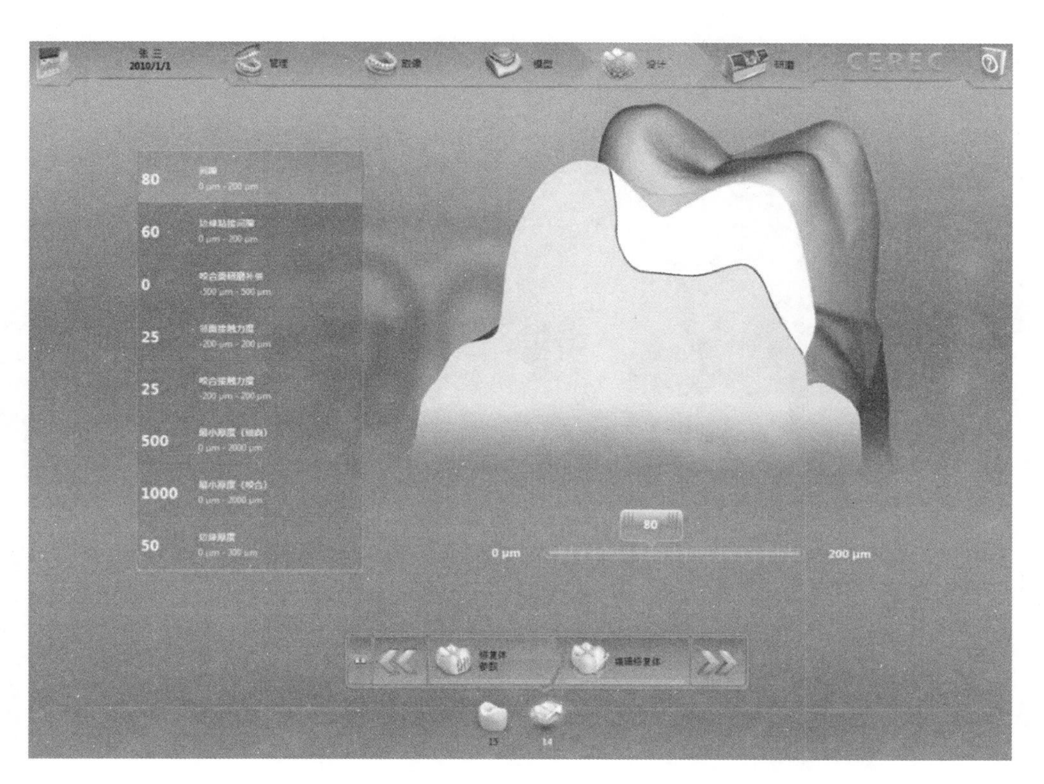

图 4-21 查看修复体参数

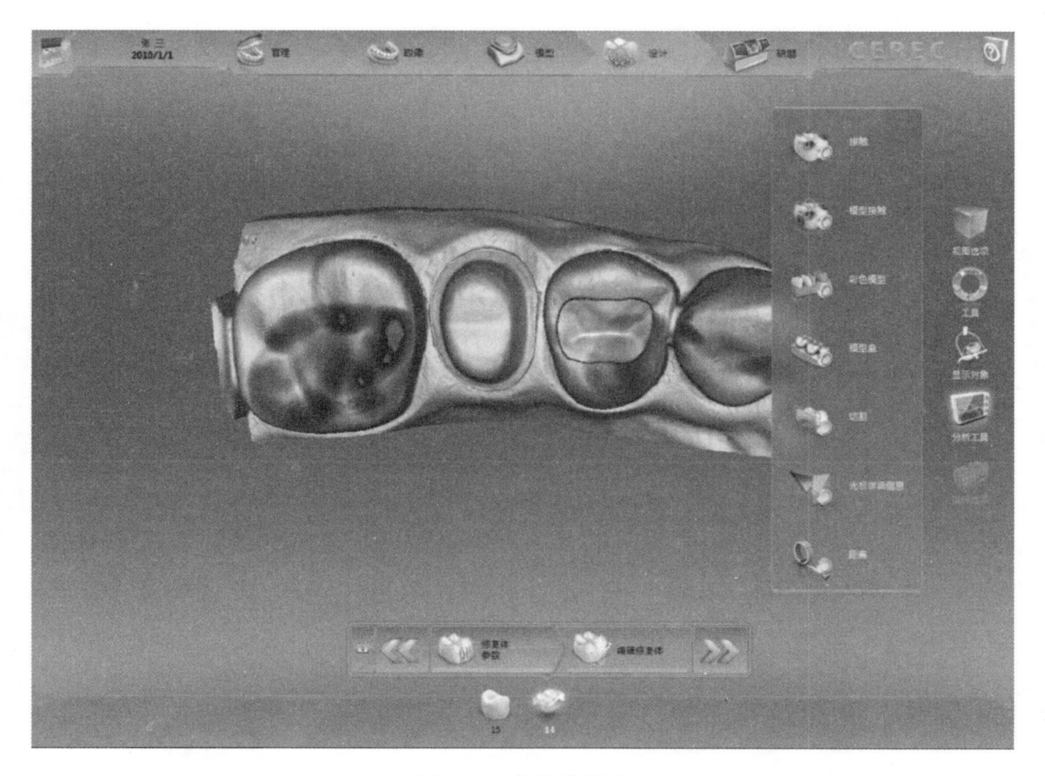

图 4-22 编辑修复体

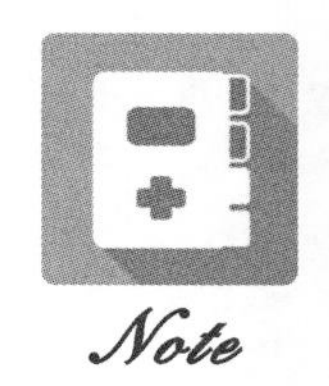

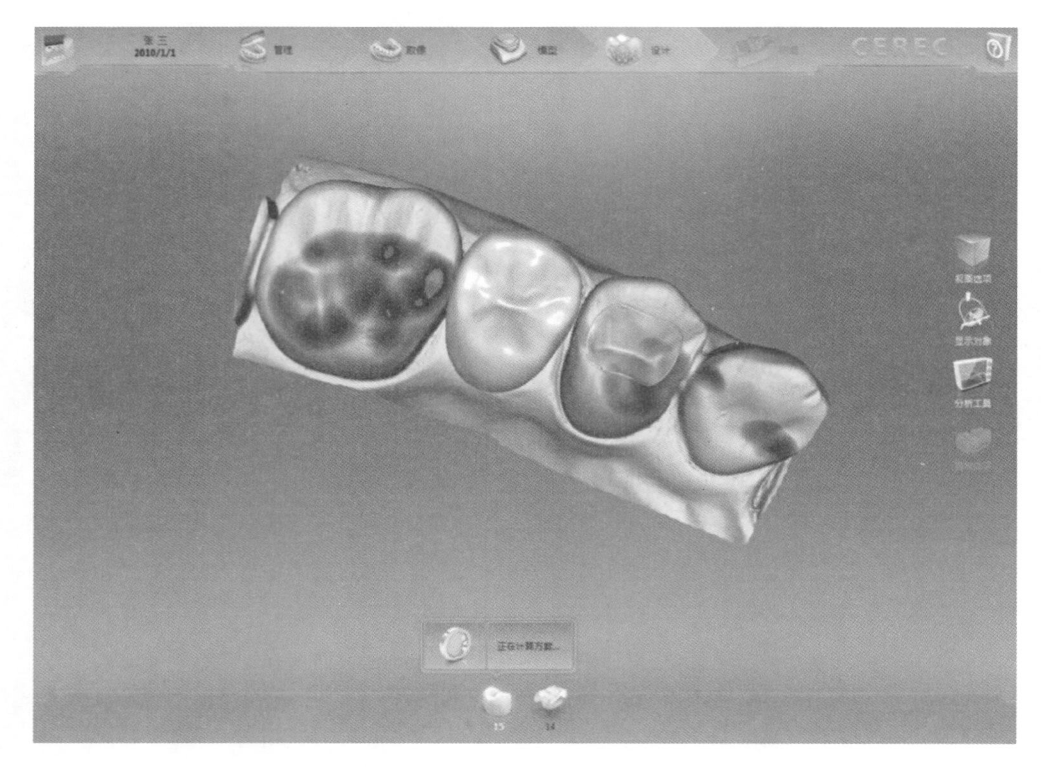

图 4-23　计算修复体

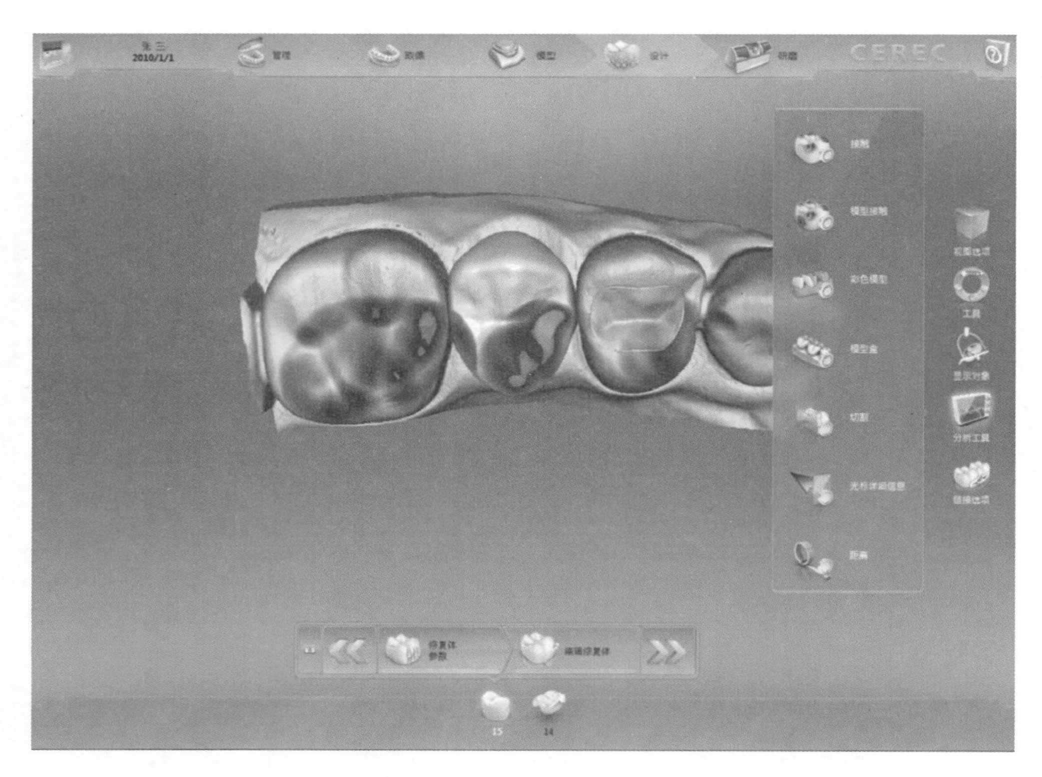

图 4-24　编辑第二个修复体

Note

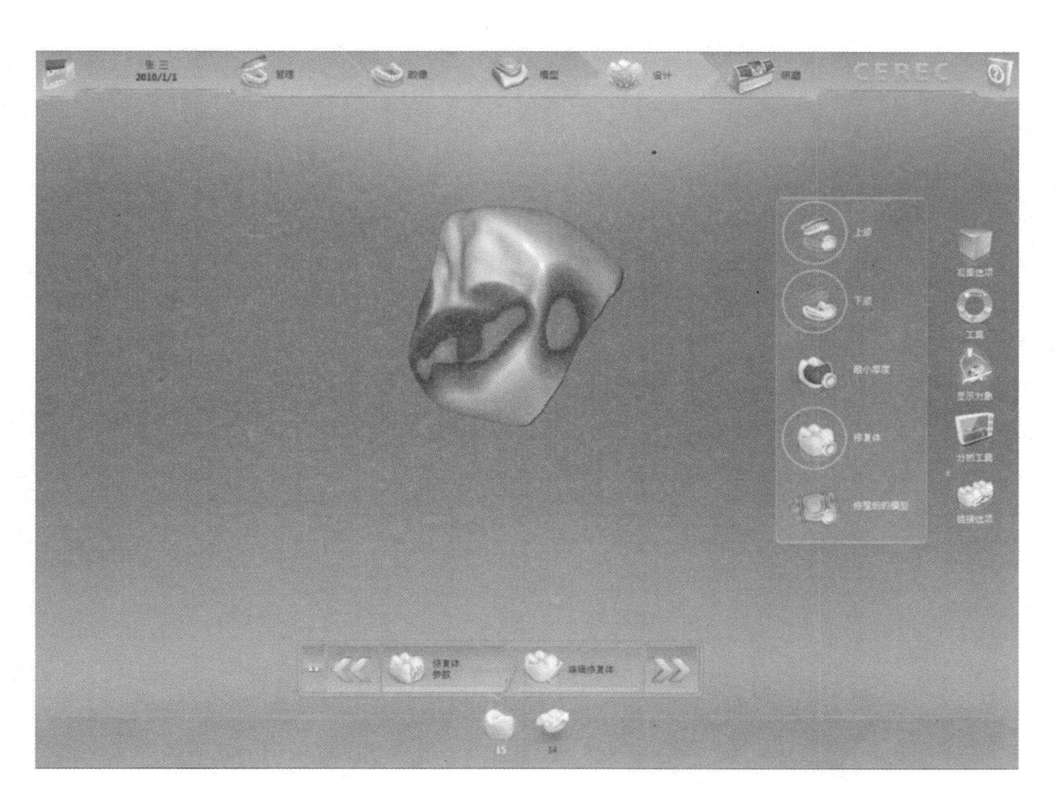

图 4-25　隐藏模型，编辑修复体

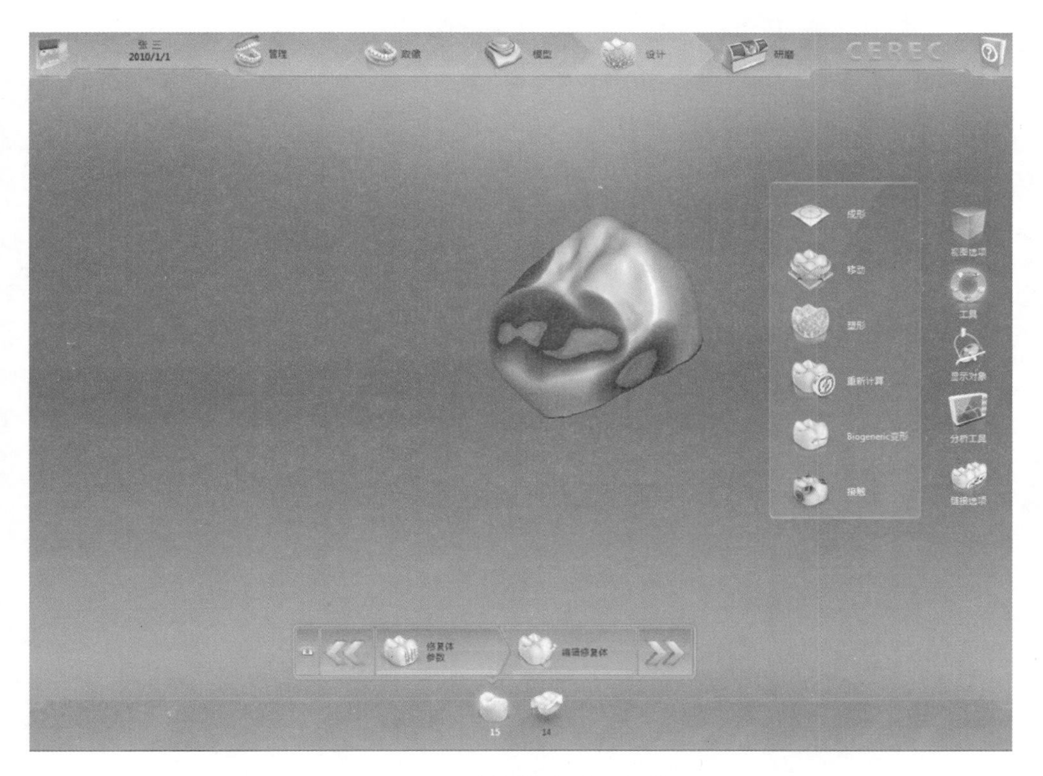

图 4-26　编辑模型，精细调整

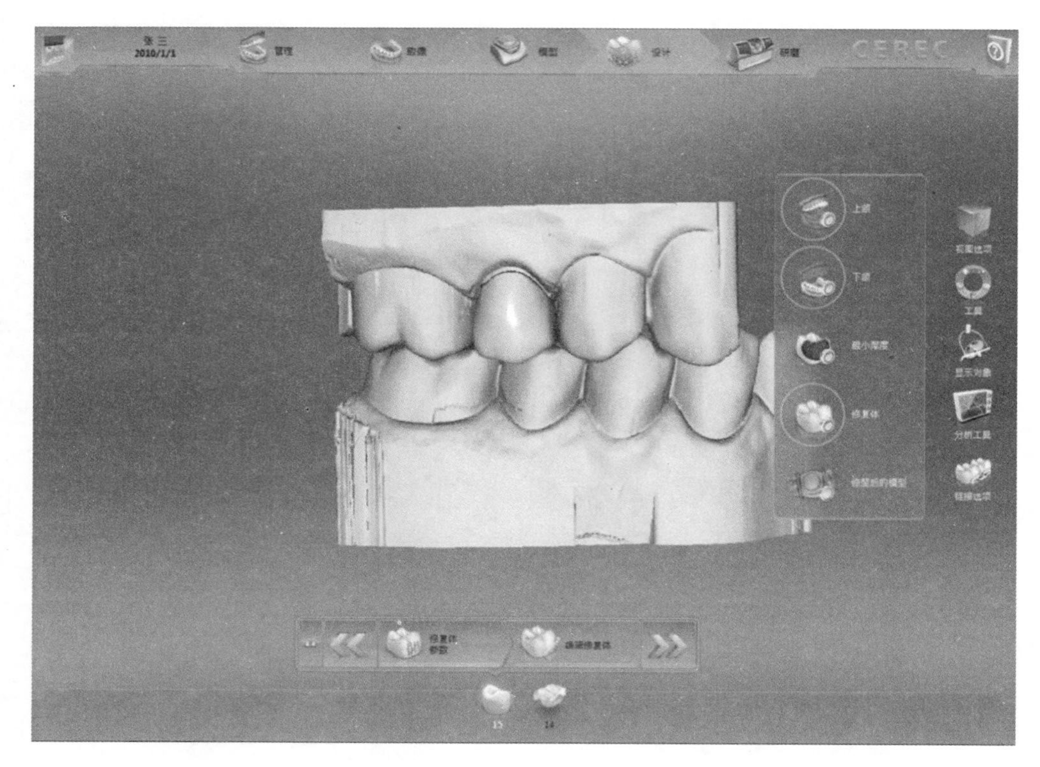

图 4-27　颊侧咬合

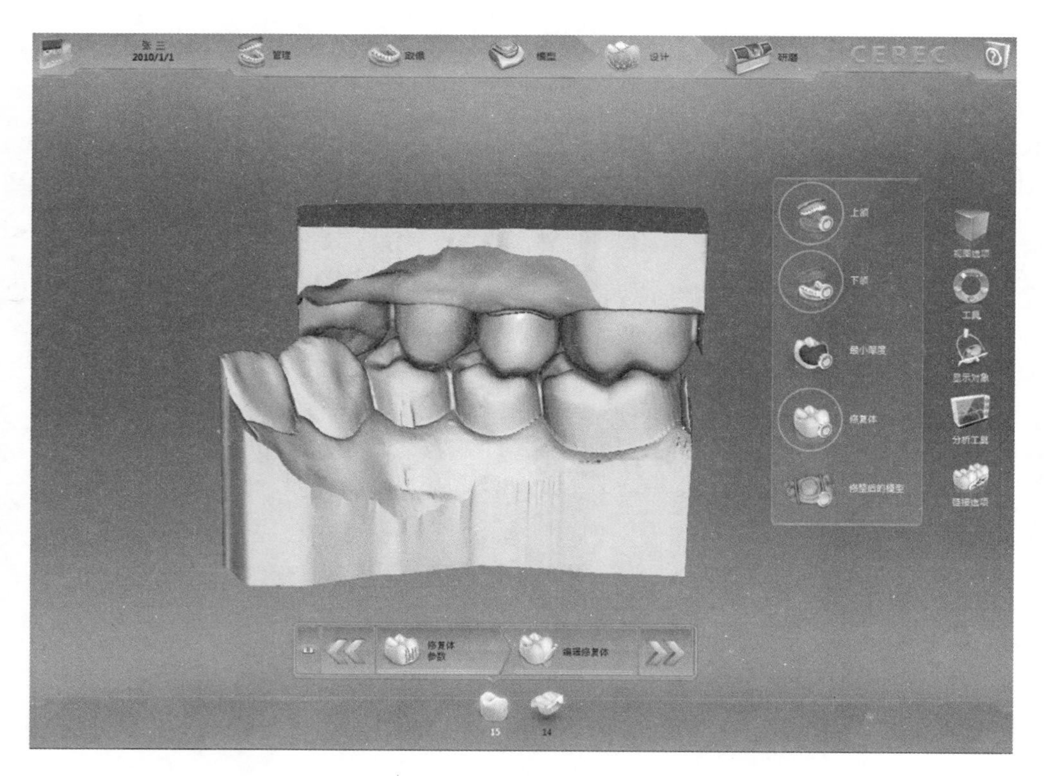

图 4-28　舌侧咬合

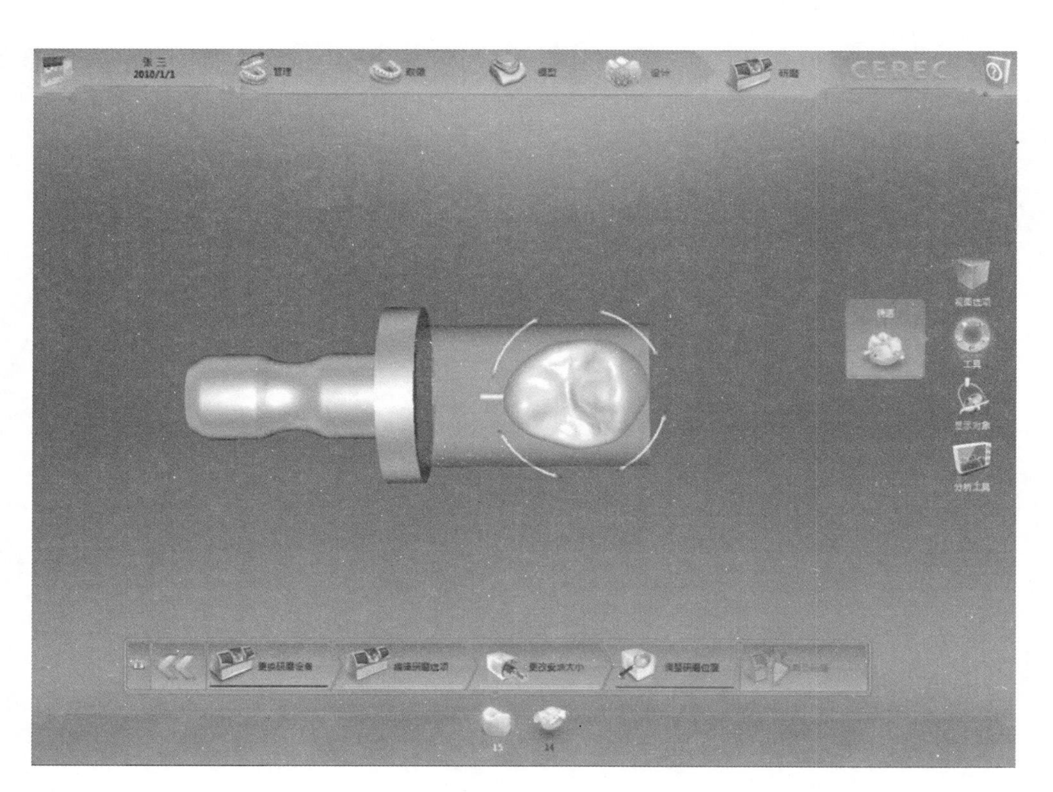

图 4-29 放置铸道

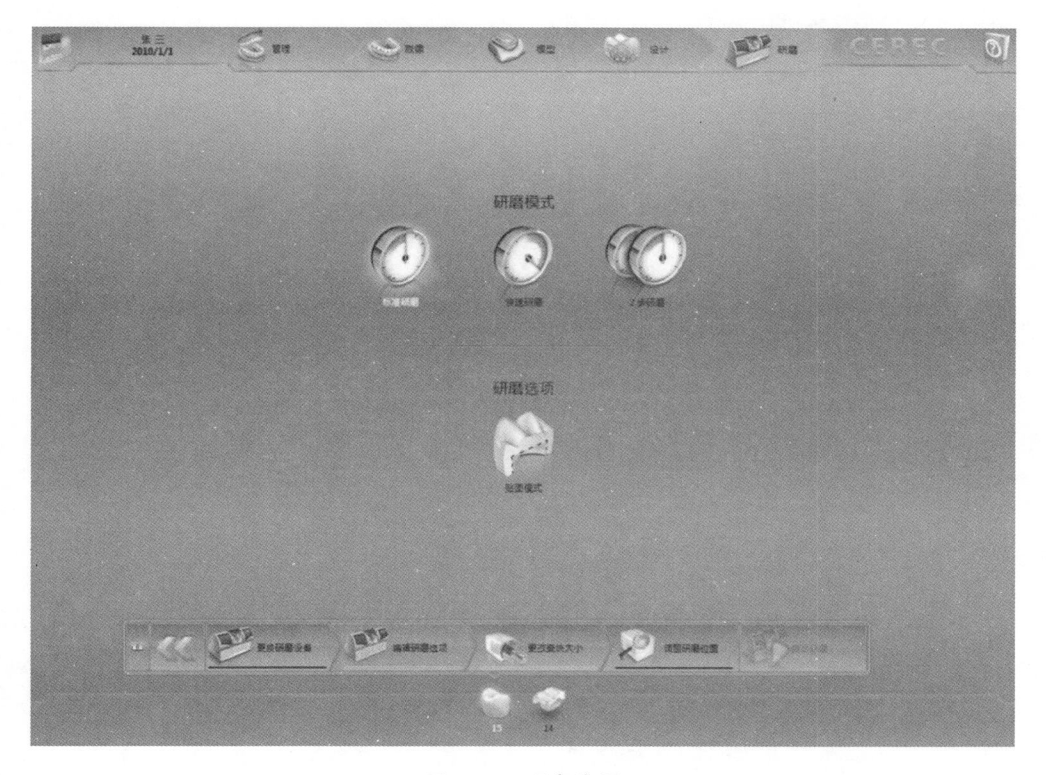

图 4-30 研磨选项

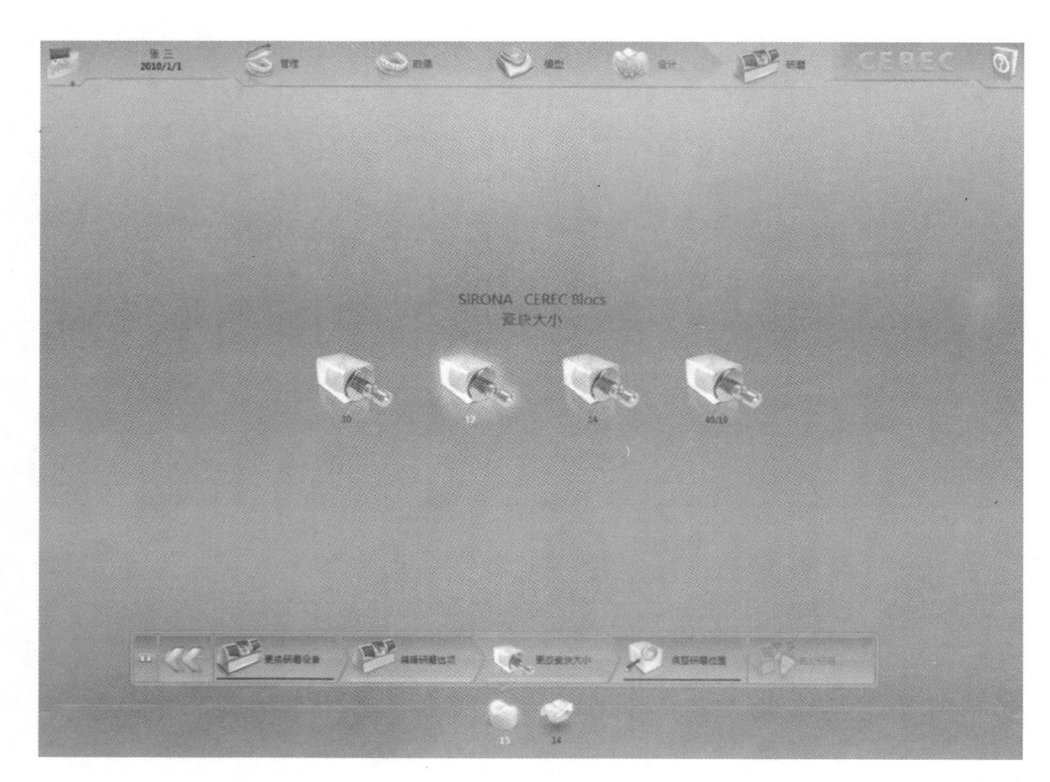

图 4-31　更改瓷块大小

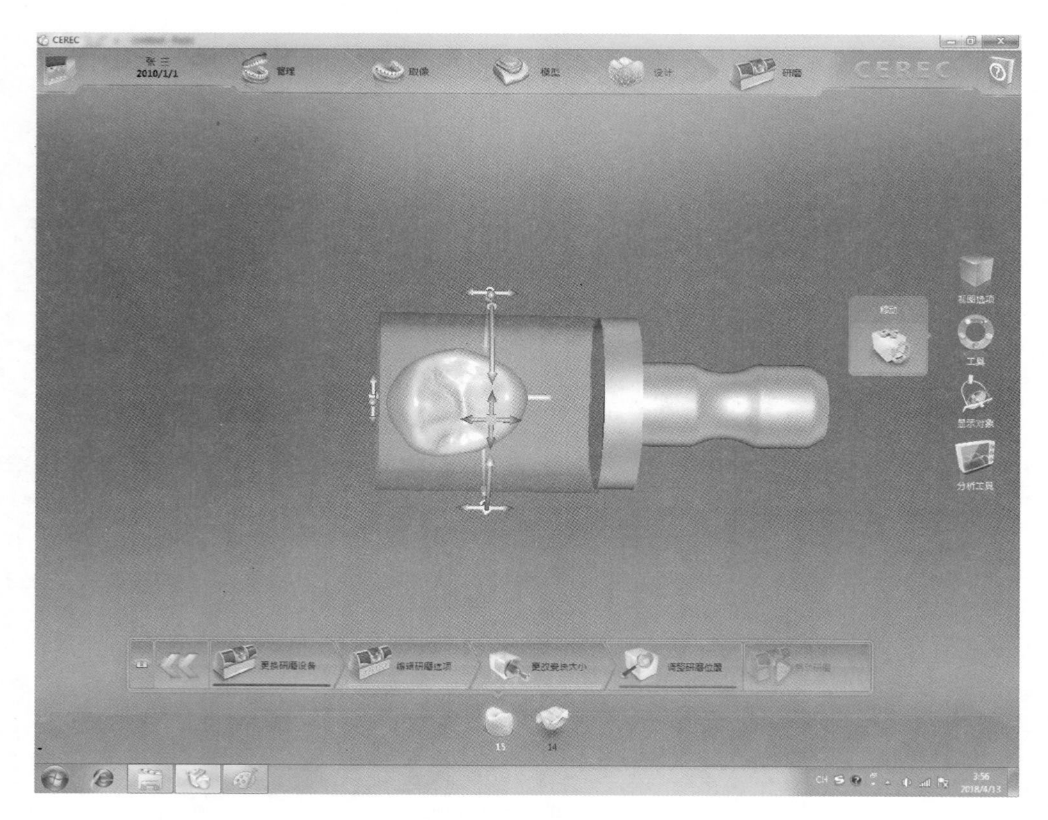

图 4-32　调整研磨位置

Note

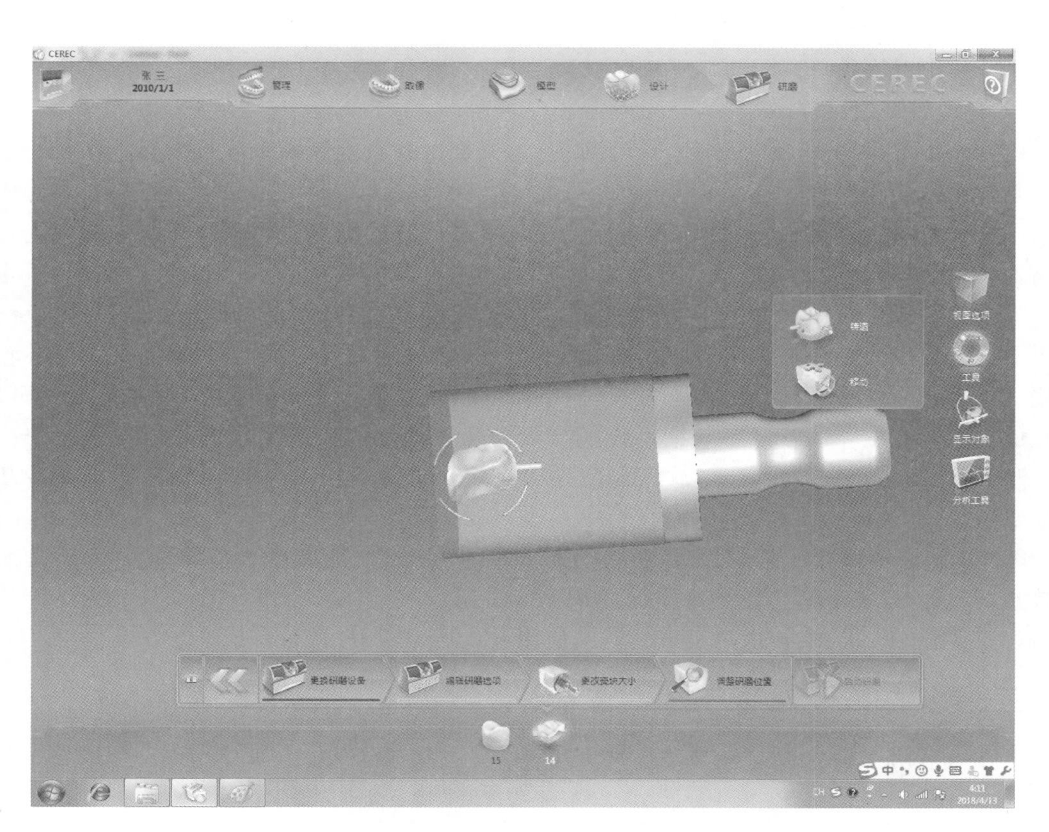

续图 4-32

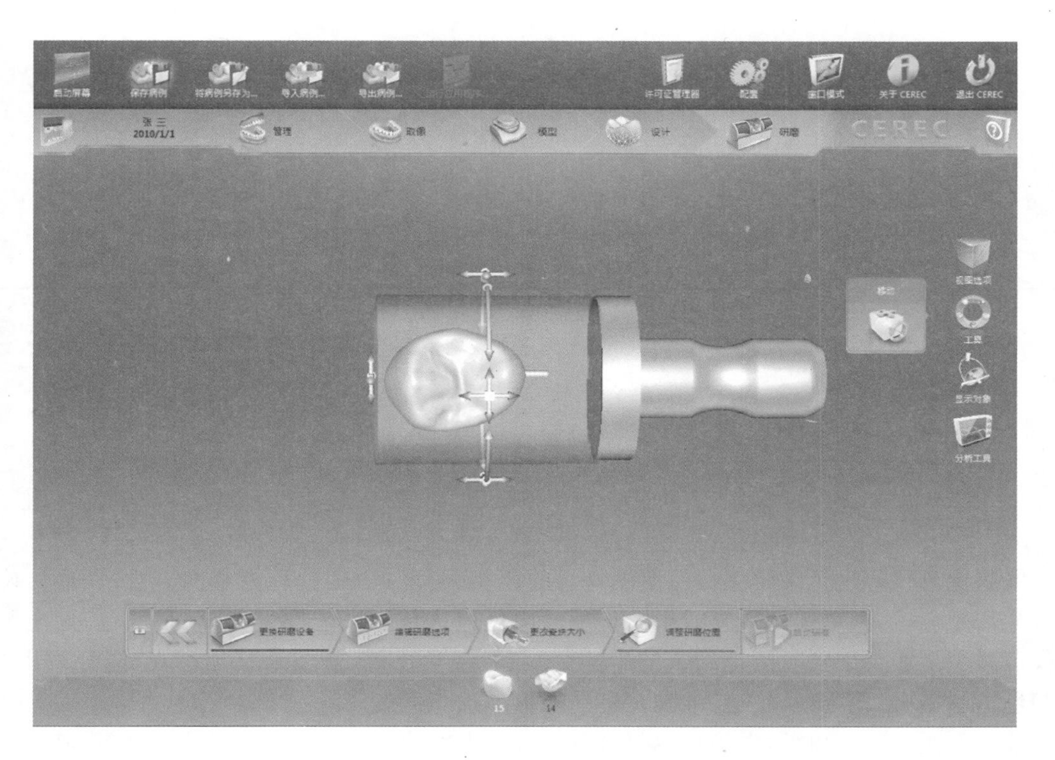

图 4-33 保存病例

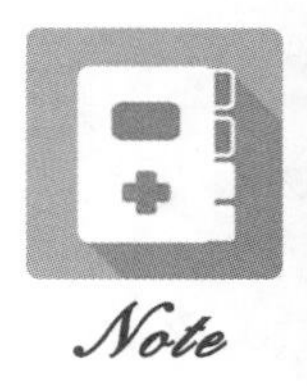

Note

(3) 将 CAD 设计资料传输至研磨仪上进行研磨。

(二) 维护保养

1. 大型研磨仪保养

(1) 车针更换：当车针磨损至一定程度时，电脑会出现需要更换车针的提示。最多研磨 25 个修复体后需更换车针。

(2) 换水须知：研磨一段时间后，电脑会出现需要换水的提示。如果冷却水中的陶瓷含量过高，会损坏泵和研磨驱动装置。环境温度超过 25 ℃时，需要每隔 2～3 天换一次水，防止腐败。不要使用扳手开关下方出水孔，手拧的力量应该足够。定期清洁过滤筛，如有可能应洗净晾干后继续使用。过滤筛损坏后应立即更换，或在 2 个月后进行更换，亦可多备几个滤芯轮换使用。注意：①每次研磨完成，将舱内清理干净后，请保持舱门为开启状态，使水汽自然蒸发，防止舱内水雾产生。②若设备长期不使用或设备需要搬运需先清除水路管道中残余的冷却水。步骤：取出水箱倒掉冷却水；放入水箱；按下研磨仪显示屏下的“Pump”键；直至无冷却水从喷水口流出，关闭水泵；再次倒掉水箱中的水，保持水箱及研磨舱干燥。③每研磨 200 min 后(20～30 颗玻璃陶瓷)，建议倒入 40 ℃左右的温水(蒸馏水或纯净水)，使用“Pump”功能连续泵水 20 min 以彻底清洁整个水路循环系统。

(3) 研磨仪校准：在初次启动或长时间使用设备后，必须进行设备校准。

三、常见故障及处理方法

CAD/CAM 系统的常见故障及处理方法见表 4-1。

表 4-1　CAD/CAM 系统常见故障及处理方法

故障现象	可能原因	处理方法
无法扫描	扫描连接线接触不良	检查电源插座 正确连接连接线 更换连接线
模型变形	镜头未校准	校准镜头
死机	病例储存过多	及时导出或清除已有病例 重启
无法无线传输病例	Wi-Fi 接收器接触不良或老化	更换 Wi-Fi 设备

(郑州大学口腔医学院　张克)

第二节　电脑比色仪

电脑比色仪通过色敏传感器对所测材料的色相、彩度、明度进行测量和分析，以便准确地测定牙齿颜色，达到最佳的修复效果。传统的比色方法顶多只能取得 30 余种颜色，而电脑比色仪可减少主客观因素对测色结果的影响，相较于视觉比色，其结果更加客观，能分辨出 208 种颜色，且具有使用方便、快速、准确及不受外界干扰等优点。

按照不同的工作原理，电脑比色仪可分为分光光度计、色度计和 RGB 成像装置，其中分光光度计和色度计较常用。分光光度计可通过多个传感器测定物体表面反射光线各波长的反射率，并在记录反射率值的同时将反射率曲线化，获得被测物体表面的分光光度曲线，每一条分

光光度曲线表达一种颜色。色度计是用与人眼具有大致相同光谱反应度的传感器测定物体红色、绿色、蓝色三原色含量的仪器，其结果的可重复性较好，但该仪器的设计难度较大，若制作不当则会影响测色的精确度。RGB成像装置的核心是CCD或CMOS感光元件，可将照射到其上的光线转换成电信号并通过A/D转换器转换成数字信号，获得RGB数据，同时还可通过图像处理器以特定格式进行图像储存；但RGB成像装置不是测量设备，它所获得的色彩信息不一定准确，只可提供参考，不能作为牙齿颜色的标准。

电脑比色仪依据其测色方式又可分为点测型(SM)和全牙测型(CTM)。

目前市场上有多种可供临床使用的电脑比色仪。本节以ShadeEye NCC(Shofu Inc，日本)为例来进行介绍，其测色方式为点测，由便携式测量装置、微电脑和打印机三部分组成，它测得的牙齿颜色信息可通过红外线传递给打印机，打印出匹配的瓷粉配方。

一、结构及工作原理

(一) 结构

电脑比色仪由脉冲光源、束光器、传感器、光电转换器、CPU芯片、显示器、打印机、电源等组成。

(二) 工作原理

接通电源，机器产生的脉冲光源经束光器导向、调节光源视野，最终定位于被测部位，而后通过传感器探测被测牙齿的信息，按一定规律变换成电信号，再经光电转换器将天然牙表面的色彩转换成数字化信息，并客观准确地记录在微电脑中，CPU对收到的数据进行处理，经过软件的转换，优先选出与之匹配的最佳瓷粉型号，最终结果在显示屏上显示出来，还可以经由打印机打印出纸质版测色结果。

二、操作常规及维护保养

(一) 操作常规

(1) 打开电源，控制器预备灯亮。

(2) 显示器上变换显示“CAL”和“LI”，表示可对自然牙测色；按动控制器“MODEL”模式键，显示器显示“CAL”和“PO”，表示可对瓷牙测色。

(3) 确定模式后，把校准盖盖在探头上，然后按“MODEL”键，探头将闪光三次，机器进行自动校准。直至显示器上显示为“000”时，表示校准完成，此时可以开始测色。

(4) 将探头上的探嘴直接紧贴在被测牙齿的表面，距牙龈1～2 mm处，然后按动开关3～5次，每按一次，探头将闪光一次。

(5) 测色完毕，打印机开始打印结果。

(6) 如需要打印制作此颜色的瓷粉配方，则可以按“MODEL”键，配方将会自动打印出来。

(7) 如果需对下一个患者比色，只需再把探头对准患者的牙齿，重复步骤(4)、步骤(5)。

(二) 维护保养

(1) 应保持整机干净，不得用腐蚀性液体擦拭。

(2) 特别注意保持探嘴和校准盖的清洁，可用软布沾无水酒精擦拭。

(3) 保证各组成部件连接完好，以保证信息的正常传输。

(4) 需定期校对。

三、常见故障及处理方法

若机器在自动校准后，显示器显示“E2”而不是“000”，有可能是没校准好，此时应重新校

Note

准，也有可能是校准盖有污垢，应打开校准盖后面的小盖子，清洁里面的白色校准片。

（辽东学院　邢庆昱）

第三节　口腔扫描系统

便携式彩色口内扫描仪是可以随身携带移动的彩色口内扫描仪。它具有移动方便、占用空间小、与电脑连接方便、扫描模型或照片的清晰度较高等优点。彩色扫描仪可获得最佳的准确度和舒适度，其高精度扫描可捕获更多的口腔组织细节，使扫描过程更加流畅。

一、结构与工作原理

（一）结构

便携式彩色口内扫描仪的标准配置：扫描枪（图 4-34）、电源线、电源供应器、互联网电缆、USB 数据线、USB 密钥、POD 底座、扫描头、保护头、数据转换器、普通校准头、彩色校准头等。

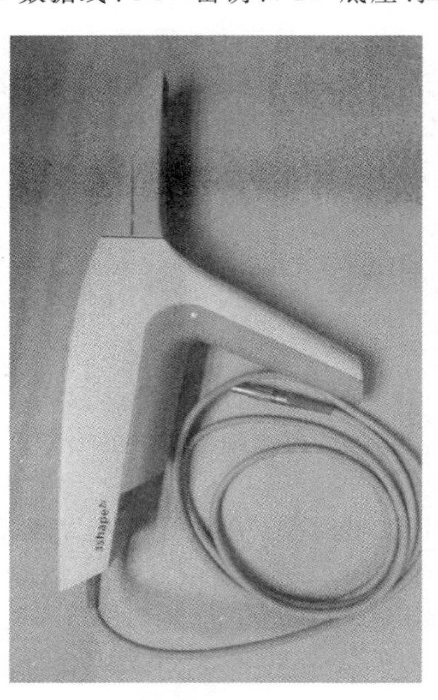

图 4-34　扫描枪

（二）工作原理

1. CEREC 系统　CEREC 系统最早出现，也是目前临床上应用较为广泛的系统。CEREC 系统主要应用三角测量技术，其基本原理如下。发射光束到牙齿表面，光反射至电荷耦合器后成像，将牙齿放入三维坐标系中，根据系统中设定的物距、像距、主光轴与 CCD 成像平面夹角、入射光与主光轴夹角以及 CCD 上牙齿表面定点对应的相点成像位置信息，通过求解光路系统相似三角形得到牙齿的形态及位置。由于其表面不均匀的光反射会影响信息采集的准确性，故而在牙齿表面喷不透明粉末，以提高信息采集的质量。CEREC 第四代 CERECACBluecam 是目前应用最多的 CEREC 产品。它采用 LED 蓝光二极管作为光源，发射可见蓝光获取信息，可在 1 min 内获取一侧单牙牙弓数字化模型。

2. Trios 系统　其原理基于共焦显微成像技术，独创结合特殊光路震荡系统的超快光学切除技术。该系统能够自动识别聚焦平面上的物体变化，并同时保持扫描仪与被扫描物体间的相对位置关系固定。此外，每秒高达 3000 图像的采集速度也减少了扫描探头与牙齿间的相对运动影响，从而减少扫描误差。Trios 系统通过采集图像组合构建的方式最终形成立体三维图形，即为数字化印模。Trios 系统属于开放性系统，其扫描文件以 STL 格式传递，可用于其他 CAD/CAM 系统。

3. LavaC. O. S 系统　LavaC. O. S 系统采用主动波阵面采样技术，通过单透镜成像系统获得 3D 数据，3 个传感器可同时从不同角度捕获临床图像，并通过专有图像处理计算法生成具有聚焦和离焦数据的表面斑块，其动态摄像扫描速度可达到每秒 20 帧，在每次扫描中体现超过 10000 个数据点。该系统设备扫描头仅宽 13.2 mm，以脉冲可见蓝光作为光源，扫描前需

在牙齿表面喷涂粉末增强辨识度，因而通过该系统扫描的数字化印模非真彩印模。该系统扫描得出立体光刻(SLA)模型，所有系统的终端都可在SLA模型上操作，因此技工室不仅可制作Lava冠并在FPD上显示，还可制作其他类型的牙冠。多数情况下该系统在专有平台上以专有格式传递文件，仅可通过其支持的特定CAD软件和CAM设备来设计和制作修复体，因其具备与其他软件的兼容性，LavaC. O. S系统成为半开放系统。

4. iTero系统 其原理为共聚焦显微成像技术，通过该系统获得的数据清晰度高，细节表现力好，扫描精度较高，但因其采用逐层扫描模式，扫描速度相对较慢。iTero系统使用红色激光器作为光源，通过平行共焦扫描可捕获口腔内的所有结构与材料，无须扫描粉末涂覆牙齿。iTero系统是开放式系统，完成的数字印模以STL格式传递，能与接受STL格式的软件兼容。通过无线系统传送到Cadent设备和技工室。该模型的独有特征是模型既可用作工作模型也可通过修正作为软组织模型。

二、操作常规及维护保养

（一）操作常规

1. 口内扫描仪的安装连接 取出USB数据转换器，将USB连接线小头端插上；将数据电缆网线的一端插入USB数据转换器；将数据电缆网线的另一端插入POD。将扫描枪的线插入POD插孔，插头上的红点与插孔上的红点相对应。将电源供应器的插头插入POD电源插孔，插头上的红点与插孔上的红点相对应。将电源线的三孔端插入电源供应器的插孔中。将USB数据线的USB端插入电脑的USB接口中(2.0和3.0均可)。接入220 V电源，打开电脑后USB数据转换器和POD有绿色信号灯亮，扫描仪连接正常，可以使用。

口内扫描仪与电脑连接完成，打开电脑插上加密锁后，3个信号灯为绿色，表示扫描仪连接正常，如果是蓝色表示异常。注：口内扫描仪必须安装在固定的台面上，把数据、电源线收好，避免不必要的接触使扫描仪摔坏受损等。

2. 口内扫描仪的软件安装 如TRIDS软件。

3. 口内扫描仪的使用 口内扫描仪在使用前，要先把保护头取下，更换成已经消毒过的扫描头(保护头内没有导热片和反光镜片)。

1）打开软件

步骤一：在桌面双击快捷图标打开软件。

步骤二：单击选择用户进入软件。

提示：左上角有“扫描仪将准备好”，表示扫描仪连接正常。

步骤三：在订单创建步骤，单击“添加患者”，出现“添加患者”对话框。把患者ID、姓名、出生日期和备注信息填写完成，单击“确定”按钮。

步骤四：单击“新的预约”选择技工所、要扫描的基牙、牙齿类型、牙齿颜色、齿桥类型和交付日期等。

步骤五：单击“口内扫描”，系统会提示先扫描下颌，也可以选择先扫描上颌。扫描前，请在扫描仪上安装好扫描头。扫描仪会自动给扫描头加热，等加热完成后(100%)方可开始进行口内扫描。注意：患者因换气会呵出热气，使扫描头的反光镜片上有雾状凝结，需要通过加热烘干，所以扫描仪和扫描头会有一定温度。

步骤六：按一下扫描枪上的扫描按钮，扫描仪发出声音，扫描头发出强光后开始扫描。电脑也会发出“哒哒”的声音。匀速移动扫描仪扫描牙冠区域，显示屏上会显示正在扫描的区域、已经扫描的区域。扫描完成后再按一下扫描按钮结束扫描。扫描时如果扫描正常，已扫描区域会显示绿色的边框，电脑也会连续地发出声音。如果扫描速度过快、抖动、扫描头焦距不对

时扫描仪会停止扫描。已扫描区域和正扫描区域边框为红色，正扫描区域显示模糊，需要把扫描头移动到已扫描区域红色框内显示的地方接着扫描。

2）扫描注意事项　在扫描前，软件会弹出提示菜单：①扫描前扫描头要装在扫描仪上。②扫描时要保持缓慢稳定的速度。③扫描时电脑发出声音“扫描正常”。④如果声音停止，扫描中断，扫描区的方框会提示需要返回重新扫描的位置。⑤扫描时要避免舌部、颊部和唇部的干扰，可用口腔镜、棉签和戴手套的手指来进行辅助扫描。

加热完成后扫描仪会提示现在就绪，可以开始扫描了。软件会默认提示先扫描下颌，我们也可以选择先扫描上颌，然后把扫描头放到患者口腔内进行扫描。注意：因为患者口腔里有唾液会反光而影响扫描精度，所以扫描前要对患者口内的基牙进行清理、隔湿处理。

检查边缘是否清晰，如果不清晰则需要用排龈线排开牙龈后进行扫描。

4. 半口扫描（图 4-35）

（1）从对殆牙的最后一颗牙位开始扫描，先从殆面开始，一直到前牙。

（2）从前牙的舌侧外回扫描，注意与殆面相连接。

（3）从舌侧扫描完毕后缓缓转入唇颊侧，一直扫描到前牙。

（4）最后检查有没有地方需要补扫。

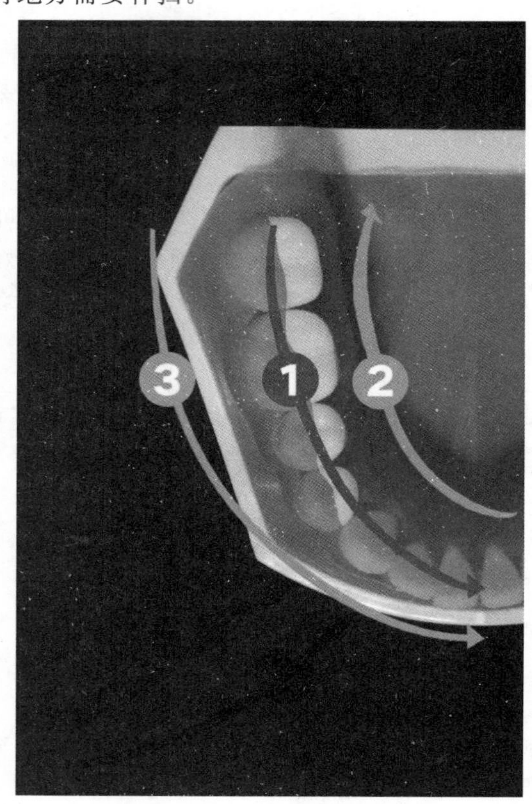

图 4-35　半口扫描顺序

①围绕着基牙扫描（图 4-36）一遍，边缘清晰可见。

②转移到基牙后方，扫描殆面。

③顺带慢慢转移到颊侧，扫描颊侧。

④之后扫描同牙的舌侧。

⑤转移口内扫描仪到基牙前端的前牙（殆）面。

⑥环绕着前牙扫描唇侧和舌侧直至扫描完成。

Note

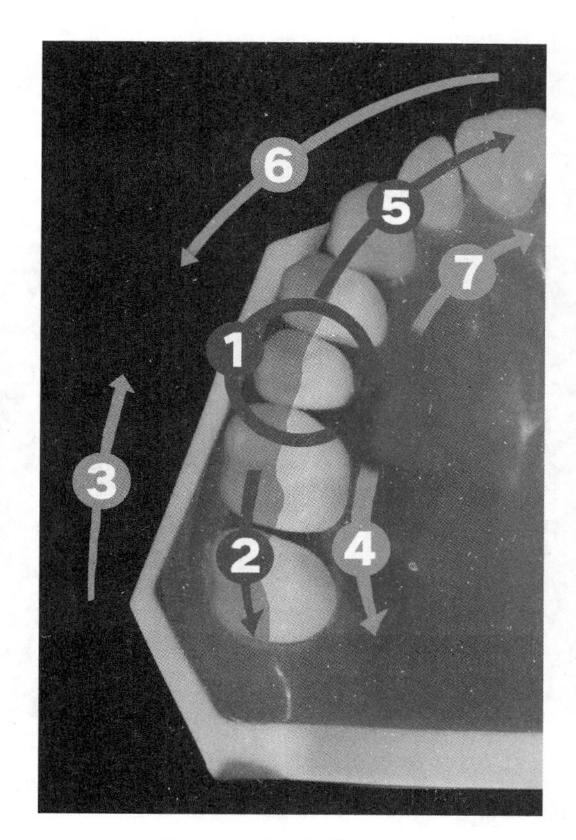

图 4-36　基牙扫描顺序一

5. 全口扫描(图 4-37)

(1) 从对𬌗牙的最后一颗牙位开始扫描,先从𬌗面开始,一直到前牙。

(2) 从前牙的舌侧外回扫描,注意与𬌗面相连接。

(3) 从舌侧扫描完毕后缓缓转入到唇颊侧,一直扫描到前牙。

(4) 最后检查有没有地方需要补扫。

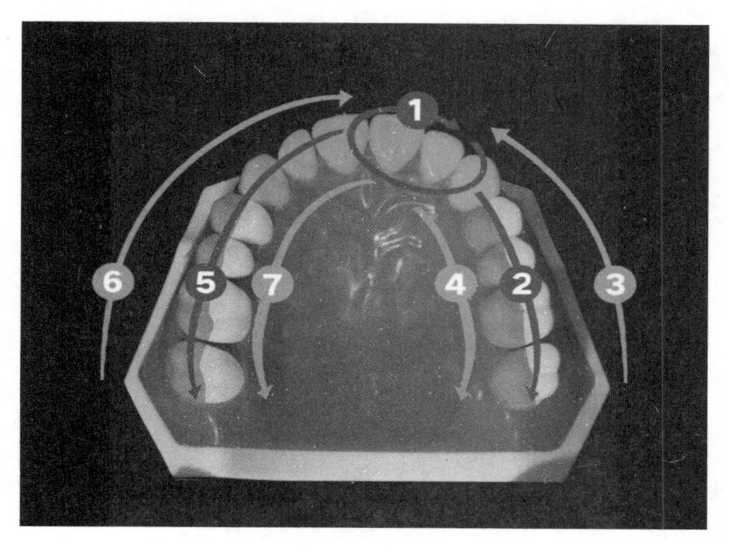

图 4-37　全口扫描顺序

①围绕着基牙扫描一遍(图 4-38),边缘清晰可见。

②转移到基牙后方，扫描殆面。

③顺带慢慢转移到颊侧，扫描颊侧。

④之后扫描同牙的舌侧。

⑤转移口内扫描仪到基牙前端的前牙殆面。

⑥环绕着前牙扫描唇侧和舌侧直至扫描完成。

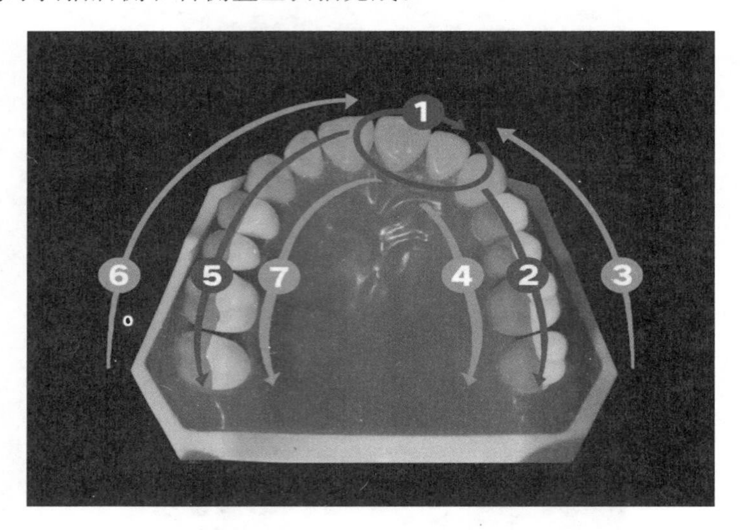

图 4-38　基牙扫描顺序二

步骤七：扫描时先扫描预备体，完成后再扫描邻牙的近远中，最后扫描牙弓。完成后系统会提示邻牙检测没有扫描完全或扫描数据丢失，再将需要扫描的地方进行补扫(图 4-39)。

注意：扫描的牙弓上有绿色的标记，表示此处没有扫描出来，系统自动补充的。

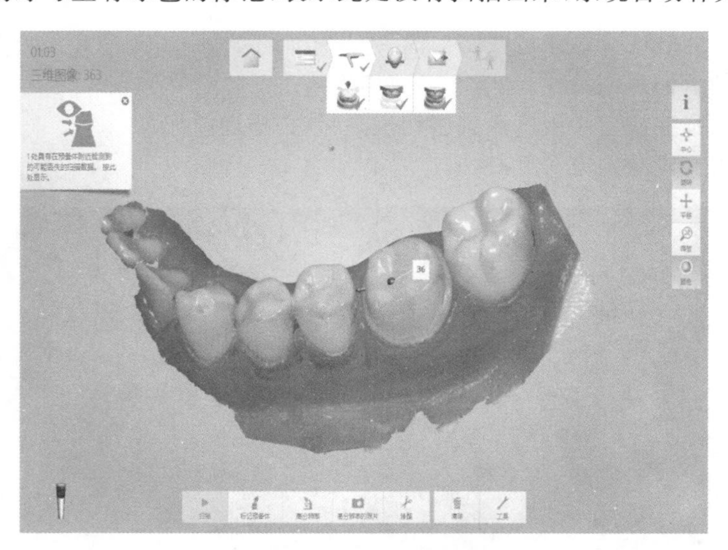

图 4-39　预备体扫描

步骤八：扫描完成后需要标记预备体。按牙齿编号标记预备体(图 4-40)。

预备体编号不能标错了，如果有标错的，需要重新标记。

步骤九：如果有的基牙扫描不清楚，可以用高分辨率的照片。单击“高分辨率的照片”，把扫描头对准基牙，按一下扫描按钮，扫描区域出现绿色边框，在清楚地看到扫描不清楚的位置时，再按一下扫描按钮进行拍照。可拍多张高分辨率的照片，照片会和扫描数据重合，发送数据时会一起发送(图 4-41)。

Note

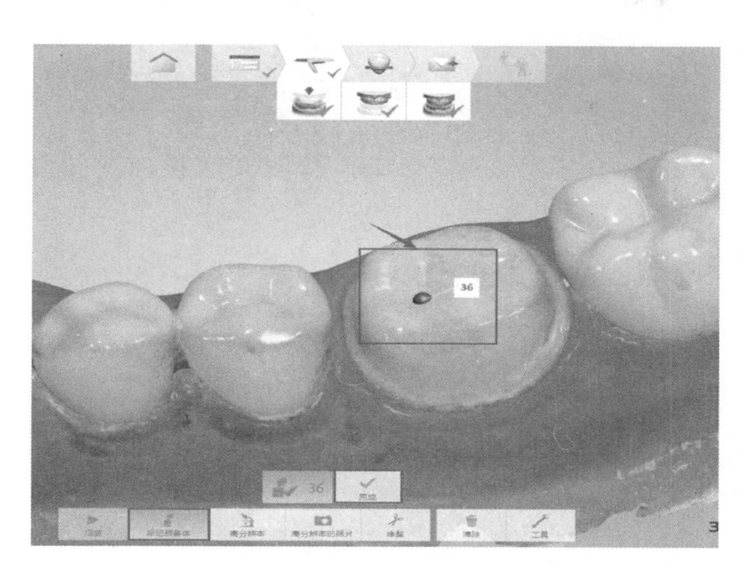

图 4-40 标记预备体

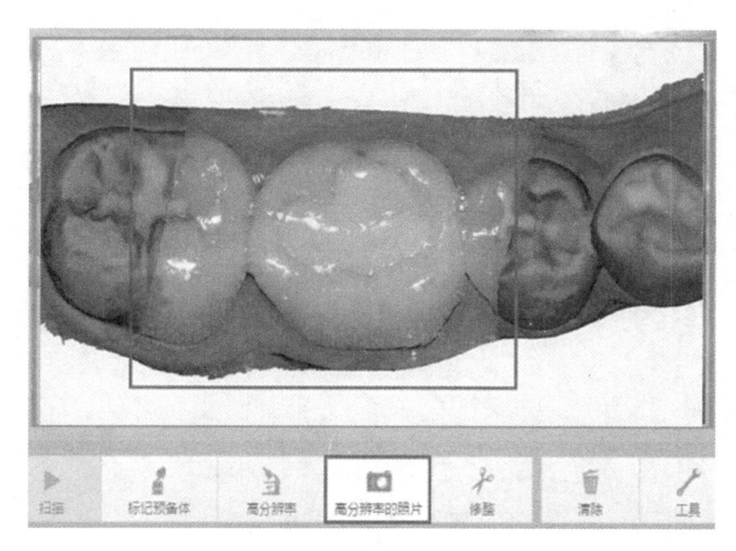

图 4-41 使用高分辨率照片

步骤十:牙弓扫描完成后,需要去除多余的软组织,否则在扫描咬合时会影响精度(图 4-42)。

单击“修整”,选择好画笔,在模型上画出不需要的软组织,全部画断分开后,点全部补丁,多余的软组织就被去除。

步骤十一:在扫描的时候如果扫描的基牙存在较大的误差需要重新扫描,如基牙的边缘没有扫描清晰。可以单击“修整”,选择大的画笔,把需要修改处删除,再对修改处进行扫描即可,而不需要全部扫描(图 4-43)。

步骤十二:扫描时如果出现比较重大的错误而修整起来很麻烦时,可以选择“清除”,把扫描件删除,再重新进行扫描,这样图像张数会重新计算。

步骤十三:对颌部的扫描,只需要按照扫描方法把牙弓的颌面、颊舌侧扫描清楚即可,特别是对颌牙,修整的方法和前面是一样的(图 4-44)。

步骤十四:扫描咬合的时候,要求患者咬紧牙关,扫描头侧着进去扫描。扫描时上、下颌会自动对齐,对齐完成后检查咬合是否正常(图 4-45)。

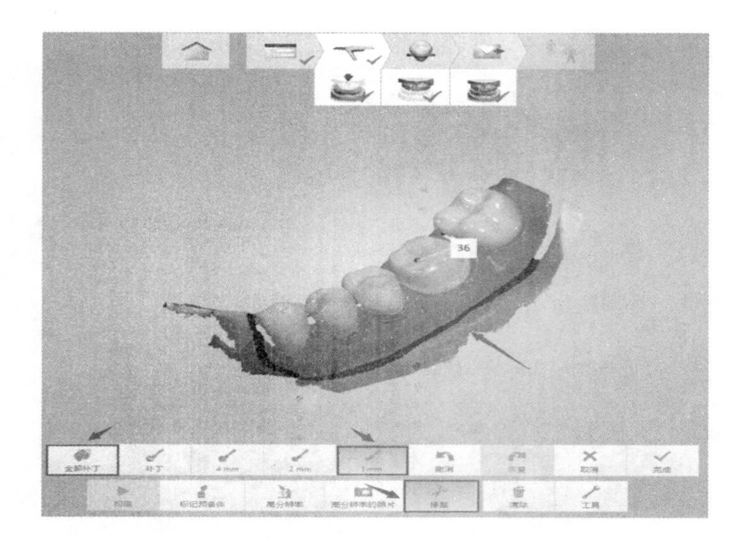

图 4-42　去除软组织

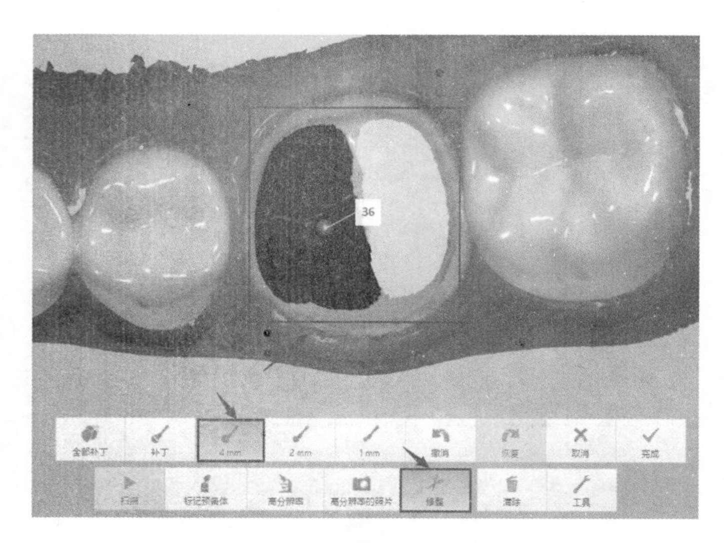

图 4-43　修改扫描

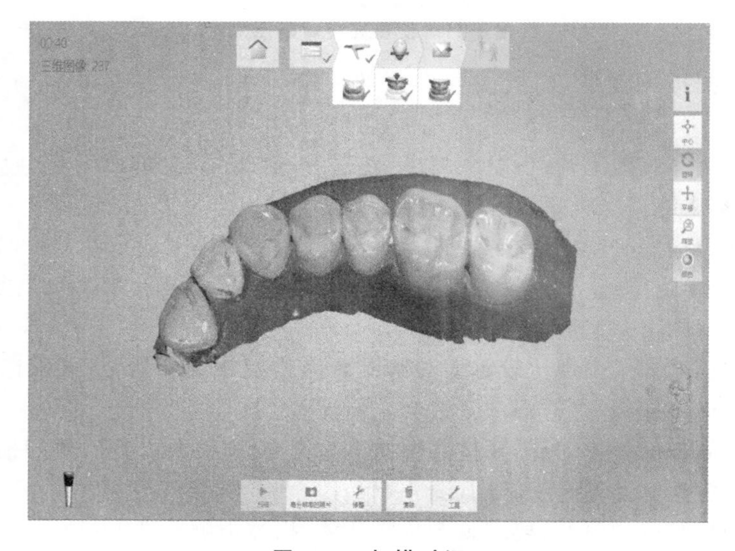

图 4-44　扫描对颌

Note

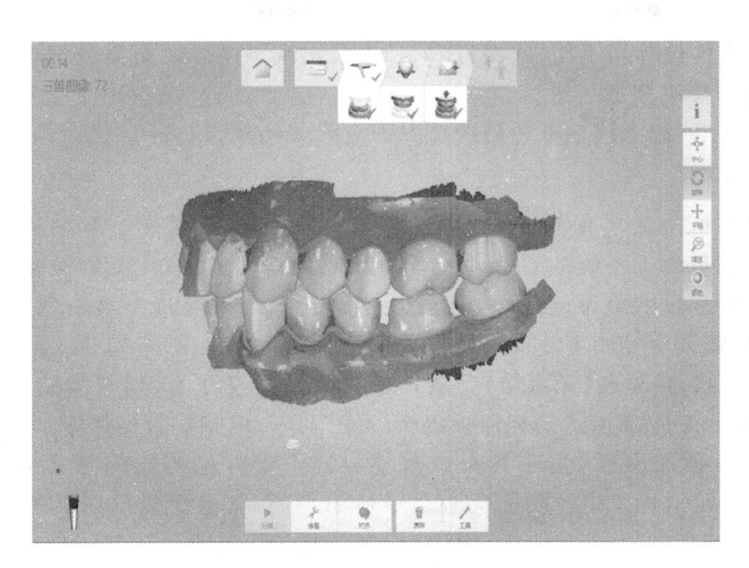

图 4-45　咬合检查

步骤十五:发送订单。

发送订单就是把扫描和编辑好的订单发送给技术所。检查扫描好的订单,单击“发送订单”项后,订单会自动发送(图 4-46)。

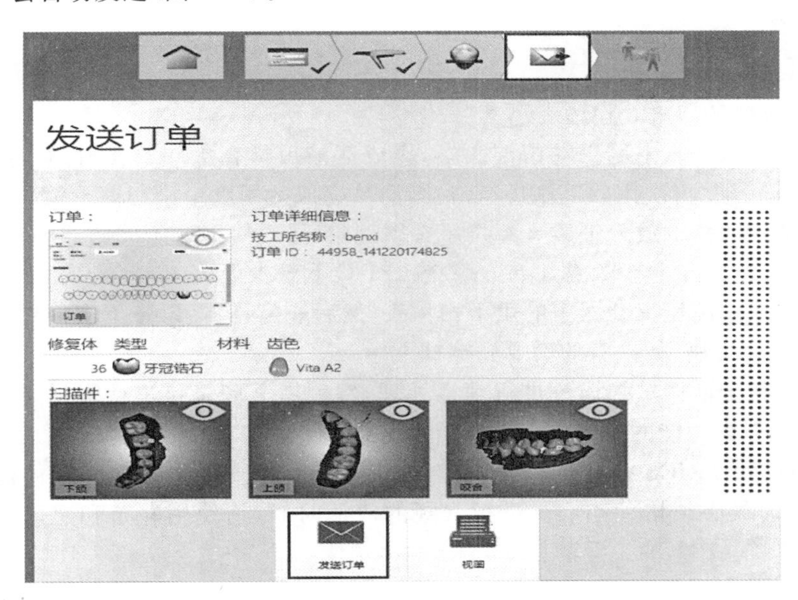

图 4-46　发送订单

订单在发送前会自动把扫描的数据进行处理。数据处理好后,就会自动发送。

(二) 维护保养

(1) 口内扫描仪在不使用的状态下,需要套上保护头套,防止扫描仪的光学镜头损坏并隔绝灰尘。

(2) 从使用口内扫描仪开始到扫描完成这段时间必须戴上外科手套,保证工作环境清洁和保护患者的安全。

(3) 如果扫描质量下降,可对口内扫描仪进行校准或者对扫描头进行清洁。

(4) 扫描头在每次使用完后需要进行消毒处理,方可再次使用。

(5) 口内扫描仪停止使用后要放置在固定座上,并且远离桌面的边缘,防止跌落。

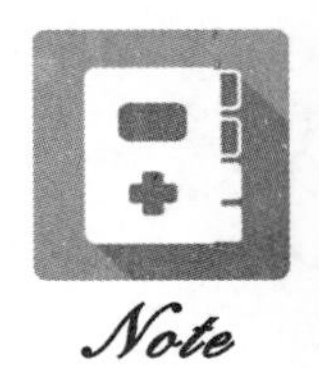

(6) 口内扫描仪长时间不使用(超过 8 天)或者出现碰撞导致扫描数据不清，应进行校准。彩色校准可在正常校准完成后进行。

(7) 设备的断电：扫描仪在不使用的情况下应先关闭软件、关闭电脑后，才切断电源。

(三) 注意事项

口内扫描仪不能放置在有爆炸性危险的环境中使用，如有易燃麻醉剂或空气中氧气含量较高的环境。扫描仪周围不能放置饮料或者是其他液体，防止液体溅到设备上。如果口内扫描仪经历过巨大的温度或者湿度变化，要至少等待 2 h，当口内扫描仪达到室温时方能使用。若凝结迹象明显，需要等待 8 h。操作环境：环境温度范围为 15～30 ℃(需要保持恒定的温度)；相对湿度为 10%～85%(无凝结)。从接触口内扫描仪开始，到扫描完成这段时间，必须戴上外科手套，保证工作环境清洁和保护患者的安全。口内扫描仪使用时，不要长时间凝视光源或者将光源对准他人眼睛，强光具有致盲性。禁止带有起搏器的患者使用口内扫描仪。TRIOS 扫描仪，存在干扰风险。扫描头必须经过消毒后，方可提供给患者使用。扫描头在更换途中跌落，应更换新的口内扫描仪，因为在碰撞过程中可能导致反射镜偏移。口内扫描仪经过长期使用外壳会变黄，切勿用水直接清洗，可用消毒酒精进行擦拭，切记不能让液体流入口内扫描仪内部和光学镜头上。口内扫描仪在不使用的情况下，需正确地关闭软件，关闭电脑，方可切断电源。口内扫描仪的校准有三维校准和颜色校准：三维校准是校准扫描仪的扫描精度；颜色校准是校准扫描仪的颜色测量精度。通常每 8 天系统会提示三维校准，执行三维校准后再执行颜色校准。

(四) 消毒清洁

1. 口内扫描仪的消毒 扫描头消毒。

(1) 使用肥皂水和软毛刷手动清洁头端，完成清洁后检查头端的反射镜。如果反射镜上出现污点或其他污渍，再次用软毛刷进行清洁，清洁完成后用纸巾小心擦干镜头。

(2) 将清洁好的头端放入纸质灭菌袋后必须密封，然后使用高压灭菌器消毒，可选择以下两种方式：①在 134°C 下至少灭菌 4 min；②在 121°C 下至少灭菌 45 min。

(3) 完成后使用高压灭菌器中的烘干扫描头，然后取出，保存以备下次使用。烘干前要确保反光镜面上没有污痕，如果有的话要先擦拭干净。

(4) 可用酒精全面擦拭扫描头进行消毒处理，然后用灭菌袋包进行密封。再把包装好的扫描头放进装有消毒功能的熏箱进行熏烤消毒。

2. 光学窗口和 TRIOS 扫描仪机身的清洁和消毒 由于光学窗口是一种精密的光学组件，所以在清洁时候必须格外小心。进行常规的清洁时候，请使用软布和建议使用的消毒液(如酒精含量 60%～70%的工业酒精)。

消毒步骤如下。

(1) 在柔软无绒的非磨砂性抹布上沾取消毒液，抹布只要湿润就可以。

(2) 用抹布轻柔地擦拭表面，防止多余的液体飞溅。

(3) (仅限于光学镜头)使用另一个干净柔软无绒的非磨砂性抹布擦干光学镜头的表面。

3. 扫描头清洁

(1) 卸下扫描头。

(2) 用酒精浸湿的干净的抹布或者棉签将头端反射镜擦拭干净。请使用无杂质的酒精，因为含有杂质的酒精可能会弄脏反射镜。

(3) 使用干净柔软无绒的非磨砂性抹布擦干反射镜，防止镜面留下尘埃或者纤维。

三、常见故障及处理方法

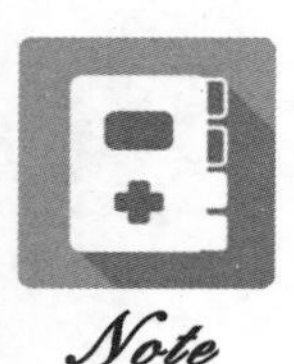

Note

口腔扫描系统常见故障及处理方法如表 4-2 所示。

表 4-2　口腔扫描系统常见故障及处理方法

故障现象	可能原因	处理方法
色彩不准	需要彩色校准再进行扫描	校准仪器
扫描成像不清楚	扫描头不清晰	清洁扫描头

（郑州大学口腔医学院　张克）

第四节　3D 打印

3D 打印是应用于口腔科的一项高新技术。3D 打印技术是快速成型技术之一，在 20 世纪 80 年代首先应用在工程领域，它利用重建的三维数字模型，将其分割成层状，然后逐层堆积成实体模型。3D 打印技术在医学领域的首次应用是在 1990 年，当时开发者采用该技术把 CT 获取的颅骨解剖数据成功复制出颅骨解剖模型。经过几十年的发展，现已在口腔种植、神经外科、骨科、颌面部赝复体的制造等手术中广泛应用。

一、结构与工作原理

（一）结构

3D 打印机（图 4-47）包括硬件设备及软件设备。

1. 硬件设备　挤出机、喷嘴及冷却风扇、断料检测装置、物料架及料盘、开关和电源插座、SD 卡槽和 USB 接口、挤出机排线、导料管、控制旋钮、显示屏、Z 轴螺杆、复位开关（副开关）。

图 4-47　3D 打印机

2. 软件设备　应用软件、底层控制软件和接口驱动单元组成。

（二）工作原理

1. 数据采集　三维数据的采集是模型制作的重要部分。目前常用方式有设计软件、光学

Note

扫描、机械式扫描和放射学扫描四种方式。利用设计软件(如 SolidWorks 和 Catia 系列软件)设计的模型不必拘泥于真实物品的尺寸,方便计算分析和修改编辑。光学扫描常采用三维激光扫描、投影光栅测量、莫尔条纹法或立体摄影等,具有较高的扫描速率和较好的精度,但复杂的形态会使扫描具有盲区,扫描数据将存在误差。机械式扫描随着机械探针自由度的增加可减小扫描盲区,但其扫描速率低,价格成本高。在医学领域,随着计算机断层扫描和核磁共振技术的发展,使得放射学诊断创伤更小、诊断也更精确,而且其高分辨率的三维图像数据在数秒内就可以获得,成为理想的三维数据获取手段。

2. 数据处理 将获得的数据导入三维重建软件,一般要用专用的高性能的计算机来处理。以 CT 扫描出来的数据为例,将 CT 扫描的 DICOM 格式的数据导入软件 Mimics 或 Geomagic、Imageware 11.0 中,这几种软件可以读取 DICOM 格式的数据,设置不同密度组织的阈值,构建出形态曲面,重建三维模型。保存数据格式为.stl 格式,这种三维重建图形是由近似三角形的"碎片"拼接出来的,在三维重建模型中,三角形"碎片"越多,也就是每块三角形"碎片"越小,将使得重建模型越精细、图形越平滑。.stl 格式的数据是 3D 打印机所识别的数据,最终 3D 打印机将模型打印出来。

3. 3D 打印 3D 打印是使用三维数据制造实体模型的一种方法,属于快速成型技术。根据制造方法的种类不同可分为光固化成型、选择性激光烧结、熔融沉积成型、分层实体制造、喷墨打印技术。

数字光处理(digital light processing, DLP)技术,主要是通过投影仪来逐层固化光敏聚合物液体,从而创建出 3D 打印物件,是一种投影绘制图层技术。

数字光处理技术工作原理示意图如图 4-48 所示。

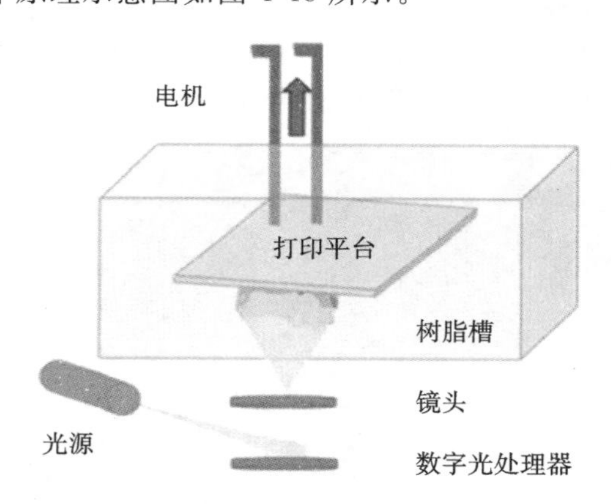

图 4-48 数字光处理技术工作原理示意图

二、操作常规及维护保养

DLP 3D 打印机打印牙科样件常规操作流程如图 4-49 所示。

(一) 操作常规

(1) 三维建模软件/扫描仪等导出.stl 格式文件。

(2) Magics 前处理软件中导入.stl 格式文件。

(3) Union Tech BP 软件中切片模块对模型进行切片。

(4) Union Tech BP 软件中导出.utk 文件。

(5) 安装空树脂槽,安装打印机成型平台托板。

(6) 打印机接通电源并循序启动开关。

(7) 树脂槽内添加适量树脂。

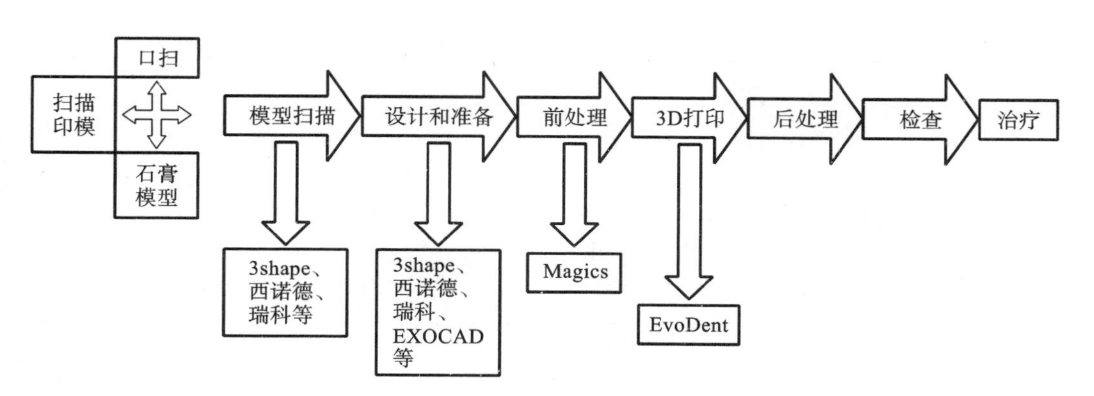

图 4-49　DLP 3D 打印机打印牙科样件常规操作流程

(8) 用 U 盘、Wi-Fi 等传输方式导入. utk 文件。

(9) 设定成型参数(如为已有参数包则直接导入)。

(10) 关闭操作门,按键开始打印。

(11) 样件成型结束,拆下托板。

(12) 铲下样件并进行样件清洗。

(13) 样件后固化处理、去支撑等处理。

(二) 维护保养

(1) 3D 打印机必须远离火源、水源、热源、振动源等区域安装。

(2) 必须定期清洁 3D 打印机,并保持成型室内卫生、少尘。

(3) 在进行样化后处理操作时,要及时盖上树脂槽盖板防止固化及保护细节结构。

(4) 必须保证后固化时间,并严格按照后固化流程进行操作。

(5) 后处理操作必须在通风良好的处理室内进行,并避免紫外线光照射。

(6) 树脂材料应当在室温条件下使用,原包装存储在干燥、阴暗的环境里,环境温度建议不超过 25 ℃。

(7) 树脂槽内短时间不使用的成型树脂必须用树脂槽板盖住,防止外界紫外光直射导致材料固化或引入外界灰尘造成污染。

(8) 为避免火灾意外,树脂材料应远离热源和火源储存。

(9) 树脂材料严禁放置在儿童能够触及的位置。

三、常见故障及处理方法

3D 打印系统常见故障及处理方法如表 4-3 所示。

表 4-3　3D 打印系统常见故障及处理方法

故障现象	可能原因	处理方法
设备不能正常启动	3D 打印机电源插头未插入至指定位置	重新调整电源插头位置,保证紧密、稳定连接
	3D 打印机背侧总电源开关未开启	启动背侧电源开关
	急停开关等开关未旋转复位	复位相应开关,重新接通电源
	保险系统熔断	重新更换保险丝后重启
成型平台升降卡死	成型平台大道限位开关极限	复位 Z 轴位置,重新升降
	其他进程正在控制平台升降	关闭其他进程,重新升降
	平台附近有其他异物卡死	清除平台附近所有异物

续表

故障现象	可能原因	处理方法
成型进程突然中断	3D 打印机掉电或接触不良	重新插入各线缆插头后打印
	DSCON 控制软件信息指令故障	重启控制软件,重新打印
	U 盘内正打印文件失去连接	重新插入 U 盘,导入后打印
	成型平台达到限位开关极限	复位 Z 轴重新打印
	已出现故障未清除故障信息	软件清除故障信息,重新打印

(郑州大学口腔医学院　张克)

思　考　题

思考题答案

一、简答题

1. CAD/CAM 系统的结构如何?它是如何完成一个修复体的制作过程的?
2. 电脑比色仪的工作原理是什么?
3. 请从结构及工作原理来阐述牙科 3D 打印技术与 CAD/CAM 义齿制作系统的区别。

Note

第五章　口腔设备管理

口腔医学专业及口腔医学技术专业：

1. 掌握口腔设备管理的原则。
2. 熟悉口腔设备管理的意义。
3. 了解口腔设备管理的配备。

本章 PPT

口腔设备是从事口腔医疗、教学、科研等工作的物质基础，是口腔医学事业发展的基本条件，只有合理、科学地管理口腔设备，才能发挥出最大的效能。设备管理学并非纯管理学科，而是将管理学理论与设备相关的技术知识结合起来的一门学科，既包括社会科学，又包括自然科学，是以设备作为研究对象，以提高设备使用效率为目的的综合性学科。近年来，口腔设备管理越来越为人们所重视。不断地总结、探索及研究管理的理论和方法，加强口腔设备的科学管理，对于促进口腔医学事业的发展具有十分重要的现实意义。

第一节　口腔设备的配备原理

一、口腔设备的配备原则

在为一个口腔医疗机构进行设备的采买、配备时，应遵循两个基本原则：经济原则和实用原则。

（一）经济原则

按客观经济规律的要求，结合口腔医学技术配备的特点和口腔业务技术活动的规律，对口腔设备配备全过程中的经济活动进行计划、组织、调节和评价，力求以尽可能少的技术配备和最低的周期成本，取得最大的使用效益。也就是说，在考虑口腔设备的配备时，应注重投资的经济效益。

1. 配备的经济观点

（1）避免重复购置、各自为政及分散闲置等设备配备倾向，充分提高设备的利用率，以免浪费。

（2）立足于国内产品。凡国产设备的质量、性能符合要求的，应首先考虑购置国内产品。这样既可节省资金，又有利于我国医疗器械工业的发展，且方便维修。

（3）引进国外设备时，应避免引进淘汰或过时的产品。

（4）对已有的设备，应尽量发挥效益，加强使用及维修管理，延长设备的寿命，力求节约。

2. 减少技术配备的周期投资

运用经济手段，加强口腔设备的管理，在不影响技术配备功能的原则下，减少技术配备的周期投资总额。

(1)初始投资：影响投资费的重要因素。可利用核算招标方法，对厂(商)家的信誉度、长期合作性及产品的先进性、可靠性、经济性、节能性、维修性、安全性、环保性等进行充分的科学论证，在保证使用功能的前提下，考虑价格因素，力求降低设备的初始投资。

(2)使用寿命：在价格和性能同等的情况下，选择使用寿命周期长和无故障期长的设备，可延长更新周期，减少继续投入。

(3)能源消耗：能源消耗越大，年耗费用越多，尽可能选择能源消耗费用少的技术设备。

(4)维修性能：选择易于维修和维修费用低的设备，以减少日常费用支出。通常设备越复杂、越精密，维修费用就越高。还要求维修人员具备相应的维修专业知识和技能。因此，要求厂家提供有关技术性能的可靠性资料、维修手册、零配件供应周期数据以及是否能用国产配件代替等信息。

3. 提高技术配备的利用效率

提高技术配备的利用效率包括有偿占有制、协作共用制、股份制和基金制、补偿使用制及租赁制等的中心化管理。

(二)实用原则

结合单位的规模、任务、条件和发展方向，设立不同的技术配备标准。本着口腔医学全面发展和重点提高的精神，从需要与可能出发，按轻重缓急，统筹规划，逐步充实配套，分期、分批地更新设备。

(1)优先考虑基本设备，即常规配备，如简易口腔综合治疗台、牙科椅、涡轮机及口腔X线机等；其次考虑高、精、尖设备，如数字化口腔综合治疗台、高频离心铸造机、烤瓷炉、铸钛机及计算机修复系统等。

(2) 引进设备以提高技术精度和先进技术的设备为主，从而提高医疗、教学和科研水平。

(3) 在配备的功能选择上，应讲究实用，不必急于引进多功能的大型设备。因多功能的大型设备价格昂贵，保养维修难度较大，且不易发挥其全部功能。

(4) 设备的布局要合理，对一些优势科室，应优先配备专科设备和发展性的设备。

二、口腔设备的选择与评价

(一)口腔设备选择的因素

口腔设备的选择是口腔设备管理的第一环节，对新建医院的基本配备和原有设备的更新都十分重要。口腔设备选择应考虑以下因素。

1. 依据　选择口腔设备应以医院的事业发展规划和财务预算为依据。而这个预算又应与本单位某一时期的规划、当年事业发展计划和财务预算保持一致。

2. 需求评价　选择口腔设备应考虑设备购置的合理性和迫切性。首先考虑医疗、教学和科研工作是否确实、必须。大型贵重设备(如CT机等)的购置应依据相应法规进行论证，可采用服务目标法，即

$$R=VP/QA$$

式中，R表示某项技术配备；V表示该项技术配备每人每年定量的服务标准；P表示医院服务范围的人口数；Q表示每台技术装备的最大工作能力；A表示每台技术配备的使用率。

3. 可能性　选择口腔设备的可能性主要指资金来源、引进设备所需资金及外汇额度是否落实。我国口腔医疗单位购置医疗设备的资金主要来源于国家财政拨款、医院收支节余的事

业发展基金及科研课题基金等，也可采取租赁、贷款或分期付款等方式筹集资金。在落实资金时，应考虑设备的总费用，除购置费外，还有维持费和有关费用，如试剂和材料费等。

4. 条件 选择口腔设备的条件包括设备的安装、使用、保养和维修的技术力量，配备空间或场地，以及水源和电源供应等。

5. 技术评价 选择口腔设备的技术评价不仅要考虑该设备的成本效益、性能、可靠性及其临床使用功能、特点、自动化程度、准确性、精密度等一系列技术参数，还要考虑其精密度和准确度的保持性及零配件的耐用性等。

6. 选型 选择口腔设备应在充分调查并了解信息的基础上进行，做到货比三家、价比三家。选型过程中应考虑的因素如下。

(1)首先考虑该设备国内是否生产，质量如何。

(2)如要引进国外设备，应比较各厂家同类产品，包括型号、产地、技术参数及价格等，然后再权衡其性能、质量与价格，选择性价比优的设备。注意防止引进国外将要和已经淘汰的设备。

(3)引进设备时，要考虑厂家或商家的售后服务，以及化学试剂、材料及零配件的供应。现在我国有不少国外口腔设备的代理厂家、商家或办事处，为选型提供了有利条件，最好选择厂家直接销售公司，可减少代理商所增加的费用，维修亦较方便。

(4)选型时注意主机及标准附件应完整，防止外商将标准附件列入选购附件。选订的附件应为易损或必需附件，以免造成浪费。

(5)随着医院信息化建设的发展，数字化的医疗设备多由软件支持，应考虑软件的升级功能，以保证其在医院临床、管理网络数字平台上的可连接性、扩展和升级。

7. 维修性 维修性好的设备一般结构简单，零部件组合合理。要选购易于维修，且维修费用少的设备，还应考虑维修配件获得的难易程度和设备的维修成本。

8. 发展趋势 根据口腔医学近期发展的趋势，选择先进的适合近期技术发展需要的设备。

(二)口腔设备的循证采购

面对激烈竞争的口腔医疗市场，各口腔医疗机构都十分重视加强医学技术配备的建设，如现有设备的更新换代，以及新设备、新技术的引进和应用等。首先面临的是口腔技术配备的采购。长期以来，由于受社会经济、科学技术及历史条件等诸多因素的影响，口腔医疗器械制造厂商及其产品良莠不齐，口腔设备的安全性和质量控制缺乏评估机构和指标体系。国家相关政策、法规不够完善，领导者个人决策的传统管理模式，市场行为不够规范，采购活动中徇私舞弊、不平等交易现象存在，很容易导致所采购的设备质低价高、陈旧过时、无效甚至有害，这样不仅浪费了本已有限的卫生资源，加大了国家、医院和患者的经济负担，还有可能危害医务人员和人民群众的健康。因此，引入循证采购的概念，并用以指导采购实践是十分必要的。

口腔设备的循证采购是指运用循证医学的理论和方法，对口腔设备的技术特性、临床安全性、有效性(效能、效果和质量)、经济学性能(成本-效益)、社会适应性(法律、法规)进行卫生技术评估，为口腔设备的购置提供决策依据。

1. 循证采购的意义

(1)有利于转变口腔设备采购模式，加强廉政建设，减少和杜绝采购活动中不规范行为和徇私舞弊等不正之风，提高设备管理队伍的素质，促进管理决策的科学化。

(2)有利于选购先进、安全有效、经济适用的优质技术设备，提高采购资金的使用效益，降低口腔医疗卫生服务费用。

(3)有利于逐步规范口腔医疗产品市场，促进口腔医疗设备新产品的开发和规范，保护采购方及供应方的合法权益。

Note

2. 循证采购的方法

(1)收集证据:在确定采购项目后,首先要收集有关科学证据,其目的是获得真实可靠的信息,以指导采购实践。收集的证据包括以下方面。

①制造厂(商)或供应商信息,如是否具有生产条件、技术实力、产品质量及信誉;是否具有独立承担民事责任的能力、良好的商业信誉和健全的财务会计制度,以及履行合同所必需的设备生产和销售、维修、培训等专业技术能力;是否具有法律、行政法规规定的其他必备条件,如经营许可证、营业执照、进口商品注册登记证等。

②产品信息,包括主要功能、技术参数、质量稳定性、安全性、故障率、软件升级和扩展性、环保性及是否经过了充分临床验证等。

③国家相关政策、法规及条例,是循证采购的法律依据和准绳,只有了解、熟悉和掌握这些法规和条例,才能在采购活动中真正做到依法采购。这些相关法律法规及条例主要包括《中华人民共和国政府采购法》《中华人民共和国招标投标法》《机电产品国际招标投标实施办法(试行)》《中华人民共和国进出口商品检验法实施条例》《大型医用设备配置与使用管理办法(试行)》等。

信息来源:a. 正式出版的文献图书资料。b. 国内外口腔医疗器械专业期刊,如《口腔设备与材料》《亚太区牙科季刊》《亚洲牙科医学》等,反映市场调研、同类产品比较、新产品介绍,以及新设备新技术的临床应用与评价等信息。c. 采购指南,如《进口医疗器械注册产品目录》《医院采购指南》等。d. 厂商产品介绍及样本资料互联网相关信息检索。e. 实物考察。口腔医疗设备及器材展览会是循证采购了解、收集市场信息的大好机会,可在现场察看实物、操作和咨询,对同类产品在外观、造型、设计、工艺、质量、技术性能及价格等方面进行比较,以获得第一手资料。f. 用户调查。实地了解该产品的质量可靠性、性能的稳定性、价格、故障率、维修性、安全性、环保性以及厂(商)家售后服务等。

(2)评价证据:评价证据是循证采购的关键环节,即对有关产品的相关证据的真实性、可靠性、经济学特性、适用性等进行具体的评价。

我国对口腔医疗产品尚无专门的权威性评估机构,一般由相关专家组成评估委员会或评估小组,按采购设备标书或采购标准,遵循循证医学与卫生技术评估原理及方法,对其收集的证据进行评价。

①对设备的评价,主要指对设备的功能、质量及技术特性、临床安全性、有效性、性价比、售后服务甚至易损易耗件的价格等进行评价,更为重要的是确定新的是否比现有设备更有效、更安全和具有更高的效益与成本比。

②供应商资格认证,指供应商是否具备以下条件:具有独立承担民事责任的能力,有良好的商业信誉和健全的财务会计制度;具有履行合同规定的设备生产、销售、维修、培训等专业技术能力;具有法律、行政法规规定的其他条件,如生产许可证、经营许可证、营业执照等。

值得提出的是,虽然我国目前已建立了 4 个卫生技术评估中心,在推广循证医学理论和方法、医学技术评估方面做了大量工作,但对医疗设备的评估还停留在一事一议阶段,尤其是对口腔医疗器械的评估尚属空白,更无评估标准,国际上发达的国家已有评估机构对牙科产品进行评价,包括临床领域试验、临床控制测试、实验室测试,对新产品与标本产品进行比较,然后在期刊及网站公布结果,作为临床医生选购牙科产品的技术指导,供采购设备评估时参考。

(三)口腔设备的评价

口腔设备的评价主要指选购设备在应用阶段的社会效益和经济效益评价,可以从以下两个方面做出评价。

1. 社会效益评价 社会效益评价包括评价设备购回后是否能充分发挥其功能,是否合理,是否有助于技术精度和专业医疗水平的提高,是否有利于学科发展、学术水平和教学质量的

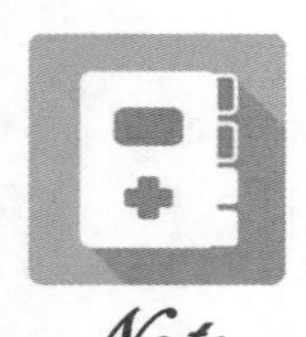

提高。

2. 经济效益评价 经济效益评价可采用设备投资回收期进行评价，其计算方法如下。

设备投资回收期(年)＝设备投资总额/每年工作日数×每日工作次数×每次收费金额－成本

因此，回收期越短，投资的效果越好。由于科学技术的发展，设备更新的速度加快，设备的回收期也应相应缩短。

(邢台医学高等专科学校　崔俊霞)

第二节　口腔设备的应用管理

口腔设备的应用管理是对口腔设备验收、安装调试、日常使用、维修保养、设备降级和报废淘汰等过程的管理。这个过程的管理是否良好直接关系到医疗、教学、科研工作的质量和水平，直接影响口腔设备的效益发挥，是设备管理中最重要的环节。

一、口腔设备应用管理的目的和内容

(一)口腔设备应用管理的目的

口腔设备应用管理的目的是研究和探讨口腔设备在使用过程中的运行规律，制定合理的规章制度和有效的管理方式，最大限度地发挥其社会效益和经济效益。

口腔设备应用管理水平的高低，可以用价值工程的观点来分析：

价值＝功能发挥水平/投资费用

功能发挥水平指设备的使用机时数、有效使用率以及技术功能利用和发挥情况等。投资费用是设备的安装费、购置费、配套费、维修费和运行费等费用的总和。

由此可见，设备产生的价值随着其功能发挥水平的提高和费用的减少而增大；反之，产生的价值就减少。口腔设备应用管理就是要探索产生最高应用价值时的管理方法。

(二)口腔设备应用管理的内容

1. 基础性管理

(1)建立设备的账目和管理卡。

(2)建立有关统计报表制度。

(3)建立精密贵重仪器设备的技术档案。

(4)提供设备的分配和调度的依据。

(5)制定技术安全与事故处理制度。

(6)制定设备的降级、报废和调出制度。

2. 技术性管理

(1)使用操作管理。

(2)保养与维修。

(3)检验与计量。

(4)改造与开发。

3. 经济性管理

(1)运行费。

(2)折旧费。

(3)占用费。

(4)租赁费。

(5)分析测试费和分析测试基金。

4. 综合性管理

(1)集中共用。

(2)协作共用。

(3)专管共用。

(4)计算机及信息管理。

(5)人员及技术条件管理。

(6)利用率和完好率的管理。

二、口腔设备应用管理的原则

(一)完好性原则

1. 口腔设备完好性的定义和内容 口腔设备完好性指设备保持正常运转和具备完好性能所必需的基本条件,包含设备质量和技术质量两个部分内容。设备质量指设备主机和配件及其技术资料的完整性,在整个运行过程中受到完善的保管和维护,使其不发生损坏。技术质量指设备的各项技术指标如精度、准确度、分辨率及耐用性等能达到出厂时规定的范围,以满足医疗、教学和科研的要求。

完好性原则是应用管理的基本要求,也是衡量应用管理水平的标准之一。

2. 实现完好性的途径

(1)具备开展正常工作的条件,保证电源、水源、气源等的供应。按照设备的性能、精密程度及特殊要求,选择适当的场所,鉴于口腔专业设备的特点,有的精密设备应有恒温、恒湿、防尘、防震和通风等设施,以保证设备连续运转。

(2)具有操作和维护技术力量,以保证设备的正常和合理操作,加强保养,及时排除故障,恢复其技术性能。

(3)制定实现完好性的管理制度。针对不同种类、规格,以及高、精、尖程度,制定统一的和特殊的管理制度,如操作常规、使用登记和职责范围等,做到有章可循,有责可查。

(4)提供合理的运转费,保证易损件、零配件、消耗试剂或材料的供应。

3. 设备完好性的指标 设备完好性一般用完好率表示。完好率指完好的设备占设备总数的比率。单台设备完好率又称年完好率,计算公式如下。

设备总完好率=达到完好指标的设备/设备总台数×100%

单台设备完好率=(1-年故障机数/年额定工作时数)×100%

年额定工作时数应按设备的种类和工作性质分类核定,诊疗类设备的年额定工作时数为1000~2500 h,实验类仪器为500~1500 h。完好率在95%以上为合格。设备的完好率越高,说明管理水平越高。

4. 设备完好性的内容

考虑设备完好性的内容一般包括以下几个方面。

(1)设备性能良好,运转正常。

(2)原购及增购的部件齐全,能正常使用。

(3)设备本身无漏气、漏液、漏电、发霉、积尘等现象,腐蚀和磨损程度不超过规定的技术标准。

(4)相关技术资料如说明书、设备工作原理图、维修手册等完整。

(5)有完整的使用记录,可检查使用情况。

(6)有严格的操作规程,有专人负责管理。

(二)效益性原则

口腔设备使用效益指在使用过程中所产生的经济效益和社会效益。设备的使用就意味着效益,产生效益的大小取决于设备使用状态。评价效益的指标一般有以下几个方面。

1. 使用率 设备的使用率指设备实际工作机时间与额定工作机时间的比率。使用率可按年或月计算,亦可计算一台设备使用率,或按设备平均使用率考核。计算公式如下。

$$一台设备的使用率(m)=实际工作机时间/额定工作机时间\times 100\%$$

$$平均使用率=(m_1+m_2+\cdots+m_n)/n$$

式中,$m_1,m_2,\cdots,m_n$表示每台设备的使用率,n 表示单位设备的总数。

通过使用率的计算可以大致推测设备的使用效益,除使用时间外,还应考虑费用消耗情况。消耗费用一般包括水费、电费、气费、消耗材料费、维修费、人工费和管理费等。这些都会影响设备的使用效益,所以,使用率虽有一定的观测价值,但不全面。

如果使用率增高,消耗费用不增或有所降低,则效益增加;若在使用率增高的同时,消耗费用相应增加或明显加大,使用效益则无明显增加,甚至减少。

2. 总效能 总效能评价可采用下式计算。

$$W=H/Q\times S$$

式中,W 表示设备的总效能,H 表示运行设备的台数,Q 表示设备的总台数,S 表示设备的平均使用率。从这个公式可以看出,闲置的设备数目越多,设备的总效能越低。

由此可见,要提高设备的总效能,在设备总台数(Q 值)固定的情况下,只有增加运行设备的台数(H 值)或提高设备的平均使用率。如果 H 值与 Q 值相等,即设备全部投入使用,则 $W=S$,说明提高使用率是增加效能的关键。因此,为了提高经济效益,要按照需要采购设备,采购适合自己单位使用的设备。要想方设法地提高设备的使用率,降低成本,才能达到经济效益的最大化。

3. 社会效益参考指标

医疗诊治设备的社会效益,主要反映检验和治疗的病例数。

(1)单台设备每年诊治的病例数:

$$K_{单}=m\times 22(天)\times 12(个月)$$

式中,$K_{单}$表示单台设备每年诊治的病例数,m 表示每台设备每天诊治的病例数。

(2)单位设备总台数每年诊治病例的总数:

$$K_{总}=K_1+K_2+\cdots+K_n$$

(3)平均每台设备每年诊治的病例数:

$$K_Q=K_1+K_2+\cdots+K_n/n$$

式中,$K_1,K_2,\cdots,K_n$为单台设备每年诊治的病例数,n 为单位的医疗设备数。

教学设备主要用于培养人才。教学设备的社会效益主要反映为每年进行的实验次数、每年接受实验的学生总人次、每年学生做出的课题数等。

科研设备效益用完成的科研课题数作为评价的参考指标,科研设备的社会效益主要反映为每年在国际或国内杂志上发表的科研论文数、内部交流的科研论文数、获各级奖励的科研成果及论文数,以及科研成果转化为商品的项目数。

(三)经济管理原则

1. 经济管理的意义 社会主义经济是有计划的商品经济。口腔设备是产品,也是商品,而

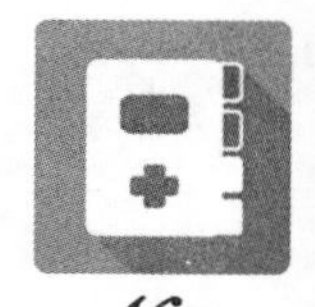

Note

商品是有价值的，其购置和使用必须采用经济核算制。通过经济核算，有计划地综合考虑，可以提高设备的经济效益，缩短设备投资回收期。

2. 经济管理的内容

(1)加强设备的计划管理，根据经济和实用原则，合理编制配备计划，合理利用有限的资金。

(2)合理分配技术配备投资。口腔医院技术配备资金主要来源于卫生事业费项目拨款、教育事业费、科学研究费、医院基金以及贷款和各类捐款。随着医疗卫生体制改革的开展，卫生事业费拨款额逐年减少，而医院自筹资金比例逐渐增大。因此，应合理安排投资，首先是考虑基本设备更新，其次应考虑按年度规划的发展项目和重点学科发展需要的技术配备。

(3)运用经济观点和经济手段加强对设备的管理。

①减少设备投资总额。

②提高设备的使用寿命，包括规章制度建设和做好保养、维修工作。

③提高设备利用效果，如实行有偿占用制、协作共用制、股份制、租赁制等设备中心化管理。

④加强设备的财务和审计管理，实行经济核算和成本核算。核算内容包括：a. 设备购置费(含运费)；b. 安装费(含安装条件的准备及技术上实际付出的金额)；c. 消耗材料及零配件补充费；d. 维修费；e. 折旧费和更新费；f. 技术培训费(含操作及管理人员培训费)；⑦其他，如运杂费、动力费、差旅费和管理费等。如全成本核算还应包括房屋占用费，人员工资等。

3. 经济管理的方法 经济管理方法主要是指以经济观点为指导，以经济核算为手段，在设备使用过程中所采取的经济措施。以下重点介绍设备折旧制和设备的成本核算两种方法。

(1)设备折旧制：折旧制是以设备的购入价、使用年限和核定机时数来计算实际使时间内设备所提供的基本价值。对提供价值的计算称为折旧，可按年或小时计算。

折旧年限是指设备从购入使用至报废或更新的年数。

医用电子仪器、激光设备、医用高频仪器、设备化验仪器、生化分析仪以及手术急救设备等为 5 年。口腔设备、光学仪器及内镜、医用 X 线设备为 6 年。

折旧费的计算方法有直线折旧法(平均折旧法)和年限总和折旧法两种，通常使用直线折旧法。其计算公式如下。

$$Z=V_0/NT$$

式中，Z 为每小时折旧费(元/小时)，V_0 为设备购入总额(元)，T 为设备年额定工作机时数(h)，N 为设备折旧年限。

(2)设备的成本核算：随着社会主义市场经济的建立，医疗服务价格正在逐步摆脱计划经济的影响，走上按成本收费的轨道。如何进行设备的成本核算和医疗服务项目的成本核算，1996 年卫生部组织了医院诊断和治疗仪器使用规范及成本测算课题组，经过调查研究制定了医疗设备成本核算方法，其目的是制定合理的按成本核算的收费标准。

某设备标准成本＝直接成本＋间接成本

直接成本＝主机折旧费＋辅助设备折旧费＋房屋折旧费＋其他资产折旧费＋劳务费＋主机维修费＋房屋维修费＋其他维修费＋水电费

间接成本＝管理费用分摊费＋行政管理部门使用设备、房屋和其他资产折旧费分摊费

房屋折旧费＝主机用房面积×每平方米造价×折旧率＋辅助用房面积×每平方米造价×折旧率

主机折旧费＝主机购置价×折旧率

辅助设备折旧费＝专用辅助设备购置价×折旧率＋共用辅助设备购置价×占用百分比×折旧率

其他固定资产折旧费=(家具总值+被服总值)×折旧率

(四)系统管理原则

系统管理就是把一个单位的医学技术装备作为一个系统来进行管理。一是把各科室、各部门等所拥有和使用的医学技术配备作为一个整体系统来统一使用、统一调配、统一管理;二是管理人员的系统化、层次化。

做好系统管理关键要做到以下几点。

1. 管理人员知识化、管理方法科学化 医学技术配备的应用管理是一项技术性很强的工作,除了对仪器本身要熟悉之外,还应该对仪器的应用技术和应用范围等有基本的了解,同时也应该具备各学科的基础知识。要求医学技术配备的管理人员不断学习,熟悉各方面知识。

2. 管理人员层次化、岗位化 单位和各科室必须指定专职或兼职管理人员,大型仪器要有专人管理。设备管理人员要定岗位,明确其职责。

3. 管理人员责任化 各个岗位的管理人员必须建立岗位责任制。各层管理岗位,必须有其明确的职责范围,各层管理人员都应尽职尽责,不断提高管理能力和水平。

三、口腔设备应用管理的常用方法

(一)管理卡

管理卡是设备应用管理的主要形式,具有灵活、方便、便于分类和高速的特点,设备出库时填齐管理卡上的有关项目,并由管理者和使用者签名。每台仪器的管理卡一般有3张,按红、蓝、绿3种颜色印刷,分为总卡(分类卡)、分户卡和随物卡。总卡和分户卡由设备会计和设备管理人员保存,是进行各种核算和统计汇总的依据;随物卡由使用设备的部门保存。

(二)管理账

管理账包括设备名称、型号、生产厂商、价格、入库时间、财产编号、使用单位及保管人员等内容,可分总账和分户账,作为设备清查和核对的依据。财产编号应按卫生部门规定统一编码,实现计算机管理。

(三)技术档案

技术档案包括设备购入时的原始资料以及在使用过程中对有关情况的记录备案资料,5万元以上贵重精密仪器必须建立技术档案。

技术档案的内容包括以下几方面。

(1)仪器设备资料:包括产品样本、使用手册、维修手册、线路图及其他有关原始资料。

(2)设备筹购资料:包括申购论证材料、订货卡片、订货征询单、合同、运单、发票复印件、保险、商检、许可证、免税单、验收、安装调试、索赔资料及来往信函等。

(3)使用管理资料:包括维修及保养制度、操作规程、使用及维修记录、应用质量检测记录、计量检测记录、停机故障记录、检查评比记录、调剂及报废记录。

(四)管理制度

(1)计划编制与审批制度。

(2)采购、验收及仓库管理制度。

(3)设备技术档案制度。

(4)设备性能精确度鉴定制度。

(5)设备仪器使用操作规程。

(6)设备维护保养、维修制度。

(7)技术安全制度。

(8)事故处理制度。

(9)设备的领用、赔偿、报废制度。

(10)设备操作及维修人员考核制度等。

各医院在上述制度的基础上，根据具体情况，制定实施细则。

(五)口腔设备的计算机管理

随着科学技术的进步和医院现代化管理的发展，计算机管理在口腔医院管理中发挥着越来越大的作用，已成为管理现代化的重要标志。计算机在口腔设备管理中的应用将改变常规的经验性的管理方法和管理制度，促进管理工作程序化、管理事务规范化、数据标准化、信息完整化和账目格式统一化，大大提高工作效率和质量，同时促进设备管理人员的业务技术素质的提高。

(1)建立数据库：设备部门配备计算机，按有关部门统一制定的专用仪器设备目录与代码软件，将医院设备的信息，包括编码、类别、品名、国别、规格、型号、数量、单价、金额、购入日期、使用单位、用途变更记录等输入计算机储存，建立医院设备数据库。

(2)建立网络系统：在数据库的基础上，可编制设备清单，代替设备总账和分类账；根据需要分别提供各种数据服务，如编制月报、年报表，进行统计与智能管理，分别做出年代、分类、质量、国别、用途、价值等的百分图；进行设备装备规划和更新预测；监测设备运动的两种形态，进行成本核算和完好率、使用率、功能利用率等效能分析，提供决策依据。

(3)数据的维护：根据设备的变动情况，不断进行数据库的调整和充实。

(邢台医学高等专科学校　崔俊霞)

第三节　口腔设备的维护管理

一、口腔设备维护的意义

口腔设备在运行过程中受机器磨损、腐蚀介质、压力、负荷、重力、自然侵蚀等作用，其精确度和强度会有所降低，个别零部件变形，甚至松动脱落，元件老化，接触不良，工作效能受到影响，工作效率会因此降低，所以，要定期检查设备，及时进行维护保养，使设备的正常功能保持和恢复，尽可能延长设备的使用时间，提高设备的使用率。

口腔设备的使用以医疗工作为主，如果设备的正常功能受到破坏，将直接影响患者的利益；教学科研机构的设备发生故障将直接影响教学科研的进度和效果。因此，为了保证医疗、科研、教学工作正常有序地进行，要充分重视设备维护保养的重要性。

二、口腔设备维护的内容

口腔设备维护包括维护保养和修理两个方面内容。

(一)口腔设备的维护保养

为防止设备性能退化或降低配备失效的概率，按事前规定的计划或相应技术条件规定，及时发现和处理脏、松、缺、漏等情况，预防设备运行过程中出现不正常的状态，保证设备的正常运行所进行的工作，即为维护保养，也称为预防性维修。

(1)日常保养：又称为例行保养，主要指外环境的清扫、工作环境湿度及温度的调节，对设备外表面的清洁，包括设备螺丝的紧固、零件的检查、润滑油的加注等。比如牙科手机，每天使

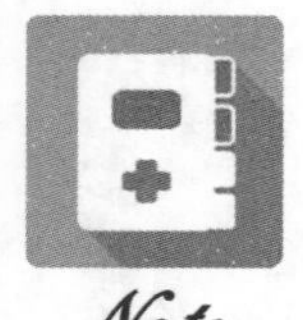

用后要清洗，使用前要加注润滑油。日常保养比较简单，可由设备操作和保养人员完成。

(2)一级保养：对设备内部的清洗、润滑、局部解体检查和调整，电源的检查，电器设备的通电和光学仪器的测试等。如对CS综合治疗机每月更换一次碳刷。一级保养应由专业保养人员完成。

(3)二级保养：对设备主体部件进行解体检查和调整，检查过程更详细，更换易损或破损部件，又称为预防性修理。二级保养每季度一次，应由专业保养人员和修理人员共同完成。

(二)口腔设备的修理

口腔设备的修理是指设备出现故障，或预测将要出现故障时，修复或更换已经磨损或损坏的零部件，以恢复其原有的技术状态和功能。设备的修理都要由专业修理人员完成。按修理工作量的大小可分为小修理、中修理和大修理。

(1)小修理：局部性的修理，通常只是更换和修复少量的部件，调整设备的精度或部分结构。

(2)中修理：根据设备使用的情况，对设备的主要部件进行修理，更换的零部件数目较多，校正恢复设备的准确度、精度，保证设备运行时达到规定的标准，设备功能完全正常。

(3)大修理：对设备进行彻底检查和全面修理，将设备的全部零部件解体、检查、修复、更换，全面校正设备的准确度、精度、灵敏度等，全面恢复设备的精度、性能和效率，达到规定的标准。

三、口腔设备维护的评估

口腔设备维护保养和修理的效果可通过两个方面衡量评估：一是设备的技术状态是否良好；二是维修和管理付出的代价是否最少。建立和考核设备维修管理的技术和经济指标对提高维修管理水平和技术水平、稳定维修技术队伍具有重要意义，这些技术经济指标可作为维修人员的考核参考。

常见设备分级情况见表5-1。

表5-1 常见设备分级情况

分级	性能	运转	零部件	仪表指示系统
设备完好	良好	正常	齐全	正常
设备基本完好	主要性能良好	基本正常	主要部件齐全	正常
设备情况不良	主要性能不良	常出现故障或使用受到影响	主要部件受损	某种程度失调
报废或待报废	主要性能故障	能正常运转或经常出现较大故障	主要部件不全	失调

根据设备分级情况，可计算出医院设备的完好率，可按以下公式计算。

完好率＝功能完好和基本完好的设备台数/设备总台数×100％

(邢台医学高等专科学校 崔俊霞)

思考题

一、简答题

1. 简述口腔设备应用管理的原则。
2. 简述常见设备分级情况。

附录　实训教程

实训一　口腔综合治疗台、牙科手机的操作与维护

【目的要求】

(1) 掌握口腔综合治疗台的使用与维护方法。

(2) 熟悉牙科手机的类别。

(3) 了解口腔综合治疗台、牙科手机的基本维护方法。

【实训内容】

(1) 口腔综合治疗台的使用。

(2) 牙科手机的类别。

(3) 口腔综合治疗台、牙科手机的基本维护。

【实训学时】

2 学时。

【设备用品】

口腔综合治疗台、牙科手机、手机清洗润滑剂、机油、车针、三用枪、吸唾管等。

【实训步骤】

口腔综合治疗台是口腔医疗活动的主要技术装备，是一套机椅联动设备，由综合治疗机和牙科治疗椅组成。口腔综合治疗台与牙科手机以及配套的空气压缩机、真空负压泵组成口腔综合治疗系统。

1. 口腔综合治疗台操作

(1) 正确接通设备电源，接通设备供水及供气，检查管路使其畅通。

(2) 利用控制面板及脚控开关启动各项功能，利用控制单元正确调节椅位及光源。

(3) 识别并安装牙科气动涡轮手机、电动手机及吸唾管。

(4) 安装并更换口腔综合治疗台上各牙科手机车针，利用脚控开关依次启动各手机。每次使用涡轮机前后应将其对准痰盂移动并喷雾 1～2 s，以便将牙科手机尾管中回吸的污物排出。

(5) 使用完成后将高、低速手机及三用枪放回挂架。

(6) 关闭光源，将治疗椅复位至最低位置，关闭设备电源，并用强力吸唾器放尽设备内残余的压缩空气。

2. 口腔综合治疗台维护

(1) 检查口腔综合治疗台供气、供水管道是否畅通，有无泄漏。

(2) 吸唾器和强吸器在每次使用完毕后必须吸入一定量的清水(约 200 mL)以清洁管路、负压发生器等组件，防止堵塞和损坏。

Note

（3）口腔综合治疗台每日使用完毕应及时清洗、消毒痰盂，定期清洗管道内的污物收集器。

（4）每次工作结束后应对牙科手机进行润滑保养，具体方法如下：首先用75%酒精棉球擦拭牙科手机表面，擦净表面血污、粉屑；其次将牙科手机专用润滑油管充分摇匀，向手机内喷2～3 s；最后确认从手机头部流出干净的润滑油即可。

（5）用高压蒸汽灭菌器对手机进行灭菌，并用封口机进行包装。

【注意事项】

（1）实训课前学生应充分掌握口腔综合治疗台、牙科手机的操作与维护相关理论知识。

（2）实训开展前应对实训设备进行检查，确保设备完好，对实训所需耗材进行清点。

（3）实训操作前每位操作者应严格做好个人防护工作，如佩戴口罩、一次性检查手套等。

（4）实训操作中应严格按照设备操作要求按需开展操作。

（5）实训结束后应对设备进行日常保养，关闭设备。

实训二　超声波洁牙机、光固化机、根管长度测量仪的操作与维护

【目的要求】

（1）掌握超声波洁牙机、光固化机、根管长度测量仪的操作方法与步骤。

（2）熟悉超声波洁牙机、光固化机、根管长度测量仪的工作原理。

（3）了解超声波洁牙机、光固化机、根管长度测量仪的基本维护方法。

【实训内容】

（1）超声波洁牙机的操作与维护。

（2）光固化机的操作与维护。

（3）根管长度测量仪的操作与维护。

【实训学时】

1学时。

【设备用品】

（1）超声洁牙机、仿真头颅、牙周病（牙结石）实训模型、一次性口腔检查盘等。

（2）光固化机、仿真头颅、楔状缺损实训模型、光固化树脂、一次性口腔检查盘等。

（3）根管长度测量仪、仿真头颅、根管治疗实训模型、ISO15～20号扩大针、橡皮障、生理盐水、一次性口腔检查盘等。

【实训步骤】

（1）超声波洁牙机是利用频率为20 kHz以上的超声波振动进行龈上洁治，是去除牙结石、牙菌斑的医疗仪器。

①认识超声波洁牙机的主要结构。

②按以下步骤开展超声波洁牙机的操作。

A. 加压水桶内装水至水桶3/4处，正确连接超声波洁牙机水管，向压力桶内打气加压至0.16 MPa。

B. 正确安装脚控开关及洁牙机工作头。

C. 接通电源，拿起手柄。

D. 将输出功率调至最小值，出水量调节至最大值，同时不间断踩下脚控开关，直至工作头

有水雾喷出为止。

E. 逐渐调大输出功率至合适范围，同时调节出水量，使水雾保持在每分钟 35 mL 左右，工作期间水雾温度应保持在 35～40 ℃之间。

F. 对仿真头颅的牙周病（牙结石）实训模型进行洁治操作。

G. 操作完成后及时关闭设备，并对设备进行清洁、消毒维护。

(2) 光固化机又称光固化灯，是用于聚合光固化复合树脂的口腔医疗设备。根据不同的发光原理，将光固化机分为卤素光固化机和 LED 光固化机两种类型。目前口腔临床上 LED 光固化机因体积小巧、操作简便等优势已逐步取代了卤素光固化机。

①选择匹配的光固化材料对仿真头颅内实训模型牙体上的楔状缺损进行树脂充填。

②接通 LED 光固化机电源。

③将光导纤维管插入相应的插口。

④根据不同的光固化材料按材料说明选择固化时间及固化模式。

⑤操作者佩戴护目镜，将光导纤维管顶端光源靠近被照射区，两者距离为 1～2 mm。

⑥按下启动开关，工作端发出光源进行固化。

⑦设定程序结束后，光固化机停止工作并发出提示音。此时应检查被固化树脂是否固化完全，如发现充填树脂未完全固化，可再次重复启动固化程序。

⑧操作完成后及时关闭设备，并对设备进行清洁、消毒维护。

(3) 根管长度测量仪又称根尖定位仪，是用于测量根管长度的仪器。

①在仿真头颅的根管治疗实训模型的被测量牙位上装上橡皮障，消毒干燥牙体表面。

②将根管吸干后注入适量生理盐水。

③将仪器一端连接带标记的扩孔钻，另一端带上口角夹子，置于待测牙对侧口角。

④将连接好的扩孔钻缓缓插入待测牙的根管，当指针到达根尖孔时，标记号扩孔钻的长度。

【注意事项】

(1) 实训课前学生应充分掌握超声波洁牙机、光固化机、根管长度测量仪的操作与维护相关理论知识。

(2) 实训开展前应对实训设备进行检查，确保设备完好，对实训所需耗材进行清点。

(3) 实训操作前每位操作者应严格做好个人防护工作，如佩戴口罩、防护眼罩等。

(4) 实训操作中应严格按照设备操作要求按需开展操作。

(5) 光固化机光导纤维管属易碎部件，根管长度测量仪属精密测量医疗器械，操作时应避免强烈撞击及摔落。

(6) 实训结束后应对设备进行日常保养，关闭设备。

实训三　高频离心铸造机、真空烤瓷炉、喷砂抛光机的操作与维护

【目的要求】

(1) 掌握高频离心铸造机、真空烤瓷炉、喷砂抛光机的操作方法与步骤。

(2) 熟悉高频离心铸造机、真空烤瓷炉、喷砂抛光机的工作原理。

(3) 了解高频离心铸造机、真空烤瓷炉、喷砂抛光机的基本维护方法。

Note

【实训内容】

（1）高频离心铸造机的操作与维护。

（2）真空烤瓷炉的操作与维护。

（3）喷砂抛光机的操作与维护。

【实训学时】

2 学时。

【设备用品】

（1）高频离心铸造机、坩埚、牙科用钴铬铸造合金、铸圈、长柄铸圈钳、耐高温防护手套等。

（2）真空烤瓷炉、金属基底冠、A 色系瓷粉套装、比色板、玻璃板、烧结盘、烤瓷笔等操作工具。

（3）支架喷砂机、笔式喷砂机、120 目氧化铝砂、牙科用钴铬铸造合金、口罩等。

【实训步骤】

（1）高频离心铸造机主要用于熔化和铸造各种口腔中高熔合金，如钴铬合金、镍铬合金可铸造各类常用中高熔合金材质（纯钛除外）的修复体及其相关部件。

①认识高频离心铸造机的主要结构。

②按以下步骤开展高频离心铸造机的铸造操作。

A. 接通电源开关，检查仪表显示是否正常，风冷系统开始工作，机器预热 5～10 min。

B. 调节电位电极刻线。

C. 调节铸圈托架高度、平衡砣位置，旋紧中心螺丝，在坩埚中放入适量金属。

D. 关闭机盖，启动铸造，通过观察窗观察金属熔解过程，选准铸造时机，启动铸造。

E. 控制铸造时间（3～10 s）铸造完成后待机器停止转动方可打开机盖，取出铸圈。

F. 将电位电极刻线调至标准位置，确保线圈充分冷却，待以再用。

G. 连续铸造时，每个铸圈铸造间隔不小于 3 min，连续铸造 3～5 个铸圈应待机冷却 5～10min。

H. 铸造完毕应冷却 5～10 min 后切断电源。

③对高频离心铸造机开展日常保养，包括电极电位检查、出风口检查、铸造舱清洁等。

（2）真空烤瓷炉主要用于制作烤瓷修复体的设备，用于烧结烤瓷修复体的瓷层。

①认识真空烤瓷炉的主要结构。

②按以下步骤开展烤瓷炉瓷层的烧结操作。

A. 程序写入：根据瓷粉烧结温度写入金属基底冠预氧化、遮色瓷、体瓷、上釉等烧结程序。

B. 程序读取：根据需求选择烧结程序。

C. 程序开始：对瓷粉进行烧结。

D. 程序结束：蜂鸣器响提示烧结完成。

③对烤瓷炉开展校温及炉膛除湿操作。

④关闭设备电源，对设备开展日常清洁保养。

（3）喷砂抛光机又称为喷砂机，主要用于在铸造后去除铸件表面的残余包埋料以及铸件表面的金属氧化层，其中笔式喷砂机也可用于烤瓷熔附金属修复体筑瓷前基底冠表面粗化处理与清洁。

①了解支架喷砂机、笔式喷砂机的主要结构。

②按以下步骤分别用支架喷砂机及笔式喷砂机开展喷砂操作。

A. 打开喷砂抛光机照明电源及进气阀。

B. 观察并调节减压阀，使喷砂抛光机气压维持在 0.4 MPa。

C. 保持被喷砂的钴铬合金块距离喷嘴 1cm 左右，踩踏脚控开关开始喷砂操作。

D. 不断变换被喷砂的钴铬合金块的方向，使其表面得到一个均匀的粗化面。

③对喷砂抛光机进行日常保养，包括清理喷砂抛光机内残余的旧砂，更换新砂，排出气水分离器内的残余水等。

【注意事项】

(1) 实训课前学生应充分掌握高频离心铸造机、真空烤瓷炉、喷砂抛光机的操作与维护相关理论知识。

(2) 实训开展前应对实训设备进行检查，确保设备完好，对实训所需耗材进行清点。

(3) 实训操作前每位操作者应严格做好个人防护工作，如佩戴口罩和高温手套等。

(4) 实训操作中应严格按照设备操作要求按需开展操作。

(5) 实训结束后应对设备进行日常保养，关闭设备。

实训四　口腔修复CAD/CAM系统的操作与维护

【目的要求】

(1) 掌握口腔修复CAD/CAM系统的操作方法与步骤。

(2) 熟悉口腔修复CAD/CAM系统的组成。

(3) 了解口腔修复CAD/CAM系统的基本维护方法。

【实训内容】

口腔修复CAD/CAM系统的操作与维护。

【实训学时】

1学时。

【设备用品】

口腔修复CAD/CAM系统、口腔修复牙列模型、切削用蜡盘、铣刀等。

【实训步骤】

口腔修复CAD/CAM系统，又称为口腔修复计算机辅助设计与制作系统。可加工复合树脂、陶瓷材料和金属材料，主要用于嵌体、贴面、全冠和简单桥的制作。

1. 口腔修复CAD/CAM系统的操作

(1) 启动电源，正确开启计算机、3D实物扫描仪，以及口腔修复切削系统设备。

(2) 通过计算机建立有效订单，放稳模型，按系统提示进行模型扫描。

(3) 通过计算机辅助设计系统对数字化模型开展修复体设计。

(4) 将设计完成的数字化修复体文件导入切削系统进行排版。

(5) 选择合适的材料与铣刀，启动切削程序。

(6) 待切削完成取下完整的修复体，试戴并调整。

2. 口腔修复CAD/CAM系统的维护

(1) 使用设备配套的校准模块定期对3D实物扫描仪开展校准。

(2) 口腔修复切削系统切削舱内用定期清洁。

(3) 检查湿切系统循环冷却水是否足够，定期检查并清洁更换干切系统吸尘器集尘袋。

【注意事项】

(1) 实训课前学生应充分掌握口腔修复CAD/CAM系统的操作与维护相关理论知识。

(2) 实训开展前应对实训设备进行检查，确保设备完好，对实训所需耗材进行清点。

(3) 实训操作前每位操作者应严格做好个人防护工作，如佩戴口罩等。

(4) 实训操作中应严格按照设备操作要求按需开展操作,尤其应注意以下几点。
①口腔修复 CAD/CAM 系统设备启动应有稳定的电源及网络连接。
②口腔修复 CAD/CAM 系统按步骤采集必要的图像。
③口腔修复 CAD/CAM 系统切削前可进行模拟演示。
④口腔修复 CAD/CAM 系统根据材料选择合适的刀头操作。
⑤口腔修复 CAD/CAM 系统设备的安放应平稳。
⑥口腔修复 CAD/CAM 系统应定期对 3D 实物扫描仪开展校准。
(5) 实训结束后应关闭设备,对设备进行日常保养。

实训五　口腔种植机的操作与维护

【目的要求】
(1) 掌握口腔种植机的操作方法与步骤。
(2) 熟悉口腔种植机的工作原理。
(3) 了解口腔种植机的基本维护方法。
【实训内容】
口腔种植机的操作与维护。
【实训学时】
1 学时。
【设备用品】
口腔种植机、无菌手套等。
【实训步骤】
口腔种植机是口腔种植修复过程中用于种植床成型手术的一种专用口腔颌面外科手术设备。

1. 口腔种植机的操作

(1) 连接电源,按顺序接通水冷系统。
(2) 接通设备电源,选择适当减速比的手机插入手机马达,调节手机减速比键,使设定减速比与选择的手机减速比相一致。
(3) 依次调节手机输出转速比、输出力矩、冷却水输出量使之达到最佳状态。
(4) 装入选定的切削刀具。
(5) 用脚控开关在口外进行试运行,检查设备,使其运转正常。
(6) 关闭设备,并对设备进行消毒保养。

2. 口腔种植机的维护

(1) 关闭口腔种植机的电源,并切断设备电源。
(2) 保持设备表面清洁。
(3) 检查切削刀具应与手机匹配,无偏心、粗顿等现象。
(4) 设备马达保养应参考设备对应型号的说明书或交由厂方进行保养。
【注意事项】
(1) 实训课前学生应充分掌握口腔种植机的操作与维护相关理论知识。
(2) 实训开展前应对实训设备进行检查,确保设备完好,对实训所需耗材进行清点。
(3) 实训操作前每位操作者需强化无菌操作意识。

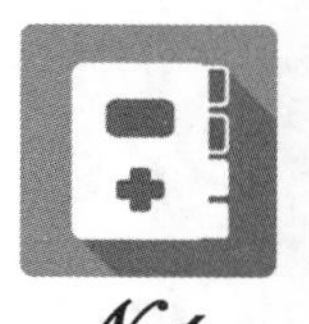

(4) 实训操作中应严格按照设备操作要求按需开展操作。

(5) 实训结束后应对设备进行日常保养，关闭设备。

实训六　口腔X线机、口腔曲面断层机的操作与维护

【目的要求】

(1) 掌握口腔X线机、口腔曲面断层机的操作方法与步骤。

(2) 熟悉口腔X线机、口腔曲面断层机的工作原理。

(3) 了解口腔X线机、口腔曲面断层机的基本维护方法。

【实训内容】

(1) 口腔X线机的操作与维护。

(2) 口腔曲面断层机的操作与维护。

【实训学时】

1学时。

【设备用品】

(1) 口腔X线机、根尖感光胶片、全自动洗片机、读片机。

(2) 口腔曲面断层机、口腔全景感光胶片。

【实训步骤】

(1) 牙科X线机是拍摄牙及其周围组织X线片的设备，主要用于拍摄根尖片、咬合片和咬翼片。

①接通设备电源。

②根据摄片部位调节曝光时间。

③在受检者口内放置好胶片，调节X线管，对准拍摄部位。

④曝光完毕，取出胶片，并将机头复位。

⑤冲洗胶片，读取受检者X线片信息。

(2) 口腔曲面断层机主要用于拍摄下颌骨、上下颌牙列、颞颌关节、上颌窦等。增设有头颅定位仪，可做头影测量X线摄影，进行定位测量分析确定治疗方案，观察矫治前后头颅和颌面部形态变化及其疗效。

①接通设备电源。

②选择曲面体层或定位限域板及选择钉，同时调整患者体位。

③在操作面板上设定曝光时间，部分设备可选择“AUTO”自动完成设定。

④曝光完毕，关闭设备。

⑤冲洗胶片，读取受检者X线片信息。

【注意事项】

(1) 实训课前学生应充分掌握口腔X线机、口腔曲面断层机的操作与维护相关理论知识。

(2) 实训开展前应对实训设备进行检查，确保设备完好。

(3) 口腔X线机、口腔曲面断层机是有射线辐射的医疗设备，操作时应做好个人防护措施。

(4) 实训操作中应严格按照设备操作要求按需开展操作。

(5) 实训结束后应对设备进行日常保养，关闭设备。

Note

实训七 口腔扫描系统、3D打印系统的操作与维护

【目的要求】

(1) 掌握口腔扫描系统、3D打印系统的操作方法与步骤。

(2) 熟悉口腔扫描系统、3D打印系统的组成。

(3) 了解口腔扫描系统、3D打印系统的基本维护方法。

【实训内容】

(1) 口腔扫描系统的操作与维护。

(2) 3D打印系统的操作与维护。

【实训学时】

1学时。

【设备用品】

(1) 口腔椅旁扫描系统、仿真头颅、口腔修复模型。

(2) 3D打印系统、液态光敏树脂或激光熔融金属粉末。

【实训步骤】

(1) 口腔椅旁扫描系统通常由口内数据采集头和可移动式或便携式椅旁计算机辅助设计系统构成。

①启动电源,正确开启椅旁扫描系统。

②通过可移动式或便携式椅旁计算机辅助设计系统建立有效订单。

③预热口内数据采集头,并握持伸入被采集者口内进行牙列数据采集。

④在显示器上观察已采集的牙列数据信息,并对数字模型进行修整。

⑤用可移动或便携式椅旁计算机辅助设计系统对数字化模型开展修复体设计,也可将订单数据远程发送到计算机辅助设计系统开展修复体设计。

⑥将设计完成的数字化修复体文件导入数字化加工终端系统,并选择合适的材料,启动加工程序。

⑦待加工完成取下完整的修复体,试戴并调整。

(2) 3D打印系统通过激光熔融使金属粉末材料或通过敏感光源精准照射使液态光敏树脂材料以设计的形态不断堆塑,形成精密的口腔修复体。

①启动3D打印设备电源,使设备得到充分预热。

②检查储料罐中熔融打印材料是否充足。

③将设计完成的数字化修复体文件导入3D打印系统进行数字化排版。

④启动打印程序。

⑤待打印完成取下完整的修复体,清洗打印件,试戴并调整。

【注意事项】

(1) 实训课前学生应充分掌握口腔扫描系统、3D打印系统的操作与维护相关理论知识。

(2) 实训开展前应对实训设备进行检查,确保设备完好,对实训所需耗材进行清点。

(3) 实训操作前每位操作者应严格做好个人防护工作,如佩戴口罩等。

(4) 实训操作中应严格按照设备操作要求按需开展操作,尤其应注意以下几点。

①口腔扫描系统启动应有稳定的电源及网络连接。

②口腔扫描系统应按步骤将口内数据采集头探入口内采集必要的图像。

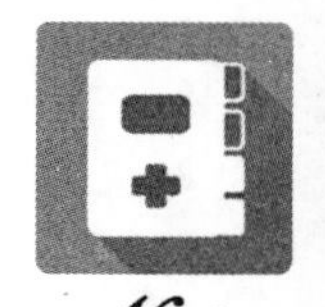

③口腔扫描系统应定期对口内数据采集头开展校准。
④3D 打印系统应定期检查被打印材料是否有颗粒残渣或树脂固化情况。
⑤定期对 3D 打印系统开展系统化保养及校准。
(5) 实训结束后应对设备进行日常保养,关闭设备。

(上海健康医学院　王凯)

主要参考文献

ZHUYAOCANKAOWENXIAN

[1] 张志君. 口腔设备学[M]. 3 版. 成都:四川大学出版社,2008.

[2] 赵铱民. 口腔修复学[M]. 7 版. 北京:人民卫生出版社,2012.

[3] 周学东,唐洁,谭静. 口腔医学史[M]. 北京:人民卫生出版社,2014.

[4] 李新春. 口腔工艺设备[M]. 北京:人民卫生出版社,2008.

[5] 米新峰,农一浪. 可摘义齿修复工艺技术[M]. 2 版. 北京:人民卫生出版社,2008.

[6] 于海洋. 口腔修复工[M]. 北京:人民军医出版社,2007.

[7] 巢永烈. 口腔修复学[M]. 北京:人民卫生出版社,2006.

[8] 姚江武. 口腔固定修复工艺技术[M]. 北京:高等教育出版社,2005.

[9] 马轩祥. 口腔修复学[M]. 5 版. 北京:人民卫生出版社,2006.